# 文心兰品种繁育与栽培技术

黄敏玲　罗远华　著

中国农业科学技术出版社

### 图书在版编目（CIP）数据

文心兰品种繁育与栽培技术/黄敏玲，罗远华著. --北京：中国农业科学技术出版社，2023.12

ISBN 978-7-5116-6658-1

Ⅰ.①文… Ⅱ.①黄…②罗… Ⅲ.①兰科—花卉—观赏园艺 Ⅳ.①S682.31

中国国家版本馆CIP数据核字（2023）第253206号

| | |
|---|---|
| 责任编辑 | 朱 绯 |
| 责任校对 | 马广洋 |
| 责任印制 | 姜义伟 王思文 |

| | |
|---|---|
| 出 版 者 | 中国农业科学技术出版社 |
| | 北京市中关村南大街12号 邮编：100081 |
| 电 话 | （010）82109707（编辑室）（010）82109702（发行部） |
| | （010）82109709（读者服务部） |
| 网 址 | https://castp.caas.cn |
| 经 销 者 | 各地新华书店 |
| 印 刷 者 | 北京建宏印刷有限公司 |
| 开 本 | 185 mm×260 mm 1/16 |
| 印 张 | 13.75 |
| 字 数 | 302千字 |
| 版 次 | 2023年12月第1版 2023年12月第1次印刷 |
| 定 价 | 90.00元 |

——— 版权所有·侵权必究 ———

# 前言

文心兰（*Oncidium hybridum*）为兰科（Orchidaceae）文心兰属（*Oncidium*）复茎性附生兰类，又名跳舞兰、吉祥兰等，主要分布于墨西哥、巴西和玻利维亚等中南美洲的热带和亚热带地区，原生种在750种以上。狭义的文心兰是指文心兰属植物，广义的文心兰则还包括了近缘属、文心兰属与其近缘属间杂交种（人工杂交属），目前常见的栽培品种多为属间杂交种。本书所述是广义文心兰范畴。

文心兰植株轻巧、花姿优美、花型奇特、花色靓丽、观赏期长、适应性广，部分品种具香味，商品经济价值高，是世界"四大洋兰"之一，也是重要的商品切花和盆花种类。国内从20世纪90年代初开始从泰国、新加坡及我国台湾地区小规模引进文心兰进行切花生产，其生产量和需求量逐年稳步增长。近年来国内文心兰消费需求高，用途（切花、盆花、景观）不断扩展，已成为快速发展的新兴兰花产业，发展潜力巨大。但同时制约文心兰产业发展和推广的技术问题也日益凸显，如切花主栽品种花色单一，以黄色系'南茜''柠檬黄''金辉'为主流，种质资源收集种类和数量有限，种质资源系统研究与利用滞后，商业应用的优新品种稀少，规模化种苗繁育技术落后，实地栽培与应时开花技术不成套等技术瓶颈尚未突破。

福建省农业科学院作物研究所花卉创新团队依托福建省花卉创新平台，在国家科技支撑课题、福建省科技重大专项、福建省种业创新工程项目、福建省林业种苗攻关项目、福建省省级文心兰种质资源库、福建省自然科学基金项目等重要课题资助下，开展了文心兰种质资源收集保存、鉴定、评价、创新利用及示范推广等系列研究与实践，经过20余年的努力，取得了阶段成果。从文心兰概况、栽培品种、引种栽培与资源评价、选择育种、杂交育种、诱变育种、切花栽培技术、组织培养与变异鉴定、种苗工厂化繁育、栽培生理、文心兰栽培逆境胁迫生理、病毒病研究、相关分子研究13章进行总结，结合相关文献综述，完成了书稿撰写，旨在抛砖引玉，希望引起更多学者对文心兰的关注，也期待为文心兰科研、生产及相关从业人士提供参考。

  本书是福建省农业科学院作物研究所花卉科研团队全体成员的研究成果，得到了吴建设研究员、钟淮钦研究员、叶秀仙副研究员、林兵副研究员等同仁的协助。参考引用了相关领域专家的著作和文章等，深受启发。本书由福建省农业高质量发展超越"5511"协同创新工程项目"闽台特色园艺作物新品种测试技术与三产融合示范"（XTCXGC2021016）及福建省农业科学院出版基金专项（闽农科政〔2018〕182号）等项目经费资助，在此一并表示感谢！

  本书第一章、第三至第五章、第八章由黄敏玲完成，总计11.6万字；第二章第一节、第七章、第九至第十一章由罗远华完成，总计11.0万字；第二章第二节、第十三章由方能炎完成，总计5.0万字；第六章由林榕燕完成，总计1.2万字；第十二章由樊荣辉完成，总计1.4万字。全书由黄敏玲总纂并定稿。由于作者水平有限，书中难免有疏漏和不妥之处，诚请广大读者和同行专家不吝批评指正。

著者

2023年12月

# 目录

## 第一章　文心兰概况 ······································································ 001
第一节　文心兰属植物 ······························································· 001
第二节　文心兰近缘属植物 ·························································· 005

## 第二章　文心兰栽培品种 ································································ 008
第一节　切花品种 ····································································· 008
第二节　盆花品种 ····································································· 012

## 第三章　文心兰引种栽培与资源评价 ················································· 040
第一节　文心兰引种驯化 ···························································· 040
第二节　文心兰盆花种质资源评价 AHP 模型的建立与应用 ················ 042
第三节　基于分子标记的文心兰亲缘关系分析 ································ 046

## 第四章　文心兰选择育种 ································································ 058
第一节　选择育种的概念与方法 ··················································· 058
第二节　文心兰新品种'金辉'的选育 ·············································· 059

## 第五章　文心兰杂交育种 ································································ 067
第一节　文心兰杂交育种基本概况 ················································ 067
第二节　文心兰育种目标与亲本选配原则 ······································· 068
第三节　文心兰花粉活力鉴定 ······················································ 071
第四节　文心兰杂交授粉及育苗技术 ············································· 079

## 第六章　文心兰诱变育种 …… 089
### 第一节　文心兰辐射诱变育种 …… 089
### 第二节　文心兰化学诱变育种 …… 092
### 第三节　文心兰诱变育种应用前景 …… 095

## 第七章　文心兰切花栽培技术 …… 099
### 第一节　文心兰切花品种生长习性 …… 099
### 第二节　文心兰切花品种栽培设施 …… 100
### 第三节　文心兰栽培管理技术 …… 102
### 第四节　文心兰主要病虫害防治 …… 107

## 第八章　文心兰组织培养与变异鉴定 …… 112
### 第一节　文心兰组织培养研究进展 …… 112
### 第二节　文心兰试管苗变异的鉴定 …… 124

## 第九章　文心兰种苗工厂化繁育 …… 131
### 第一节　快繁工厂设计的总体原则 …… 131
### 第二节　快繁工厂的设置与设备 …… 132
### 第三节　文心兰工厂化繁育技术流程 …… 134
### 第四节　工厂化繁育质量控制 …… 140

## 第十章　文心兰栽培生理研究 …… 142
### 第一节　文心兰不同生育期茎叶生理指标的动态变化 …… 142
### 第二节　温度对文心兰生长特性和生理指标的影响 …… 147
### 第三节　光照对文心兰生长特性和生理指标的影响 …… 152

## 第十一章　文心兰栽培逆境胁迫生理研究 …… 162
### 第一节　低温胁迫 …… 162
### 第二节　高温胁迫 …… 168
### 第三节　干旱胁迫 …… 174

## 第十二章　文心兰病毒病研究进展 …… 178
### 第一节　兰科植物病毒病的种类 …… 178
### 第二节　病毒检测技术 …… 180
### 第三节　文心兰病毒病防治对策 …… 185

## 第十三章　文心兰相关分子研究进展 189

第一节　文心兰染色体 189
第二节　文心兰花发育研究进展 194
第三节　文心兰转基因研究进展 202

# 第一章 文心兰概况

## 第一节 文心兰属植物

兰科（Orchidaceae）植物是被子植物中最大和最进化的植物之一，全世界约有 700 属 20 000 种（罗毅波 等，2003），其中附生兰科植物数量达 14 000 余种（刘强 等，2010），广泛分布于除两极和极端干旱沙漠地区以外的各种陆地生态系统中，尤其是热带地区和亚热带地区。

### 一、兰科植物形态特征

兰科植物多为地生、附生或腐生草本植物，也极少为攀缘藤本植物。地生与腐生种类常有块茎或肥厚的根状茎；附生种类常有肉质茎或由肉质茎膨大而成的肉质假鳞茎。兰科植物的根一般较肥厚，附生兰中无假鳞茎的种，根部扁平和肥厚，且常含有叶绿素，外面有海绵质的根被。根被有通气、吸水的功能。叶片基生或茎生，多为革质或肉质，少数为纸质；茎生叶通常互生或生于假鳞茎顶端或近顶端处。花葶或花序顶生或侧生；花常排列成总状花序或圆锥花序，偶有头状花序或单花；花两性，通常两侧对称；一般花被片 6 枚，2 轮，外轮 3 枚称"萼片"，1 枚中萼片与 2 枚侧萼片，萼片离生或不同程度的合生；内轮 3 枚称"花瓣"，中央 1 枚花瓣的形态常有较大的特化，明显不同于 2 枚侧生花瓣，称"唇瓣"，唇瓣常处于下方，基部常有囊或距；另 2 枚花瓣称"侧瓣"，位于花的左右两侧；子房下位，除子房外，整个雌雄蕊器官完全融合成柱状体，称"蕊柱"；蕊柱顶端一般具药床和 1 个花药，腹面有 1 个柱头穴，柱头与花药之间有 1 个舌状器官，称"蕊喙"，通常是由柱头上裂片变态而来；蕊柱基部有时向前下方延伸成足状，称"蕊柱足"，此时 2 枚侧萼片基部常着生于蕊柱足上，形成囊状结构，称"萼囊"；花粉通常黏合成团块，称"花粉团"，花粉团的一端常变成柄状物，称"花粉团柄"；花粉团柄连接蕊喙中的盘状黏块，有时黏盘还有柄状附属物，称"黏盘柄"；花粉团、花粉团柄、黏盘柄和黏盘连接在一起，称"花粉块"，但有的花粉块不具花粉团柄或黏盘柄，有的不具黏盘而只有黏质团；花粉大多为四合体，少数原始类群中为单粒。果实通常为蒴果，具极多种子。种子细小，无胚乳，种皮常在两端延长成翅状（陈心启和吉占和，1997）。

## 二、文心兰属植物

文心兰属（Oncidium）在植物分类学上属于高等树兰亚科（Subfamily Higher Epidendroideae）兰族（Tribe Cymbidieae）文心兰亚族（Subtribe Oncidiinae）文心兰群（Alliance Oncidium）。文心兰属的学名 Oncidium（缩写为 Onc.），由拉丁名"onkos"（瘤）与"eides"（形）组成，意思指其唇瓣基部有瘤状突起，因此，也有人将其译为瘤唇兰属，这也是又被称为"瘤瓣兰"的由来。

文心兰属是兰科中的大属，原生种达750种以上，主要分布于美国、墨西哥，以及巴拉圭、秘鲁、巴西、牙买加、阿根廷等中南美洲的热带和亚热带地区（陈璋和蔡幼华，2000）。狭义的文心兰是指文心兰属植物，目前常描述的文心兰已经远远超出这个范畴，广义的文心兰除文心兰属植物外，还包括文心兰群中其他近缘属以及它们的属间杂交属或杂交种植物。本书所描述的文心兰均指广义的范畴。

### （一）文心兰的分类

文心兰是复茎性气生兰类，形态变化较大。

按是否具有假鳞茎可分为具假鳞茎种和不具假鳞茎种两类。

（1）具假鳞茎种：假鳞茎一般呈卵形、纺锤形、圆形或扁圆形，较肥大，此类主要以黄色花系为主，如长序文心兰（Onc. altissimum）、鲍氏文心兰（Onc. baueri）、同色文心兰（Onc. concolor）、球茎文心兰（Onc. giobuliferum）等种。

（2）不具假鳞茎种：一般叶质肥厚且硬挺，叶形似船形，常见的有铁板文心兰（Onc. lanceanum）。

按叶的形态又可以分为薄叶种、厚叶种、剑叶种及棒状或管状肉质叶种四类。

（1）薄叶种：叶片较薄，稍革质，一般具假鳞茎，如常见的切花栽培品种'南茜'（Onc. Gower Ramsey）等。

（2）厚叶种：叶片较厚，耐干旱能力强，又可分为具假鳞茎和不具假鳞茎两类，前者如大头文心兰（Onc. ampliatum）、皱瓣文心兰（Onc. crispum）和娥形文心兰（Onc. papilio）等，后者如铁板文心兰（Onc. lanceanum）等。

（3）剑叶种：一般株型较小，如剑叶迷你文心兰（Onc. Tolumnia hybrid）等。

（4）棒状或管状肉质叶种：叶片呈圆棒状，较少见（罗远华 等，2012）。

此外，按植株大小还可以分为小株型和大株型两大类。文心兰花朵从迷你型到大花型形态差异较大，而且色彩艳丽、花色丰富，不仅有常见的黄色和棕色，更有绿色、白色、红色、洋红色以及褐色等，或者多种颜色混杂形成斑纹或斑块（点），具有较高的观赏价值，也是优良的育种材料。

## （二）文心兰生物学特性

文心兰分布地区较广，因此各原生种的生态习性变化很大。依照原生地的环境，文心兰分别适于冷凉、中温和温暖的环境。但对大多数种类而言，较适合中温环境（intermediate condition）。中温环境冬季昼夜温度一般为10～13℃，夏季昼夜温度一般为16～22℃。冷凉环境（cool condition）冬季昼夜温度一般为4.5～10℃，夏季昼夜温度一般为14～18℃。温暖环境（warm condition）冬季昼夜温度下限一般为14～18℃。原生境下文心兰多附生于林下，喜阳但忌阳光直射，多为半阴环境，因此人工栽培时需要遮阳，一般遮光20%～40%为适宜。文心兰喜空气流通的湿润环境，人工栽培时除通过浇水增加基质湿度以外，也要适当向叶面和地面喷水，从而增加空气湿度，利于根系和叶片吸收水分和养料，促进快速生长。

株型大小对文心兰的综合生态习性有一定的指示作用。大株型种类普遍喜欢温度较高的环境，一般适于种植在中温环境，全年需给予充足的阳光和较高的空气湿度，根系对水分要求不严，可绑植于树上或种植于吊盆中。小株型种类大多来自较高海拔的地区，一般适于种植在冷凉环境，需要有明亮的散射光，空气流通且湿润。从叶的形态及其软硬程度也可以辅助判断出文心兰的抗旱能力。一般而言，棒状或管状肉质叶种耐旱力最强；厚叶种耐旱力次之；薄叶种耐旱力则较差，需要较多的水分（陈红岩，2007）。

## （三）文心兰形态特征

文心兰多为附生（包括岩生），多具假鳞茎；假鳞茎通常被包裹在鞘叶里，花序从其腋内抽出；假鳞茎顶生1～3片叶；花没有距，唇瓣的基部从蕊柱伸展出来，在唇瓣上存在复杂的胼胝体结构，唇瓣巨大，边缘常有褶边；蕊柱没有足，常在柱头的两侧有精细的翅；花朵色彩丰富，有黄色、红色、粉红色、白色及棕色等，多为复合色。具假鳞茎薄叶种是文心兰属植物最典型的种类。下面以主要切花栽培品种'南茜'为例，对文心兰形态特征进行阐述。

文心兰植株由根（气生根）、茎（假鳞茎）、叶三部分构成（图1-1），复茎性合轴生长。气生根起到吸收气体、水分、养分和支撑植株体向上生长的作用。假鳞茎多为纺锤形，肉质，基部着生鞘叶，顶生1～3枚叶。叶多为线状披针形，革质。花梗从鞘叶的叶腋中抽出，有总状花序、圆锥花序及复总状圆锥花序3类。文心兰花朵由萼片、花瓣、蕊柱等构成（图1-2）。萼片3片，在上方的称"中萼片"或"顶萼片""上萼片"，位于下方两侧的称"侧萼片"。花瓣3片，左右两侧花瓣为侧瓣，下侧的花瓣其形状与颜色有别于另外的侧瓣，色彩与形状通常较为特殊，称"唇瓣"。唇瓣结构也较为复杂，常分裂成3裂片，其中侧裂片2片，顶裂片1片。唇瓣基部有胼胝体，称"瘤"，形状和色彩因种而异，因此文心兰也被称作"瘤瓣兰"。唇瓣的功能是引诱昆虫（虫媒），达到授粉的目的。中间的蕊柱由雌、雄蕊结合而成，上有2个花药腔，其上盖着花药盖；接近蕊柱顶端的下方有个凹穴即柱头；蕊柱的两侧常各有1枚耳状的翅。

图 1-1　文心兰'南茜'植株基本结构

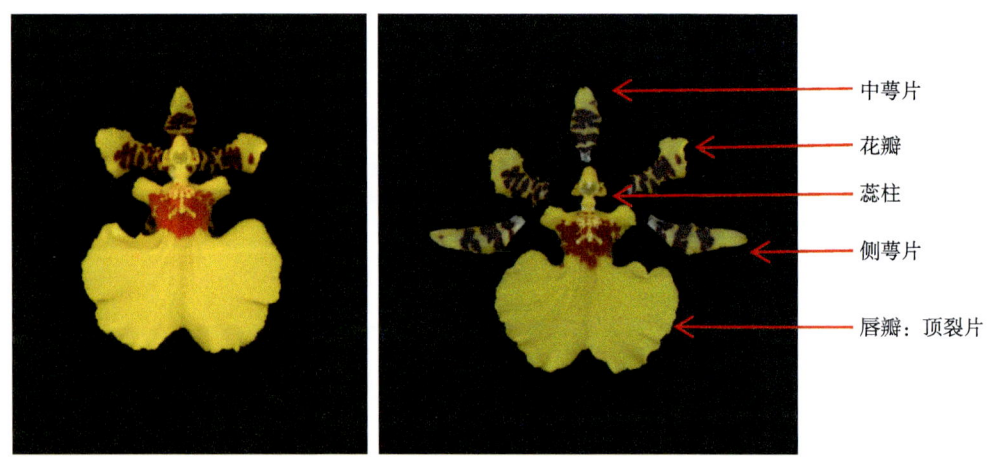

图 1-2　文心兰'南茜'花朵基本结构

## （四）文心兰形态结构名词概念

合轴生长（sympodial）：主茎的生长有限，它的延长是靠侧芽发出的新侧轴，整个植株的茎是由许多侧轴连接而成。

假鳞茎（pseudobulb）：膨大成纺锤形、卵球形或其他形状的茎，绿色、肉质。

鞘叶（sheath leaf）：生于假鳞茎基部，花序梗从鞘叶基部中抽生。

叶（leaf）：生于假鳞茎顶端，一般 1～3 枚。

花序梗（peduncle）：花序的柄。

花序（inflorescence）：是花序轴及着生在其上面的花的统称，也可特指花在花轴上不同形式的序列，文心兰主要有总状花序、圆锥花序及复总状圆锥花序 3 类。

萼片（sepal）：花的外轮花被片，由 1 片中萼片（或顶萼片、上萼片）和 2 片侧萼片组成。

花瓣（petal）：是内轮花被片中的左右两片。

唇瓣（labellum）：由内轮花被片下方的1片花瓣变态而成，形态与颜色常不同于花瓣，常分裂成3裂片，其中侧裂片2片和顶裂片1片。

蕊柱（column）：雌、雄蕊融合而成的柱状器官，上面通常只有1枚雄蕊和1个柱头。

花药（anther）：雄蕊中产生花粉的部分。

药腔（clinandrium）：蕊柱顶端的凹陷部分，着生花药。

药帽（operculum）：花药顶端帽状组织，药腔藏于其下。

花粉团（pollinia）：花粉黏合而成的团块。

花粉团柄（caudicle）：花粉团的一部分变态而成的柄状部分，常伸出药室之外，连接于蕊喙的黏盘上。

黏盘柄（stipe）：由柱头组织起源的，一端连接于黏盘，另一端连接于花粉团或花粉团柄。

黏盘（viscid disk）：包藏于蕊喙或镶嵌于蕊喙中的盘状黏块，在接触昆虫身体后脱出并粘贴于昆虫身体上。

花粉块（pollinarium）：整个花粉团、花粉团柄、黏盘柄、黏盘结构的总称。但有些种类缺少花粉团柄，某些种类缺少黏盘柄，亦称花粉块。

## 第二节　文心兰近缘属植物

文心兰亚族（Subtribe Oncidiinae）约有45个属750个原生种。文心兰群是文心兰亚族中最大的群，约含40个属。育种上常将文心兰属植物与近缘属植物杂交，培育出新的人工杂交种。常用于文心兰种质创新的文心兰近缘属主要有阿达兰属（*Ada*）、长萼兰属（*Brassia*）、蜗瘤兰属（*Cochlioda*）、凹唇兰属（*Camparettia*）、拟堇兰属（*Ionopsis*）、舟舌兰属（*Lemboglossum*）、堇花兰属（*Miltonia*）、齿舌兰属（*Odontoglossum*）、扇形兰属（*Psygmorchis*）、茹氏兰属（*Rodriguezia*）及轭瓣兰属（*Zygopetalum*）等。

### 1. 阿达兰属

阿达兰属原产尼加拉瓜至南美洲的北部、安第斯山脉至玻利维亚一带。生长在海拔650～2 700 m湿润的森林中，大部分生长在1 800～2 200 m。该属植物叶片为披针形，排列成两列；假鳞茎长达10 cm；总状花序较短，通常低于叶片，花一般10余朵，花期多为1—4月；萼片和花瓣相似，唇瓣下弯；花被片有白色、绿色和橙色等；具花香。

### 2. 长萼兰属

长萼兰属主要分布于墨西哥、美国中部、西印度群岛和南美洲北部等地，主要生长在海拔1 500 m以下湿润的森林中。该属植物植株高大，一般高50～100 cm；具有较大的丛生的扁卵形的假鳞茎，假鳞茎顶端长有1～3枚长带状或狭卵形的叶片；花生于从假鳞茎基部抽出的花序上，花一般5～20朵，花被片主要为白绿色，花瓣狭窄细长，唇瓣较宽阔，三角状，花一般具香味；花期主要在春、夏两季。该属萼片和花瓣长而薄，花朵整体形似蜘蛛，故又被称为"蜘蛛兰"。

### 3. 蜗瘤兰属

蜗瘤兰属原产秘鲁、厄瓜多尔和玻利维亚海拔2 000～3 500 m湿润的森林中。假鳞茎顶生叶1枚，总状花序从鞘叶基部抽出，唇瓣部分与蕊柱合生。该属植株较小至中等，喜湿润、冷凉和荫蔽的环境。

### 4. 凹唇兰属

凹唇兰属主要分布于热带中美洲的安第斯山脉等中海拔地区。该属假鳞茎较薄，花序从假鳞茎基部抽生，总状花序；花朵较大、花色丰富，中萼片和花瓣展开，侧萼片合生至顶部，基部向后伸展形成一个纤细的距。

### 5. 拟堇兰属

拟堇兰属分布于拉丁美洲、西印度群岛和佛罗里达州等低海拔的山区，性喜中温到温暖的环境。假鳞茎较小，隐藏于叶基中；叶革质，绿色，厚实；花朵较小，花色从白色到淡紫色，多为淡紫色，且带有紫色条纹；花序较长，纤细，多分枝，又名"拟堇花兰""拟紫罗兰"。

### 6. 舟舌兰属

舟舌兰属分布于墨西哥南部到哥斯达黎加等地海拔2 000～3 000 m湿润的森林中，多为附生，性喜凉爽、高湿和半阴的环境。该属假鳞茎呈卵形到近球形，基部藏于鞘叶中，假鳞茎顶生叶1枚；该属多具有香味。

### 7. 堇花兰属

堇花兰属分布于中南美洲的哥斯达黎加到厄瓜多尔等地的较高海拔地区，附生，多数性喜冷凉，不耐酷热。该属具有匍匐状的根状茎，假鳞茎扁卵形至长椭圆形，顶生2～3枚叶，叶片纸质；总状花序从假球茎基部的叶腋中抽生，花序直立，株形优美、花色艳丽；花朵开放时间长，可持续4～6周；花朵大，花色与三色堇相似，故名"堇花兰"，具有较高的观赏价值。

### 8. 齿舌兰属

齿舌兰属主要分布于委内瑞拉的安第斯山脉海拔1 400～3 500 m的山区，附生在树上或陆生在路边和荒凉的高山坡，性喜冷凉。扁平的假鳞茎被鞘叶包裹，顶生1～3枚叶；花序从假鳞茎基部的鞘叶中抽出，多直立或斜生；唇瓣3裂或完整，直立或与蕊柱并列，侧裂片直立或向后反卷，中裂片平展；花色有白色、红色、紫色、棕色、黄色，或者混合多种颜色，花色极其丰富。

### 9. 扇形兰属

扇形兰属是附生种，植株较矮小，没有假鳞茎，侧面平展的叶片重叠成瓦状，形成一把小"扇子"，喜温暖到炎热的生长环境。单花花序从叶片间抽出来，花与文心兰属相似，但唇瓣具有4裂片。

### 10. 茹氏兰属

茹氏兰属分布于尼加拉瓜、秘鲁和巴西一带，多为附生种，喜凉爽到温暖的半阴环境。窄小的假鳞茎隐藏于较长的鞘叶中，假鳞茎顶生叶1～2枚；花序从鞘叶中抽生；顶萼片和花瓣非常相似，2片侧萼片合生，唇瓣向下突出和向外扩大。

### 11. 轭瓣兰属

轭瓣兰属分布于中南美洲等地海拔1 100～2 250 m的山区，地生或附生。该属大部分种有椭圆形的假鳞茎，且假鳞茎较大；2片或更多的叶片，具落叶性；总状花序，较直立的花梗从新的假鳞茎上抽生，着花数朵；萼片和花瓣相似，呈现绿色、紫色、酒红色和暗紫色等；花朵开放持久，芳香浓郁。

# 参考文献

陈红岩，2007.优雅的洋兰一族：文心兰［J］.中国花卉盆景（9）：14-15.

陈心启，吉占和，1997.中国兰花全书［M］.北京：中国林业出版社．

陈璋，蔡幼华，2000．洋兰［M］.福州：福建科学技术出版社：47-51.

刘强，殷寿华，兰芹英，2010.兰科植物种群动态研究进展［J］.应用生态学报，21（11）：2980-2985.

罗毅波，贾建生，王春玲，2003.中国兰科植物保育的现状和展望［J］.生物多样性，11（1）：70-77.

罗远华，黄敏玲，吴建设，2012.文心兰育种研究进展［J］.江西农业学报，24（10）：15-20.

# 第二章 文心兰栽培品种

## 第一节 切花品种

我国文心兰的引种栽培历时不长，到20世纪80年代，我国台湾从泰国引进文心兰进行试种，拉开了文心兰产业发展的序幕。到20世纪90年代初，我国大陆地区才开始从泰国、新加坡及我国台湾小规模引进文心兰进行切花生产。目前，在海南、广东、福建等地文心兰切花栽培形成了一定的规模。文心兰切花栽培品种花色比较单一，主要以 *Oncidium* 'Gower Ramsey' 及其衍生品种为主。下面介绍几个我国主要栽培的文心兰切花品种。

### 1. *Oncidium* Gower Ramsey

俗称'南茜'，于1977年11月1日登录，由 *Onc.* Goldiana × *Onc.* Guinea Gold 杂交选育而来，其杂交母本 *Onc.* Goldiana 由 *Onc.* flexuosum × *Onc.* sphacelatum 杂交选育而来；父本 *Onc.* Guinea Gold 由 *Onc.* sphacelatum × *Onc.* varicosum 杂交选育而来（图2-1）。

该品种属具假鳞茎薄叶型品种；植株直立，单茎叶展幅25～30 cm；假鳞茎绿色，长6.0～8.0 cm，宽3.0～4.0 cm；鞘叶5～6枚，叶2～3枚；叶披针形，绿色，革质，长30～35 cm，宽3.5～4.0 cm；花序梗较粗壮，长30～55 cm，粗0.4～0.6 cm；花序长35～65 cm，多分枝达十多个；小花多达120余朵，花径3.8～4.0 cm；花被片黄色具条纹褐斑；中萼片卵形，长0.9～1.0 cm，宽0.4～0.5 cm；侧萼片长卵形，长0.9～1.0 cm，宽0.6～0.7 cm；花瓣长卵形，长1.4～1.5 cm，宽0.5～0.6 cm；唇瓣长3.0～3.2 cm，宽3.2～3.5 cm；花粉近败育；花无香味。福建种植时主花期10—12月，次主花期5—6月。

图 2-1 '南茜'花序（左）与花朵（右）

### 2. *Oncidium* Gower Ramsey 'White Jade'

俗称'白玉''白南茜'，从'南茜'品种无性系中突变选育获得，显著特征为花被片由黄色突变成白黄色（图 2-2）。

图 2-2 '白玉'花朵

该品种属具假鳞茎薄叶型品种；植株直立，单茎叶展幅25～30 cm；假鳞茎绿色，长6.0～8.0 cm，宽3.0～4.0 cm；鞘叶5～6枚，叶2～3枚；叶披针形，绿色，革质，长30～35 cm，宽3.5～4.0 cm；花序梗较'南茜'细弱，长30～50 cm；花序长35～65 cm，分枝数较'南茜'少，一般3～7个；小花40～80朵，花径3.5～3.8 cm；花被片白黄色具条纹褐斑；中萼片卵形，长0.7～0.9 cm，宽0.4～0.5 cm；侧萼片长卵形，长0.7～0.9 cm，宽0.4～0.5 cm；花瓣长卵形，长1.2～1.4 cm，宽0.5～0.6 cm；唇瓣长3.0～3.2 cm，宽3.2～3.5 cm；花粉败育；花无香味。福建种植主花期10—12月，次主花期5—6月。

### 3. *Oncidium* Gower Ramsey 'Sunkist'

俗称'香吉士''新奇士'，从'南茜'品种无性系中突变选育获得，显著特征为花被片由黄色突变成橙色（图2-3）。

该品种属具假鳞茎薄叶型品种；植株直立，单茎叶展幅20～35 cm；假鳞茎绿色，长6.0～10.0 cm，宽3.0～4.0 cm；鞘叶5～6枚，叶2～3枚；叶披针形，绿色，革质，长30～35 cm，宽3～4 cm；花序梗粗壮，长40～60 cm，粗0.6～0.7 cm；花序长35～65 cm，多分枝可达10多个；小花多达80余朵，花径3.8～4.0 cm；花被片橙色具条纹褐斑；中萼片卵形，长0.9～1.0 cm，宽0.4～0.5 cm；侧萼片阔卵形，长0.9～1.0 cm，宽0.6～0.7 cm；花瓣长卵形，长1.4～1.5 cm，宽0.5～0.6 cm；唇瓣顶裂片长3.0～3.2 cm，宽3.2～3.5 cm；花粉败育；花无香味。福建种植主花期9—11月，次主花期5—6月。

图2-3 '香吉士'花序（左）与花朵（右）

### 4. *Oncidium* Sweet Sugar 'Lemon Drop'

俗称'柠檬黄''柠檬心',其花被片在日光灯下呈现艳丽的绿色,约2005年从日本引入我国台湾,已成为主栽切花品种之一(图2-4)。

该品种属具假鳞茎薄叶型品种;植株直立,单茎叶展幅20～35 cm;假鳞茎绿色,长7.0～10.0 cm,宽2.5～4.0 cm;鞘叶5～6枚,叶2～3枚;叶披针形,绿色,革质,长25～35 cm,宽约3.0～3.5 cm;花序梗粗壮,长50～90 cm,粗0.5～0.6 cm;花序长30～65 cm,多分枝可达10多个;小花数十朵,花径3.5～4.0 cm;花柠檬黄色,色纯;中萼片卵形,长0.9～1.0 cm,宽0.4～0.5 cm;侧萼片阔卵形,长0.9～1.0 cm,宽0.6～0.7 cm;花瓣长卵形,长1.4～1.5 cm,宽0.5～0.6 cm;唇瓣长3～3.2 cm,宽3.2～3.5 cm;花粉败育;花无香味。福建种植主花期10—12月,次主花期5—6月。

图2-4 '柠檬黄'花序(左)与花朵(右)

### 5. *Oncidium* Gower Ramsey 'Jin hui'

俗称'金辉',是由福建省农业科学院作物研究所从'南茜'组培苗无性系中选育获得(图2-5)。

该品种属具假鳞茎薄叶型品种;成熟植株假鳞茎呈长纺锤体形,绿色,长8.5～13.5 cm,宽3.0～5.0 cm;鞘叶3～5枚,叶2～3枚,绿色,革质,线状披针形,长32.0～44.5 cm,宽3.0～4.2 cm;花序梗长25～54 cm,花序长65～93 cm,分枝达6～15个,多呈轮生状;小花数十至百余朵,小花长3.5～4.1 cm,宽2.7～3.2 cm;花萼、花瓣黄色具褐斑(点),唇瓣黄色;花无香味;植株健壮、适应性强,无霜冻的地区可在简易遮阳大棚中种植,在偶有霜冻的地区可在温室大棚中种植。在福建种植可周年开花,主高峰期11月至翌年1月,次高峰期5—6月;'金辉'与'南茜'相比,假鳞茎肥大、侧芽萌生力强、花枝长、花数多、产量高。

图2-5 '金辉'花序(左)与花朵(右)

## 第二节 盆花品种

与切花品种相比,文心兰盆花品种繁多,花色丰富,形态各异。下面介绍常见文心兰盆花品种。

### 1. *Oncidium* Sweet Sugar

俗称'蜜糖',为 *Onc.* Aloha Iwanaga × *Onc. varicosum* 的杂交后代,于1990年登录(图2-6)。

该品种属具假鳞茎薄叶型品种;植株直立,单茎叶展幅25～30 cm;假鳞茎绿色,长5.0～6.0 cm,宽3.0～4.0 cm;鞘叶5～6枚,叶2枚;叶披针形,绿色,革质,长25～30 cm,宽3.0～3.5 cm;花序梗长30～50 cm,粗0.3～0.5 cm,多分枝3～5个;小花25～40朵,花径约5.0 cm;花被片黄色具条纹褐斑;中萼片阔卵形,长约1.2 cm,宽0.6～0.8 cm;侧萼片披针形,长1.1～1.2 cm,宽0.6～0.7 cm;花瓣卵状披针形,长1.5～1.6 cm,宽0.5～0.6 cm;唇瓣长3.5～4.2 cm,宽3.0～3.5 cm;花粉可育;花无香味。易栽培,适应性强,福建种植主花期5—6月和9—11月。

从'蜜糖'无性系中还选育出系列衍生品种，如 *Onc.* Sweet Sugar 'Angel'（俗称'蜜糖天使'）、*Onc.* Sweet Sugar 'Emperor'、*Onc.* Sweet Sugar 'Yellow King'、*Onc.* Sweet Sugar 'Golden Star' 等。

图 2-6 '蜜糖'花序（左）与花朵（右）

## 2. *Oncidium* Sweet Sugar 'Million Dollar'

俗称'百万金币'，从'蜜糖'无性系中选育，其主要特点是花梗长度比'蜜糖'显著提高，可兼做切花（图 2-7）。

图 2-7 '百万金币'花序（左）与花朵（右）

该品种属具假鳞茎薄叶型品种；植株直立，单茎叶展幅25～30cm；假鳞茎绿色，长6.0～8.0cm，宽3.0～4.0cm；鞘叶5～6枚，叶2枚；叶披针形，绿色，革质，长30～35cm，宽3.5～4.0cm；花序梗粗壮，长15～25cm，粗0.5～0.6cm；花序长25～35cm，分枝4～7个；小花25～40朵，直径5.0～5.5cm；花黄色具条纹褐斑；中萼片阔卵形，长0.9～1.1cm，宽0.6～0.8cm；侧萼片卵状披针形，长1.1～1.2cm，宽0.6～0.8cm；花瓣卵状披针形，长1.5～1.6cm，宽0.5～0.6cm；唇瓣长3.5～3.8cm，宽3.5～3.8cm；花粉可育；花无香味。易栽培，适应性强，福建种植主花期5—6月和9—11月。

### 3. *Oncidium* Jiubao Gold 'Tainan'

俗称'钜宝黄金'，由 *Onc.* Shonan×*Onc.* Kaizumic Delight 杂交育成，于2000年登录，较大的唇瓣是该品种最显著的特征（图2-8）。

该品种属具假鳞茎薄叶型品种；植株直立，单茎叶展幅25～30cm；假鳞茎绿色，长约7.0cm，宽约3.5cm；鞘叶5～6枚，叶2枚；叶披针形，绿色，革质，长25～30cm，宽3.0～3.5cm；花枝长45～55cm，分枝2～4个；小花25～40朵，花朵较大，直径约4.5cm；花黄色具条纹褐斑；中萼片阔卵形，长约0.8cm，宽约0.6cm；侧萼片阔卵形，长约0.8cm，宽约0.6cm；花瓣卵状披针形，约1.0cm，宽约0.4cm；唇瓣长约3.6cm，宽约4.3cm；无花香。易栽培，适应性强，福建种植主花期5—6月和9—11月。

 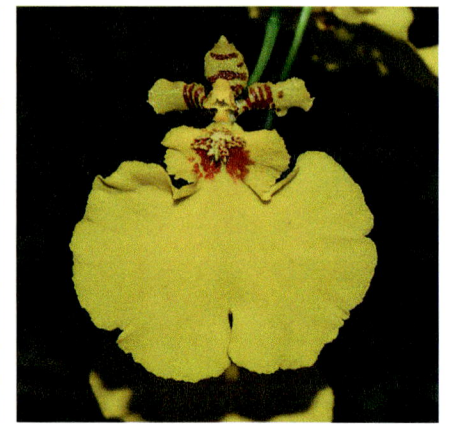

图2-8 '钜宝黄金'花序（左）与花朵（右）

### 4. *Oncidium* Kalihi 'Yellow Bird'

属具假鳞茎厚叶型品种；植株半直立，株高25～35cm；假鳞茎深绿色，长约4.5cm，宽约3.0cm；鞘叶2枚，叶1枚；叶长卵形，革质，深绿色，皱褶，长20～30cm，宽5.0～6.5cm；花序梗长约65cm，粗约0.3cm，无分枝；小花2～3朵，花型十分奇特，每次开放1朵，顺次开放；小花正面长约10.0cm，宽约6.0cm；花黄色具浅色斑；中萼片长约6.0cm，宽约0.5cm；侧萼片长约5.0cm，宽约1.5cm；花瓣长约6.0cm，宽约0.5cm；唇瓣顶裂片长约3.5cm，宽约2.5cm，黄色具浅色斑（图2-9）；花无香味。在福建种植花期9—12月。

图 2-9 'Yellow Bird'叶片（左）与花朵（右）

### 5. *Oncidium* Cultivar 'Fragrant Gold'

俗称'金香'，是东莞市粮作花卉研究所以迷你芳香文心兰'碧玉'（*Onc. Cheirophorum*）为母本，'飞鸟'（*Onc. Ornithorhyncum*）为父本进行杂交选育而成（谭志勇等，2014）。'金香'综合了双亲的优点，花梗粗短挺直，株形匀称，花序紧凑，花色金黄，鲜艳明亮，香味浓，具很高的观赏价值（图 2-10）。

图 2-10 '金香'花序（左）与花朵（右）

该品种属具假鳞茎薄叶型品种；植株直立，株高约20 cm，单茎叶展幅20～25 cm；假鳞茎深绿色，长5.0～5.5 cm，宽2.0～2.5 cm；鞘叶5～6枚，叶1～2枚；叶披针形，绿色，革质，长20～26 cm，宽约2.0 cm；花序梗较细弱，长25～30 cm，粗约0.1 cm花序长15～20 cm，多分枝8～12个；小花密生30～40朵，花径1.5 cm；花金黄色；萼片和花瓣近相等，长约0.6 cm，宽约0.5 cm；唇瓣长约1.0 cm，宽约1.0 cm；花具香味。

### 6. *Oncidium* Twinkfe 'White Fantasy'

俗称'白梦香'，从 *Onc. Cheirophorum* 与 *Onc. ornithorhynchum* 杂交 $F_1$ 中选育的迷你型芳香品种，于1958年登录（图2-11）。

该品种属具假鳞茎薄叶型品种；喜冷凉，植株直立，单茎叶展幅6～12 cm；假鳞茎绿色，长3.0～4.0 cm，宽2.0～3.0 cm；鞘叶5～6枚，叶1～2枚；叶披针形，绿色，革质，长12～16 cm，宽1.2～1.6 cm；花序梗极细，斜生，长12～20 cm；花序长8～12 cm，多分枝6～10个；小花数20～40朵，花径5.0～5.5 cm；花近白色；萼片近相等，卵状披针形，长约2.2 cm，宽约0.9 cm；花瓣卵形，长约2.0 cm，宽约0.9 cm；唇瓣长约2.2 cm，宽约2.0 cm；花具浓香。

图2-11 '白梦香'花序（左）与花朵（右）

### 7. *Oncidium obryzatum*

俗称'满天星'，因花朵小且多，犹如夜空中闪亮的星星而得名（图2-12）。

该品种属具假鳞茎薄叶型品种；喜冷凉，植株直立，单茎叶展幅40～45 cm；假鳞茎绿色，长约10 cm，宽约3 cm；鞘叶5～6枚，叶2～3枚；叶披针形，绿色，革质，挺拔，长约30 cm，宽约3.5 cm；花序梗挺直，长10～15 cm；花序长40～50 cm，多分枝4～6个；小花数十朵，花径约4.0 cm；花黄色具褐斑；中萼长0.8 cm，宽约

0.4 cm；侧萼片与花瓣近相等，长约 1.1 cm，宽约 0.3 cm；唇瓣长约 2.6 cm，宽约 2.5 cm；花无香味。

图 2-12 '满天星'花序（左）与花朵（右）

### 8. *Oncidium* Kutoo 'Little Cherry'

俗称'小樱桃'，属具假鳞茎薄叶型品种；植株直立，单茎叶展幅约 10 cm；假鳞茎绿色，长 3.5～4.5 cm，宽 1.5～2.0 cm；鞘叶 4～6 枚，叶 2 枚；叶披针形，绿色，革质，无光泽，长 20～25 cm，宽约 3.0 cm；花序梗较挺直，长 15～25 cm；花序长 10～20 cm，多分枝 3～5 个；小花密生 30～50 朵，直径约 3.0 cm；花樱桃红具浅色斑，花朵欠质感；顶萼片卵形，长 0.7～0.8 cm，宽 0.3～0.4 cm；侧萼片长卵形，长 0.9～1.0 cm，宽 0.3～0.4 cm；侧瓣阔卵形，长 0.9～1.1 cm，宽 0.5～0.6 cm；唇瓣裙摆形，长 1.9～2.1 cm，宽 1.9～2 cm；具淡香。福建种植主花期 9—11 月，次主花期 5—6 月（图 2-13）。

### 9. *Oncidium* Nanboh Waltz 'Boso Sweet'

俗称'甜红豆'，属具假鳞茎薄叶型品种；喜冷凉，植株直立，单茎叶展幅 25～35 cm；假鳞茎绿色，长 7.0～8.0 cm，宽 3.0～4.0 cm；鞘叶 4～5 枚，叶 2 枚；叶披针形，绿色，长 30～35 cm，宽 4.0～4.5 cm，种植环境温度较高时叶片易皱褶、粗糙；花序梗较细弱，长 10～15 cm；花序长 30～45 cm，多分枝 6～8 个；小花数十朵，花径 4.5～5.5 cm；花棕红色带白色斑；顶萼片卵状披针形或卵形，长 0.8～1.0 cm，宽 0.7～0.8 cm；侧萼片卵形，长 1.0～1.2 cm，宽 0.6～0.7 cm；花瓣卵形，长 0.8～1.0 cm，宽 0.7～0.8 cm；唇瓣长 1.8～2.0 cm，宽 1.5～1.6 cm；花粉可育；花具浓香。福建种植主花期 10—12 月（图 2-14）。

图 2-13 '小樱桃'花序（左）和花朵（右）

图 2-14 '甜红豆'花序（左）与花朵（右）

**10. *Oncidium* Green Valley Honey 'Sweet Lady'**

俗称'甜心佳人'，属具假鳞茎薄叶型品种；喜冷凉，植株直立，株高 20～25 cm，单茎叶展幅30～35 cm；假鳞茎绿色，长4.0～5.0 cm，宽3.0～4.0cm；鞘叶4～5枚，叶1～2枚；叶披针形，绿色，革质，长约20 cm，宽约4.0 cm；花序梗长50～60 cm，粗约0.3 cm；花序长40～50 cm，多分枝达十多个；小花30～40朵，小花长3.6～3.8 cm，宽3.4～3.6 cm；中萼片长约1.8 cm，宽约0.6 cm；侧萼片长约2.0 cm，宽约0.7 cm；花瓣长约1.7 cm，宽约0.7 cm；萼片和花瓣褐色，边缘杏黄色；唇瓣长约2.2 cm，宽约2.4 cm，杏黄色；花具巧克力香味。福建种植花期11—12月（图2-15）。

图2-15 '甜心佳人'植株（左）与花朵（右）

### 11. *Oncidium* Sharry Baby 'Sweet Fragrance'

俗称'香水文心'，从 *Onc.* Jamie Sutton 与 *Onc.* Honolulu 的杂交后代中选育而成，于1983年登录（图2-16）。

该品种属具假鳞茎薄叶型品种；植株直立，单茎叶展幅25～30 cm；假鳞茎绿色，较大，长10～12 cm，宽4.0～5.0 cm；鞘叶5～6枚，叶2枚；叶披针形，绿色，革质但无光泽，成熟叶片具生理性黑色病斑，长40～45 cm，宽4.0～4.5 cm；花序梗较细弱，多分枝达10余个，小花50～80朵，花径

图2-16 '香水文心'花朵

3.5～4.0 cm；中萼片卵形，长约1.3 cm，宽约0.8 cm；侧萼片长卵形，长约1.6 cm，宽约0.8 cm；萼片红褐色具浅色边；花瓣阔卵形，长约1.6 cm，宽0.8 cm，红褐色；唇瓣长1.4～1.6 cm，宽1.6～1.8 cm，底色为白色，边缘为红褐色；花粉可育；花具浓郁香味。福建种植花期5—6月和10—11月。

### 12. *Oncidium* Sharry Baby'Tricolor'

俗称'三色香水文心'，从 *Onc.* Jamie Sutton 与 *Onc.* Honolulu 的杂交后代中选育而成（图2-17）。

该品种属具假鳞茎薄叶型品种；植株直立，单茎叶展幅25～30 cm；假鳞茎绿色，较大，长8～10 cm，宽3.5～4.5 cm；鞘叶4～6枚，叶2枚；叶披针形，绿色，革质但缺少光泽，长35～45 cm，宽3.8～4.2 cm；花序梗较细弱，长20～30 cm；花序长30～50 cm，多分枝4～8个；小花30～50朵，花径3.2～3.5 cm；中萼片卵形，长约1.2 cm，宽约0.8 cm；侧萼片与花瓣长卵形，近相等，长约1.6 cm，宽约0.8 cm；萼片与花瓣花色相同，

图2-17 '三色香水文心'花朵

内部红褐色，外沿浅黄色；唇瓣扇形，长1.4～1.6 cm，宽1.6～1.8 cm，白色，接合部呈红褐色；花粉可育；花香浓郁。福建种植花期5—6月和10—11月。

### 13. *Colmanara* Wildcat'Petite Sirah'

由堇花兰属、齿舌兰属及文心兰属三属杂交（*Odtna.* Rustic Bridge × *Odcdm.* Crowborough）而选育出的品种，俗称'红猫'，为'野猫'（Wildcat）系列品种（图2-18）。

图2-18 '红猫'花朵

该品种属具假鳞茎薄叶型品种；植株直立，单茎叶展幅20～30 cm；假鳞茎绿色，长7.0～7.5 cm，宽3.5～4.0 cm；鞘叶5～7枚，叶2枚；叶条形或条状披针形，绿色，革质，长25～30 cm，宽约4.5 cm；花序梗直立，长50～60 cm，粗约0.5 cm；花序长25～35 cm，多分枝4～7个；小花35～45朵，花直径5.0～5.5 cm；花棕红色具浅色斑，边缘呈黄色；萼片近相等，卵状披针形，长约2.2 cm，宽约0.9 cm；花瓣卵形，长约2.0 cm，宽约0.9 cm；唇瓣长约2.2 cm，宽约2.0 cm；花具淡香。该品种喜冷凉环境，栽培温度较高时，易发生病害；福建种植花期5—6月和10—11月。

### 14. *Colmanara* Wildcat 'Carmela'

俗称'花猫',为'野猫'系列品种(图2-19)。

该品种属具假鳞茎薄叶型品种;植株直立,单茎叶展幅20～25 cm;假鳞茎绿色,长5.5～6.5 cm,宽3.0～4.0 cm;鞘叶4～5枚,假鳞茎顶生叶2枚;叶条形或条状披针形,绿色,革质,长30～35 cm,宽3.0～3.5 cm;花序梗直立,长20～30 cm,茎粗0.5～0.6 cm;花序长25～35 cm,具分枝;小花疏生10余朵,直径6.0～7.0 cm;花黄绿色具褐斑或白斑;顶萼片卵状披针形或卵形,长3.0～3.2 cm,宽1.4～1.6 cm;侧萼片卵形,长2.9～3.1 cm,宽1.6～1.8 cm;花瓣卵形,长2.6～2.8 cm,宽1.3～1.5 cm;唇瓣长3.1～3.2 cm,宽2.5～2.6 cm;花粉可育;花具淡香。该品种喜冷凉环境,栽培温度较高时,易发生病害;福建种植花期5—6月和10—11月。

图2-19 '花猫'花朵

### 15. *Colmanara* Wildcat 'Gold Ring'

俗称'黄猫',属'野猫'系列品种(图2-20)。

图2-20 '黄猫'植株(左)与花朵(右)

该品种属具假鳞茎薄叶型品种；植株直立，单茎叶展幅20～30 cm；假鳞茎绿色，长7.5～10 cm，宽4.0～5.0 cm；鞘叶4～5枚，叶2枚；叶披针形，绿色，长25～40 cm，宽4.0～4.5 cm，革质；花序梗直立，长10～15 cm，茎粗0.5～0.6 cm；花序长20～30 cm，极少分枝，小花疏生6～10朵，直径7.0～8.0 cm；花棕红色至红褐色、浅黄色至白色复合；萼片近相等，卵状披针形，长约4.5 cm，宽约1.0 cm；花瓣长卵形，长约4.4 cm，宽约1.0 cm；唇瓣长3.5～4.0 cm，宽2.5～3.0 cm；花粉具育性；花香不明显。该品种喜冷凉环境，栽培温度较高时，易发生病害，且开花性降低；福建种植花期5—6月和9—11月。

### 16. *Degarmoara* Winter Wonderland 'White Fairy'

图 2-21 '白仙女'花朵

俗称'白仙女'，是由长萼兰属、堇花兰属及齿舌兰属三属间杂交选育的品种（图2-21）。

该品种植株直立，单茎叶展幅25～35 cm；假鳞茎绿色，长7～9 cm，宽2.0～3.0 cm；鞘叶4～5枚，叶1～2枚；叶披针形，绿色，革质，较挺立，长30～35 cm，宽2.8～3.5 cm；花序梗直立，长20～30 cm；花序长20～30 cm，无分枝。小花4～7朵，直径12～14 cm；花被片白色偶见红棕色斑点；中萼片卵状披针形，长6.5～6.8 cm，宽1.3～1.5 cm；侧萼片卵状披针形，长7.1～7.3 cm，宽1.2～1.4 cm；花瓣卵状披针形，长6.4～6.6 cm，宽1.5～1.7 cm；唇瓣长5.8～6.2 cm，宽3.7～4.0 cm；花具淡香。喜冷凉，福建种植花期4—6月和9—11月。

### 17. *Bellara* Marfitch 'Howards Dream'

俗称'红狐狸'，是由长萼兰属、蜗瘤兰属、堇花兰属、齿舌兰属四属间杂交选育而来，是1983年登录的品种（图2-22）。

该品种植株直立，单茎叶展幅25～40 cm；假鳞茎绿色，具紫红色斑；长10～14 cm，宽4.0～5.5 cm；鞘叶5～6枚，叶2枚；叶卵状披针形，绿色，革质，长28～32 cm，宽4.0～5.0 cm；花枝粗壮，长20～40 cm，直径约0.6～0.8 cm；花序长30～50 cm，无分枝；小花疏生数朵，直径12～13 cm；花紫红色具

图 2-22 '红狐狸'花朵

紫白斑；中萼片卵状披针形或披针形，长 6.5～7.0 cm，宽约 2.0 cm；侧萼卵状披针形，长 5.5～6.5 cm，宽 1.8～2.4 cm；花瓣阔披针形，长约 6.0 cm，宽约 2.2 cm；唇瓣长约 5.8 cm，宽约 4.8 cm；花淡香。喜冷凉，福建种植花期 5—6 月和 9—11 月。

### 18. *Miltassia* Royal Robe 'Jerry's Pick'

俗称'红蜘蛛'，由堇花兰属与长萼兰属杂交选育而来（图 2-23）。

该品种植株直立，高约 30 cm，单茎叶展幅 30～35 cm；假鳞茎深绿色，较大，长 9.0～11.0 cm，宽约 3.0 cm；鞘叶 4～5 枚，叶 1～2 枚；叶线形披垂，绿色，革质，长 32～36 cm，宽 2.5～2.8 cm；花枝长 30～35 cm，无分枝；花疏生 3～5 朵，花径约 12 cm；中萼片长约 6.0 cm，宽约 1.3 cm；侧萼片长约 7.0cm，宽约 1.2 cm；花瓣长约 4.5 cm，宽约 1.2 cm；萼片和花瓣为紫红色，具浅色斑纹；唇瓣长约 6.0 cm，宽约 3.5 cm，

图 2-23 '红蜘蛛'花朵

卵形至椭圆形，边缘褶皱，紫红色；花淡香。喜冷凉，福建种植花期 12 月至翌年 1 月。

### 19. *Odontonia* Lorraine's Fourteenth Woc 'Red Bird'

俗称'红鸟'，为堇花兰属与齿舌兰属的属间杂交后代，由 *Odtna.* Rustic Bridge×*Odtna.* Debutante 选育而来，于 1993 年登录的品种（图 2-24）。

该品种植株直立，假鳞茎长卵形，绿色，长 4.0～5.0 cm，宽 3.0～4.0cm；鞘叶 5～6 枚，假鳞茎顶生叶 2 枚；叶近条形，绿色，革质，长 30～35 cm，宽 3.5～4.5 cm；总状花序疏生 10 余朵，直径 6.0～7.0 cm；花紫红色至红褐色，具白斑；中萼片卵状披针形或卵形，长 3.0～3.2 cm，宽 1.4～1.5 cm；侧萼片卵状，长 2.4～2.6 cm，宽 1.1～1.3 cm；花瓣卵状披针形，长 2.4～2.6 cm，宽 1.1～1.3 cm；唇瓣长 3.5～4.0 cm，宽 2.5～3.0 cm；花粉可育；花无香味。

图 2-24 '红鸟'花朵

### 20. *Zelglossoda* Calico Gem 'Green Valley #1'

俗称'豹斑宝石''名翠谷 1 号'，由蜗瘤兰属、齿舌兰属及富仙兰属（*Zelenkoa*）三属杂交选育而来（图 2-25）。

图 2-25 '豹斑宝石'花序（左）与花朵（右）

该品种植株直立，单茎叶展幅20～25 cm；假鳞茎绿色，具紫红色斑；长5.0～6.0 cm，宽3.0～4.0 cm；鞘叶5～6枚，叶2枚；叶卵状披针形或披针形，绿色，革质，长20～25 cm，宽3.0～4.5 cm；花序梗长10～15 cm；花序长15～50 cm，具分枝3～4个；小花数朵至数十朵，花径6.5～7.5 cm；顶萼片卵状披针形或卵形，长2.5～3.2 cm，宽1.4～1.6 cm；侧萼片卵形，长2.5～3.2 cm，宽1.5～1.7 cm；花瓣阔卵形，长3.0～3.5 cm，宽1.8～2.3 cm；唇瓣长2.8～3.2 cm，宽2.0～2.5 cm；萼片和花瓣浅紫红色夹杂白色斑纹，唇瓣浅粉红色至白色；花无香味。喜冷凉，福建种植花期4—5月和10—11月。

### 21. *Burrageara* Living Fire 'Glowing Embers'

俗称'红妹子'，由蜗瘤兰属、堇花兰属、齿舌兰属及文心兰属四属杂交而成（图2-26）。

该品种植株直立，性喜冷凉，单茎叶展幅12～28 cm；假鳞茎绿色，长6.0～8.0 cm，宽4.0～5.5 cm；鞘叶5～6枚，叶2枚；叶披针形，绿色，革质，长

图 2-26 '红妹子'花朵

28～36 cm，宽3.0～4.2 cm；总状花序着生小花8～12朵，花较大，花径6.0～8.0 cm；花红色；萼片近相等，卵形，边缘多褶皱，长约2.7 cm，宽约0.9 cm；花瓣长卵形，长约3.0 cm，宽约0.9 cm；唇瓣边缘波浪状，褶皱，长约4.0 cm，宽约3.0 cm；花无香味。

### 22. *Wilsonara* 'Golden Apple'

俗称'金苹果'，由蜗瘤兰属、齿舌兰属及文心兰属三属杂交选育而来（图2-27）。

该品种植株直立，株高40～45 cm，单茎叶展幅12～15 cm；假鳞茎绿色，长5.0～6.0 cm，宽3.0～4.0 cm；鞘叶6～8枚，叶2枚；叶剑形，黄绿色，长8.0～11.0 cm，宽2.5～3.0 cm；总状花序着花7～10朵，花径约7.3 cm；花金黄色具褐斑；中萼片长卵形，长2.8～3.5 cm，宽1.6～2.0 cm；侧萼片卵状披针形，长3.4～4.0 cm，宽1.6～1.8 cm；花瓣与侧萼片近相等；唇瓣长3.5～4.0 cm，宽3.5～4.0 cm；无花香。喜冷凉，福建种植花期5—6月和10—11月。

图2-27 '金苹果'花朵

### 23. *Wilsonara* Firecracker 'Red Star'

俗称'爆竹'，由蜗瘤兰属、齿舌兰属及文心兰属三属杂交选育而来，可做切花（图2-28）。

该品种植株直立，假鳞茎硕大，长卵形，绿色，长8.0～10.0 cm，宽4.0～4.5 cm；鞘叶5～6枚，叶2枚；叶条状披针形，绿色，革质，长30～35 cm，宽4.0～4.5 cm。花序梗长15～30 cm，粗0.5～0.6 cm；花序长45～60 cm，多分枝达10多个；小花50～70朵，花径4.0～4.5 cm；花棕红色至红色，唇瓣边缘颜色变浅；中萼片卵状披针形或卵形，长2.0～2.2 cm，宽0.9～1.1 cm；侧萼片卵状披针形，长1.2～1.4 cm，宽0.8～0.95 cm；侧瓣卵状披针形，长2.0～2.2 cm，宽约1.0 cm；唇瓣长约1.8 cm，宽约1.3 cm；花粉可育。喜冷凉，福建种植花期5—6月和10—11月。

图2-28 '爆竹'花朵

### 24. *Wilsonara* Tropic Breeze 'Everglades'

俗称'甜蜜蜜''门神'，由蜗瘤兰属、齿舌兰属及文心兰属三属杂交选育而来（图2-29）。

该品种植株超大型，直立；株高 45～60 cm，单茎叶展幅达 60 cm；假鳞茎硕大，卵形，绿色具紫红色斑；长 12.0～15.0 cm，宽 8.0～10.0 cm；鞘叶 6～7 枚，叶 2～3 枚；叶披针形，绿色，革质，长 60～80 cm，宽 5.0～5.5 cm；花序梗粗壮，长 15～30 cm，粗 0.6～0.8 cm；花序可达 180 cm，多分枝达 20 多个；小花数多，可达 200 余朵，花径 4.0～4.5 cm；花被片黄色与褐色相间；中萼片卵状披针形，边缘多褶皱，长约 2.7 cm，宽约 0.9 cm；侧萼片卵状披针形，长约 2.5 cm，宽约 0.6 cm；花瓣卵状披针形，长约 2.1 cm，宽约 0.7 cm；唇瓣长约 2.1 cm，宽约 2.6 cm；花粉可育；花具浓郁香。该品种适应性强，易栽培；福建种植花期 5—6 月。

图 2-29 '甜蜜蜜'植株（左）与花朵（右）

### 25. *Wilsonara* Golden Afternoon 'Rich Yellow'

俗称'黄金午后'，由蜗瘤兰属、齿舌兰属及文心兰属三属杂交选育而来（图 2-30）。

该品种植株直立，单茎叶展幅 22～38 cm；假鳞茎绿色，具紫红色斑，长 8～10 cm，宽 4.0～6.0 cm；鞘叶 6～7 枚，叶 2～3 枚；叶卵状披针形，绿色，革质，长 38～42 cm，宽 3.5～4.5 cm；花序梗粗壮，长 18～40 cm，粗 0.6～0.8 cm；花序长 30～50 cm，多分枝 6～8 个。小花 40～60 朵，花径约 5.5 cm；花被片黄色与褐色相间；中萼片卵状披针形，边缘多褶皱，长约 2.7 cm，宽约 0.9 cm；侧萼片与花瓣近相等，卵状披针形，长约 2.5 cm，宽约 1.2 cm；唇瓣长约 2.6 cm，宽约 2.5 cm；花具香味。福建种植花期 5—6 月和 10—12 月。

图 2-30 '黄金午后'花序（左）与花朵（右）

### 26. *Gomesa* Moon Shadow'Tigertail'

俗称'老虎尾'，由宫美兰属 *Gom.* Hornet × *Gom.* Big Bee 杂交选育而来（图 2-31）。

该品种植株直立，单茎叶展幅 24～30 cm；假鳞茎绿色，肥大、圆润，长 4.0～4.5 cm，宽 3.0～4.0 cm；鞘叶 2 枚，叶 2 枚；叶卵状披针形，绿色，革质，长 15～20 cm，宽 2.5～4.0 cm；花序梗粗壮，长 15～20 cm，粗 0.2～0.5 cm；花序长 15～20 cm，多分枝达 2～5 个；小花数达 9～20 朵，花径约 4.0 cm；花瓣卵状披针形，深褐色，边缘为黄色，多褶皱；中萼片卵状披针形，边缘多褶皱，长约 0.9 cm，宽约 0.6 cm；侧萼片披针形，深褐色，边缘为黄色，长约 1.1 cm，宽约 0.4 cm；唇瓣黄色，中心具褐色块斑，长约 2.9 cm，宽约 3.2 cm；花无香味。不耐热，福建种植花期 5—6 月。

### 27. *Oncidium* Tiny Twinkle'Orange Pride'

俗称'橘色梦香'，由 *Onc.* cheirophorum × *Onc.* sotoanum 杂交选育而来（图 2-32）。

该品种植株直立，单茎叶展幅 10～20 cm；假鳞茎绿色，扁平，长 3.5～4.5 cm，宽 3.0～7.0 cm；鞘叶 3～4 枚，叶 2 枚；叶卵状披针形，绿色，革质，长 10～20 cm，宽 2.0～2.0 cm；花序梗细，长 12～15 cm，粗 0.15～0.30 cm；花序长 20～25 cm，分枝多达 12～20 个；小花数达 30～90 朵，花径约 1.5 cm；花瓣橘色，卵形，边缘无褶皱；中萼片卵形，边缘无褶皱，橘色，长约 0.6 cm，宽约 0.4 cm；侧萼片与花瓣近相等，卵形，橘色，长约 0.7 cm，宽约 0.4 cm；唇瓣橘色具红色块斑，长约 9.0 cm，宽约 10.0 cm；花具香味。福建种植花期 10 月至翌年 2 月。

图 2-31 '老虎尾'植株（左）与花朵（右）

图 2-32 '橘色梦香'植株（左）与花朵（右）

## 28. *Oncidium* Tsiku Marguerite 'Chian Tzy Glory'

俗称'光宗',由 *Onc.* Twinkle × *Onc.* sotoanum 杂交选育而来(图 2-33)。

该品种植株直立,单茎叶展幅 17 ~ 25 cm;假鳞茎绿色,扁平,长 4.0 ~ 4.7 cm,宽 2.5 ~ 3.0 cm;鞘叶 3 ~ 4 枚,叶 2 枚;叶卵状披针形,绿色,革质,长 19 ~ 27 cm,宽 2.0 ~ 3.2 cm;花序梗细,长 2.2 ~ 2.5 cm,粗 0.15 ~ 0.30 cm;花序长 20 ~ 25 cm,多分枝,可达 10 ~ 12 个;小花数多,可达 40 ~ 70 朵,花径约 2.0 cm;花瓣粉色,卵形,边缘无褶皱,长约 0.7 cm,宽约 0.6 cm;中萼片粉色,卵形,边缘无褶皱,长约 0.8 cm,宽约 0.5 cm;侧萼片粉色,卵形,长约 0.8 cm,宽约 0.5 cm;唇瓣粉色,长约 1.2 cm,宽约 1.0 cm;花具香味。福建种植花期 10 月至翌年 2 月。

图 2-33 '光宗'植株(左)与花朵(右)

## 29. *Oncidium* Twinkle 'Chian-Tzy Deilight'

俗称'光华',由 *Onc.* cheirophorum × *Onc.* sotoanum 杂交选育而来(图 2-34)。

该品种植株直立,单茎叶展幅 20 ~ 25 cm;假鳞茎绿色,扁平,长 3.3 ~ 5.0 cm,宽 2.4 ~ 3.1 cm;鞘叶 3 ~ 6 枚,叶 1 ~ 2 枚;叶卵状披针形,绿色,革质,长 15 ~ 20 cm,宽 2.0 ~ 2.3 cm;花序梗细,长 9.5 ~ 15 cm,粗 0.2 ~ 0.30 cm;花序长 19 ~ 27 cm,分枝多,可达 10 ~ 15 个;小花数多,可达 40 ~ 80 朵,花径约 1.6 cm;花瓣红色,卵形,边缘无褶皱,长约 0.6 cm,宽约 0.5 cm;中萼片红色,卵形,边缘无褶皱,长约 0.6 cm,宽约 0.5 cm;侧萼片红色,卵形,边缘无褶皱,长约 0.6 cm,宽约 0.4 cm;唇瓣红色,长约 0.9 cm,宽约 1.2 cm;花具香味。福建种植花期 10 月至翌年 2 月。

图 2-34 '光华'植株（左）与花朵（右）

### 30. *Oncidium* Twinkle 'Chian-Tzy Golden'

俗称'黄梦香''黄金'，由 *Onc.* cheirophorum × *Onc.* sotoanum 杂交选育而来（图 2-35）。

该品种植株直立，单茎叶展幅 5～15 cm；假鳞茎绿色，扁平，长 3.0～4.5 cm，宽 2.7～3.5 cm；鞘叶 4 枚，叶 2 枚；叶卵状披针形，绿色，革质，长 16～21 cm，宽 1.8～2.1 cm；花序梗细，长 11～18 cm，粗 0.14～0.28 cm；花序长 25～30 cm，多分枝，可达 13～16 个；小花数多，可达 110～180 朵，花径约 1.7 cm；花瓣黄色，卵形，边缘无褶皱，长约 0.8 cm，宽约 0.4 cm；中萼片黄色，卵形，边缘无褶皱，长约 0.7 cm，宽约 0.4 cm；侧萼片黄色，卵形，边缘无褶皱，长约 0.8 cm，宽约 0.4 cm；唇瓣黄色，长约 0.9 cm，宽约 1.1 cm；花具香味。福建种植花期 10 月至翌年 2 月。

图 2-35 '黄梦香'植株（左）与花朵（右）

## 31. *Oncidium* Tsiku Marguerite 'Chian Tzy Romantic Fantasy'

俗称'罗曼香',由 *Onc.* Twinkle × *Onc.* sotoanum 杂交选育而来(图 2-36)。

该品种植株直立,单茎叶展幅 17 ~ 25 cm;假鳞茎绿色,扁平,长 4.5 ~ 5.5 cm,宽 2.0 ~ 3.0 cm;鞘叶 3 ~ 4 枚,叶 2 枚;叶卵状披针形,绿色,革质,长 20 ~ 25 cm,宽 1.7 ~ 3.0 cm;花序梗细,长 4.0 ~ 5.0 cm,粗 0.15 ~ 0.30 cm;花序长 20 ~ 24 cm,多分枝,可达 9 ~ 12 个;小花数多,可达 70 ~ 110 朵,花径约 3.5 cm;花瓣粉色,卵形,边缘褶皱、外翻,长约 0.7 cm,宽约 0.6 cm;中萼片粉色,卵形,边缘无褶皱、外翻,长约 0.8 cm,宽约 0.5 cm;侧萼片粉色,卵形,边缘无褶皱,长约 0.8 cm,宽约 0.5 cm;唇瓣粉白色,胼胝体呈黄色,长约 1.3 cm,宽约 1.1 cm;花具香味。福建种植花期 10 月至翌年 2 月。

图 2-36 '罗曼香'植株(左)与花朵(右)

## 32. *Oncidium* Jairak Fragrance 'Mon-Tho'

俗称'香水 252',由 *Onc.* Twinkle × *Onc.* Yuan Nan Fragrant 杂交选育而来(图 2-37)。

该品种植株直立,单茎叶展幅 23 ~ 35 cm;假鳞茎绿色,圆润,长 4.5 ~ 5.5 cm,宽 3.0 ~ 4.0 cm;鞘叶 2 ~ 4 枚,叶 2 枚;叶卵状披针形,绿色,革质,长 30 ~ 35 cm,宽 3.6 ~ 4.5 cm;花序梗细,长 7.5 ~ 8.5 cm,粗 0.25 ~ 0.30 cm;花序长 35 ~ 40 cm,多分枝,可达 10 ~ 16 个;小花数多,可达 100 ~ 140 朵,花径约 3.0 cm;花瓣深红色,卵形,边缘无褶皱,长约 1.2 cm,宽约 0.6 cm;中萼片深红色,卵形,边缘无褶皱,长约 1.3 cm,宽约 0.7 cm;侧萼片深红色,卵形,边缘无褶皱,长约 1.4 cm,宽约 0.6 cm;唇瓣白色,中心胼胝体具红色块斑,长约 1.6 cm,宽约 1.6 cm;花具香味。福建种植花期 5—6 月和 11 月至翌年 1 月。

图 2-37 '香水 252'植株（左）与花朵（右）

### 33. *Oncidium* Jairak Fragrance 'Pra-Lak'

俗称'香水 307'，由 *Onc.* Twinkle × *Onc.* Yuan Nan Fragrant 杂交选育而来（图 2-38）。

该品种植株直立，单茎叶展幅 25～35 cm；假鳞茎绿色，圆润，长 2.5～5.5 cm，宽 3.5～4.5 cm；鞘叶 3～4 枚，叶 1～2 枚；叶卵状披针形，绿色，革质，长 30～35 cm，宽 3.3～4.5 cm；花序梗较粗，长 2.3～4.0 cm，粗 0.25～0.32 cm；花序长 30～40 cm，多分枝，多达 10～14 个；小花数多，可达 40～100 朵，花径约 3.0 cm；花瓣深红色，卵形，边缘有褶皱，长约 1.3 cm，宽约 0.7 cm；中萼片深红色，卵形，边缘有褶皱，长约 1.4 cm，宽约 0.7 cm；侧萼片深红色，卵形，边缘有褶皱，长约 1.3 cm，宽约 0.6 cm；唇瓣红色具白色、黄色班，长约 1.8 cm，宽约 1.5 cm；花具香味。福建种植花期 5—6 月和 11 月至翌年 1 月。

图 2-38 '香水 307'植株（左）与花朵（右）

## 34. *Oncidium* Jairak Fragrance 'Pi–Payk'

俗称'香水253',由 *Onc.* Twinkle × *Onc.* Yuan Nan Fragrant 杂交选育而来(图2-39)。

该品种植株直立,单茎叶展幅13～20 cm;假鳞茎绿色,圆润,长2.5～4.0 cm,宽3.5～4.0 cm;鞘叶3～4枚,叶2枚;叶卵状披针形,绿色,革质,长23～35 cm,宽3.5～4.5 cm;花序梗较粗,长4.2～6.0 cm,粗0.41～0.53 cm;花序长33～45 cm,多分枝,可达10～15个;小花数多,可达50～120朵,花径约3.1 cm;花瓣红色具白色边,卵形,边缘无褶皱,长约1.3 cm,宽约0.7 cm;中萼片红色具白色边,卵形,边缘无褶皱,长约1.2 cm,宽约0.7 cm;侧萼片红色具白色边,卵形,边缘无褶皱,长约1.3 cm,宽约0.6 cm;唇瓣白色具红色块斑,长约1.7 cm,宽约1.5 cm;花具香味。福建种植花期11月至翌年1月。

图 2-39 '香水253'植株(左)与花朵(右)

## 35. *Oncidium* Hwuluduen Nova 'Red Cherry'

俗称'红樱桃',由 *Onc.* John Louis Shirah × *Onc.* Firecracker 杂交选育而来(图2-40)。该品种植株直立,单茎叶展幅8～15 cm;假鳞茎绿色,圆润,长2.5～5.5 cm,宽2.5～5.0 cm;鞘叶3～4枚,叶2枚;叶卵状披针形,绿色,革质,长25～36 cm,宽0.9～2.1 cm;花序梗较粗,长4.3～6.7 cm,粗0.34～0.50 cm;花序长33～45 cm,多分枝,可达9～12个;小花数多,可达35～60朵,花径约3.3 cm;花瓣红色,卵状披针形,边缘无褶皱,长约1.4 cm,宽约0.7 cm;中萼片红色,卵状披针形,边缘无褶皱,长约1.4 cm,宽约0.7 cm;侧萼片红色,卵状披针形,边缘无褶皱长约1.5 cm,宽约0.6 cm;唇瓣红色,胼胝体具黄色斑,长约1.6 cm,宽约1.5 cm;花具香味。福建种植花期3—5月。

图 2-40 '红樱桃'植株（左）与花朵（右）

### 36. *Oncidium* Heaven Scent 'Redolence'

俗称'天香'，由 *Onc.* Ruffles × *Onc.* Sharry Baby 杂交选育而来（图 2-41）。

该品种植株直立，单茎叶展幅 25～37 cm；假鳞茎绿色，圆润，长 4.9～6.1 cm，宽 3.2～4.1 cm；鞘叶 2～4 枚，叶 2 枚；叶卵状披针形，绿色，革质，长 25～30 cm，宽 2.8～3.5 cm；花序梗较粗，长 6.5～12.7 cm，粗 0.17～0.39 cm；花序长 19～39 cm，多分枝 4～10 个。小花 15～60 朵，花径约 3.8 cm；花瓣红色具白色边，卵形，有褶皱，长约 1.6 cm，宽约 0.7 cm；中萼片红色具白色边，卵形，边缘有褶皱，长约 1.6 cm，宽约 0.7 cm；侧萼片红色具白色边，卵形，长约 1.5 cm，宽约 0.6 cm；唇瓣白色具红色大块斑，长约 2.0 cm，宽约 1.8 cm；花具香味。福建种植花期 4—6 月和 11 月至翌年 1 月。

### 37. *Oncidium* Katrin Zoch

俗称'香水美人'，由 *Onc.* schroederianum × *Onc.* sotoanum 杂交选育而来（图 2-42）。

该品种植株直立，单茎叶展幅 13～26 cm；假鳞茎绿色，圆润，长 3.8～6.1 cm，宽 3.5～4.0 cm；鞘叶 2～3 枚，叶 2 枚；叶卵状披针形，绿色，革质，长 22～36 cm，宽 2.2～3.1 cm；花序梗较粗，长 7.1～12.5 cm，粗 0.15～0.32 cm；花序长 21～38 cm，多分枝 12～19 个。小花 30～50 朵，花径约 3.5 cm；花瓣红色具白色边，卵状披针形，边缘有褶皱，长约 0.8 cm，宽约 0.6 cm；中萼片红色具白色边，卵状披针形，边缘有褶皱，长约 0.8 cm，宽约 0.6 cm；侧萼片红色具白色边，卵状披针形，边缘无褶皱，长约 0.7 cm，宽约 0.3 cm；唇瓣浅红色具白斑，胼胝体具黄色斑，长约 1.2 cm，宽约 1.1 cm；花具香味。福建种植花期 4—6 月和 11 月至翌年 1 月。

图 2-41 '天香'植株（左）与花朵（右）

图 2-42 '香水美人'植株（左）与花朵（右）

### 38. *Odontocidium* Wild Willie 'Pacific Bingo'

俗称'法国香水''太平洋格子'，由 *Odm.* reichenheimii × *Onc.* Wildwood 杂交选育而来（图 2-43）。

该品种植株直立，单茎叶展幅 30～40 cm；假鳞茎绿色，饱满，长 7.3～9.5 cm，宽 4.0～5.0 cm；鞘叶 3～4 枚，叶 2 枚；叶卵状披针形，绿色，革质，长 30～40 cm，宽 2.9～4.2 cm；花序梗粗，长 18～25 cm，粗 0.44～0.53 cm；花序长 25～35 cm，多分枝，可达 4～8 个；小花数达 17～30 朵，花径约 5.2 cm；花瓣褐色具黄色条斑，卵状披针形,边缘有褶皱,长约 2.0 cm,宽约 0.8 cm;中萼片褐色具黄色条斑,卵状披针形,边缘有褶皱,长约 2.1 cm,宽约 0.8 cm;侧萼片褐色具黄色条斑,卵状披针形,长约 2.6 cm,宽约 0.7 cm;唇瓣白色具红色块斑,长约 2.6 cm,宽约 1.9 cm;花具香味。福建种植花期 11 月至翌年 1 月。

图 2-43 '法国香水'植株(左)与花朵(右)

### 39. *Burrageara* Guann Shin Rouge 'Ruby'

俗称'胭脂',由 *Mtdm.* Memoria Mary Kavanaugh × *Onc.* Firecracker 杂交选育而来(图 2-44)。

图 2-44 '胭脂'植株(左)与花朵(右)

该品种植株直立，单茎叶展幅20～30 cm；假鳞茎绿色，饱满，长3.5～5.5 cm，宽2.5～3.5 cm；鞘叶2枚，叶2枚；叶卵状披针形，绿色，革质，长27～41 cm，宽2.6～3.7 cm；花序梗较粗，长16～27 cm，粗0.4～0.55 cm；花序长32～50 cm，多分枝，可达7～10个；小花数可达20～45朵，花径约4.7 cm；花瓣红色，卵状披针形，边缘有褶皱，长约1.9 cm，宽约0.8 cm；中萼片红色，卵状披针形，边缘有褶皱，长约1.9 cm，宽约1.0 cm；侧萼片红色，卵状披针形，边缘有褶皱，长约2.0 cm，宽约0.8 cm；唇瓣红色具黄色块斑，长约2.5 cm，宽约2.0 cm；花香弱。福建种植花期3—5月。

### 40. *Howeara* Chian-Tzy Lovely 'CT-Moon Beaty'

俗称'月下美人'，由 *Lsz.* Mini-Primi × *Onc.* cheirophorum 杂交选育而来（图2-45）。

该品种植株直立，单茎叶展幅15～18 cm；假鳞茎绿色，饱满，长3.2～3.7 cm，宽1.6～2.2 cm；鞘叶2～4枚，叶2枚；叶卵状披针形，绿色，革质，长11.0～16.0 cm，宽2.1～2.8 cm；花序梗较粗，长15.0～24.0 cm，粗0.28～0.41 cm；花序长22.0～35.0 cm，多分枝，可达4～6个，小花数可达40～80朵，花径约2.0 cm；花瓣黄色，卵形，边缘无褶皱，长约1.0 cm，宽约0.6 cm；中萼片红色，卵形，边缘无褶皱，长约1.1 cm，宽约0.6 cm；侧萼片黄色，卵形，边缘无褶皱，长约1.2 cm，宽约1.1 cm；唇瓣黄色，长约2.5 cm，宽约2.0 cm；花无香味。福建种植花期在12月至翌年3月。

图2-45 '月下美人'植株（左）与花朵（右）

### 41. *Ionocidium* popcorn 'Haruri'

俗称'甜姐儿'，由 *Gom.* Flexuosa × *Inps.* utricularioides 杂交选育而来（图2-46）。

该品种植株直立，单茎叶展幅14～16 cm；假鳞茎绿色，饱满，长1.9～2.5 cm，宽0.9～1.3 cm；鞘叶3～6枚，叶1～2枚；叶卵状披针形，绿色，革质，长3.5～4.8 cm，宽1.4～2.2 cm；花序梗细，长11.0～18.0 cm，粗0.17～0.28 cm；花序长5.0～9.0 cm，分枝1～2个；小花数可达8～35朵，花径约2.1 cm；花瓣白色具红色斑块，卵状披针形，边缘无褶皱，长约 0.6 cm，宽约 0.3 cm；中萼片白色具红色斑块，卵状披针形，边缘无褶皱，长约 0.5 cm，宽约 0.4 cm；侧萼片白色具红色斑块，卵状披针形，边缘无褶皱，长约 0.6 cm，宽约 0.3 cm；唇瓣黄、红、白渐变，长约 1.7 cm，宽约 1.7 cm；花无香味。福建种植花期在 5—6 月和 11 月至翌年 1 月。

图 2-46 '甜姐儿'植株（左）与花朵（右）

## 42. *Miltonidium* Bartley Schwarz 'Highland'

俗称'海伦'，由 *Oip.* Red Pali × *Onc.* Honolulu 杂交选育而来（图 2-47）。

图 2-47 '海伦'植株（左）与花朵（右）

该品种植株直立，单茎叶展幅23～30 cm；假鳞茎绿色，饱满，长4.0～5.5 cm，宽2.3～2.5 cm；鞘叶4～5枚，叶1枚；叶卵状披针形，绿色，革质，长25～37 cm，宽2.5～2.8 cm；花序梗细，长14～23 cm，粗0.20～0.24 cm；花序长14～23 cm，分枝9～12个；小花数可达4～10朵，花径约5.9 cm；花瓣红色具白色边，卵状披针形，卷曲，长约2.5 cm，宽约1.1 cm；中萼片红色具白色边，卵状披针形，外翻，长约0.5 cm，宽约0.4 cm；侧萼片红色具白色边，卵状披针形，卷曲，长约2.6 cm，宽约1.1 cm；唇瓣白色具红色块斑，长约3.5 cm，宽约3.5 cm；花无香味。福建种植花期4—6月和11—12月。

# 参考文献

谭志勇，张乐萍，王亚平，等.盆栽文心兰新品种'金香'[J].园艺学报，2014，41（1）：197-198.

# 第三章　文心兰引种栽培与资源评价

## 第一节　文心兰引种驯化

植物引种驯化是指将野生种或栽培种从其自然分布区域或栽培区域引入新的区域进行栽培试验，经选择培育成为适合新区域推广栽培的品系的过程。广义的引种是指把其他区域的新品种、新品系，以及遗传材料等引入当地。狭义的引种是指生产性引种，即引入能供生产上推广栽培的优良品种。在传统的国兰育种中，引种驯化是传统的育种方法，具有悠久的历史。目前我国栽培的国兰品种大多数也是直接通过野生种引种驯化而来。但因野生兰花资源不断遭到破坏，资源逐步枯竭，采用引种驯化的途径直接从野生兰花资源中选育出商业品种受到极大限制。我国无野生文心兰种质资源分布，因此文心兰引种驯化主要是指将栽培种从其原来的栽培区域引入进行栽培试验，经选择培育成为适合新区域推广栽培品种的过程。引种驯化不仅是文心兰育种的重要途径，而且为种质资源的异地保护提供了重要的技术手段。

### 一、程序和措施

在引种驯化的过程中，为了提高引种驯化的成功率，应制定相关的程序和措施。

一是要查阅引种驯化资料，借鉴前人的经验，根据引种驯化的相关原理，研究影响因素，预测市场前景，并确定引种驯化材料；同时还要深入认识被引种资源在原生境或栽培环境中所需光照、温度、湿度等条件，充分了解其生长特点和发育规律；然后引种到与原产地生态条件相近的地区栽培驯化，再引种到人工创造的相似栽培环境中进行异地栽培；最后经过引种试验和引种评价，实现繁殖推广。

二是要注意当地法律法规，严格检验和检疫制度，做好登记编号工作及建立档案。在建立档案的过程中，除要登记植物名称、材料来源等内容外，还应记载植物的原产地概况、生物学特性、经济和观赏性状等。为了提高引种驯化效率，应尽可能引进已经改良的繁殖材料，并应强调基因型多样性问题；此外，在引种过程中要特别注意病、虫和有害植物生物等入侵以及病虫害防治等问题，以避免造成不必要的损失。

文心兰属约有750个野生种，很多野生种具有较高的观赏价值，目前通过直接引种驯化栽培的种就多达70余个（吕复兵，2007），主要以黄色和金黄色花系为主，同时也有少量褐色、白色及红色等花系。目前中国广泛种植的切花型及盆花型经济栽培品种几乎都是引进的品种。尽管中国不是文心兰的野生资源分布区域，但由于良好的气候因素为文心兰引种驯化的成功提供了重要的条件，也促进了文心兰产业在我国快速发展。

## 二、栽培试验

栽培试验是植物引种中不可缺少的重要环节。从其他区域引入的品种资源，经本地区试种成功后可直接用于生产，也可作为育种材料加以间接利用。引入的品种通过栽培试验后，掌握引入品种的生物学特征、观赏性状、商品性状及病虫害等，同时掌握引入品种的栽培特点，建立配套栽培技术，以便在推广应用时提出适当的栽培技术。

陈和明等（2011）连续3年对15份文心兰种质资源的叶色、叶形、株型、花色等10个性状以及开花习性进行了观察，在株高、株幅、叶长、叶宽、叶数等17个性状上进行了测定，筛选出5份资源适合做切花的品种。柯海丽等（2012）对从世界各地引进的7个切花品种进行了引种栽培试验，为选育出高产、高抗文心兰切花新品种奠定了基础。罗远华等（2013）连续3年对引进的26份文心兰种质资源的主花期、花色、花枝长等8个主要观赏特征指标及开花率、保存率等4个栽培适应性指标进行了观察和分析，按用途、分枝、花香及一年开花次数将26份文心兰种质资源进行了分类，并结合栽培适应性，筛选出'黄金3号''香吉士''月光''蜜糖''豹斑宝石''红狐狸'等6个品种适合在福州地区推广种植。王燕君等（2014）连续2年对引进的22个文心兰品种的生物学特性及开花性状进行了详细调查记录，并综合外观形态、开花质量、抗病力、栽培适应性等几个方面进行筛选，选择出一批性状优良的品种，为东莞及相近气候地区的文心兰生产提供了参考。李永清等（2013）对引进的24份文心兰种质资源的株高、叶长、叶宽、株幅及花期等生物学性状进行了观测，并按叶片的厚度分为厚叶型、薄叶型和剑叶型3类，按有无香味分为具香味和无香味2类。以上研究表明，不同品种不同类型的文心兰对栽培条件的要求不可能完全一致，选择不同的栽培环境进行试验观察和分析，从中筛选出各环境下的优势品种，使各品种的优势得到发挥，在更广的范围内选择优良品种，能为实际生产与资源利用奠定基础。

文心兰引种栽培试验也应当制订周全的计划和程序，主要包括以下5个方面。

（1）提供适宜的栽培环境。根据引入品种在原栽培环境中的生长特点和发育规律，在栽培试验时必须提供适宜的光照、温度、湿度等条件，以满足引入品种的正常生长。文心兰一般需要设施栽培，在人工控制环境条件的同时，也要密切跟踪引入地区自然气候对栽培设施的影响，及时记录栽培环境中光照、温度及湿度条件的变化，为制定配套栽培技术提供基础。

（2）生物学特征调查。从植株定植以后，要系统观察和记录整体及抽样个体生长发育规律及其生长周期各阶段的主要性状，包括植株成活率、营养生长期、花期及植株形态特征等。文心兰是多年生植物，对形态特征而言，除营养生长过程需要观察外，在进入花期后一般还要连续观察3年；如果是切花品种，观察时间可延长至4～5年。在调查时，可在不同栽培小区进行抽样调查，调查植株总数一般不少于30株。

（3）观赏性状调查。文心兰主要用于观赏，因此观赏性状的优劣将决定品种能否推广应用。文心兰根据用途可分为盆花、切花以及盆花切花兼用3类。因此，在对观赏性状进行调查时，不同种类要有一定的针对性。盆花品种除花部性状外，植株整体性、协调性、花朵开放时间等也必须考虑；花序梗长度、花序长度及分枝数、切花清水瓶插寿命等是切花品种最重要的观赏性状。

（4）商品性状调查。对盆花品种而言，商品性状主要考虑的是商品率。对切花品种而言，切花产量、切花品质以及切花上市时间等是主要指标。

（5）病虫害调查。在整个生育期均要定时调查病虫害及防治情况，系统记录病虫害种类、发生时间、为害程度及防治情况，为合理评价品种的抗病虫性，以及建立适宜的病虫害防治措施提供依据。

## 第二节　文心兰盆花种质资源评价AHP模型的建立与应用

通过传统的杂交尤其是远缘杂交，育种学家们育出了千姿百态、种类繁多的文心兰新材料。由于文心兰远缘杂交中亲缘关系比较复杂，亲本及杂交新材料的生物学特征和观赏性状差异很大，在种质筛选和新品种选育的时候，没有可供参照的标准，往往顾此失彼。因此，建立统一的评价模型，无论在理论研究还是在实际应用中都有积极的意义。

层次分析法（analytic hierarchy process，AHP）是20世纪70年代初提出的一种层次权重决策分析方法。AHP是将定性与定量评价相结合，采用量化的具体指标为标准进行评价，在客观上提高了评价结果的有效性、可靠性和可行性，并已被广泛应用于旅游资源管理、生态环境评估等诸多领域。近年来，AHP在观赏园艺植物评价与选育等方面也有应用，如在大花蕙兰、蜡梅、樱花、宿根花卉以及野生观赏植物等方面均有应用（冯秋霞 等，2007；陈和明 等，2009；王菲彬 等，2005；刘玉莲 等，1996；封培波 等，2003；武旭霞 等，2006）。

基于AHP的原理，通过对文心兰盆花种质资源主要性状的总结，采用2个层级16个具体的评价指标来进行权重分析，并通过相应的数学验证初步建立了适合文心兰盆花种质综合评价的AHP模型。这不仅为建立文心兰盆花种质的综合评价标准提供了科学的参考依据，也为文心兰杂种后代的分类和选择提供了科学的方法。

## 一、评价指标的确定和模型的建立

采用 AHP 作系统分析时，首先把问题层次化，根据问题的性质和所要达到的总目标，将问题分解为不同的组成因素，并按照因素间的相互关联影响以及隶属关系，将因素按不同层次聚集组合，形成一个多层次的分析结构模型，并最终把系统分析归结为最低层（评价因素）相对于最高层（最终目标）的相对重要值的确定或相对优劣次序的排序问题。通过抽样检测法调查文心兰各品种盆花观赏价值，所测文心兰的诸多盆花指标按照影响盆花价值的重要性来选择，包括定性和定量 2 个部分共计 16 个指标。

（1）定性部分：定性部分包括植株整体性中的平花性（花枝高度的一致性）、葶直性（花葶健壮及垂直程度），花部性状中的花香、花色、花序排列（花朵着生的协调性和层次性），茎叶性状中的叶形（叶的姿态）、叶色、茎状况（假鳞茎形状和饱满度）以及适应性中的耐逆性、抗病虫性，共 10 个指标。

（2）定量部分：定量部分包括植株整体性中的葶株比（花葶长∶植株叶片自然高度），花部性状中的序葶比（花序长∶花葶长）、花朵距离（花序上花朵之间的距离）、分叉数（花枝分叉的数量）、花朵寿命（单朵花持续开放的时间）、主要花期（自然集中开放的时间段）共计 6 个指标。

依据文心兰盆花种质特征及相关专家的意见，以文心兰盆花型种质综合评价为目标层（A）；约束层（C）由整体性、花部性状、茎叶性状以及适应性四部分组成；标准层（P）由平花性等 16 个指标组成；最底层（D）为待评价的文心兰品种资源。文心兰盆花型种质综合评价层次结构图见图 3-1。

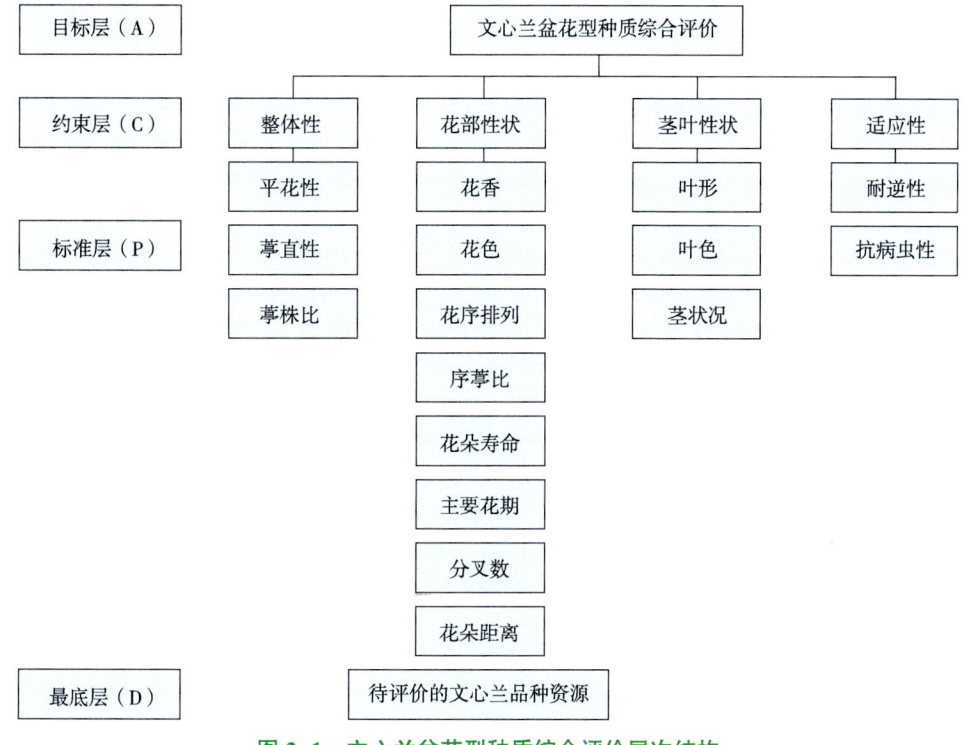

图 3-1 文心兰盆花型种质综合评价层次结构

## 二、权重值的计算及指标评分

在 AHP 评价体系中，各评价因素相对重要信息基础通常是根据总目标要求，在有经验专家或广泛征求意见基础上做出的判断，再用比例标度使判断定量化，并构成两两比较判断矩阵，参考陈俊华等（2009）的方法并在 Excel 中计算权重值。文心兰盆花各指标对总目标层的总权重值计算结果见表 3-1。

表 3-1　文心兰盆花各指标对总目标层的总权重值计算结果

| 约束层 | 权重 | 标准层 | 权重 | 总权重值 | 约束层 | 权重 | 标准层 | 权重 | 总权重值 |
|---|---|---|---|---|---|---|---|---|---|
| 整体性 | 0.219 | 平花性 | 0.111 | 0.024 | 花部性状 | 0.539 | 花香 | 0.133 | 0.072 |
|  |  | 葶直性 | 0.333 | 0.073 |  |  | 花色 | 0.280 | 0.151 |
|  |  | 葶株比 | 0.556 | 0.122 |  |  | 花序排列 | 0.079 | 0.043 |
| 茎叶性状 | 0.121 | 叶形 | 0.250 | 0.030 |  |  | 序葶比 | 0.052 | 0.028 |
|  |  | 叶色 | 0.500 | 0.061 |  |  | 花朵距离 | 0.086 | 0.046 |
|  |  | 茎状况 | 0.250 | 0.030 |  |  | 分叉数 | 0.073 | 0.039 |
| 适应性 | 0.121 | 耐逆性 | 0.500 | 0.061 |  |  | 花朵寿命 | 0.168 | 0.091 |
|  |  | 抗病虫性 | 0.500 | 0.061 |  |  | 主要花期 | 0.129 | 0.070 |

各具体指标评分标准是在对文心兰盆花观赏特性、栽培适应性等方面充分观察的基础上，根据实际操作性和可行性来制定的。根据不同品种间共有的观赏价值及不同的特征差异拟定了 4 分制的评分标准（表 3-2）。

表 3-2　文心兰盆花种质评价指标评分结果

| | 评价指标 | 评分标准 | | | | 备注 |
|---|---|---|---|---|---|---|
| | | 4 | 3 | 2 | 1 | |
| 1 | 平花性 | 一致 | 较一致 | 一般 | 参差不齐 | |
| 2 | 葶直性 | 健壮、坚韧、挺直 | 较健壮、基本挺直 | 细弱、易倒伏 | 易折断、倒伏 | 整体性 |
| 3 | 葶株比 | 1.6～2.0 | 1.3～1.6、2.0～2.6 | 1.0～1.3、2.6～3.0 | <1.0、≥3.0 | |
| 4 | 花香 | 浓香 | 香 | 微香 | 无 | |
| 5 | 花色 | 纯色、艳丽、鲜亮 | 有少量杂色、但鲜亮 | 杂色，较鲜亮 | 杂色、暗淡无光泽 | |
| 6 | 花序排列 | 整齐协调、层次分明 | 整齐协调、有层次 | 较整齐协调 | 凌乱无层次 | |
| 7 | 序葶比 | ≥0.6 | 0.5～0.6 | 0.4～0.5 | <0.4 | 花部性状 |
| 8 | 花朵距离（cm） | <3.0 | 3.0～4.0 | 4.0～5.0 | ≥5.0 | |
| 9 | 分叉数（个） | ≥7 | 5～7 | 3～5 | <3 | |
| 10 | 花朵寿命（d） | ≥20 | 15～20 | 10～15 | <10 | |
| 11 | 主要花期 | 12月至翌年3月 | 9—11月 | 4—6月 | 其他时间 | |

续表

| 评价指标 | 评分标准 | | | | 备注 |
|---|---|---|---|---|---|
| | 4 | 3 | 2 | 1 | |
| 12 叶形 | 整齐、匀称、挺拔 | 较整齐、匀称、挺拔 | 一般 | 凌乱、扭曲、披垂 | |
| 13 叶色 | 浓绿、有质感光泽 | 绿、较有质感光泽 | 较绿、无质感 | 泛黄、暗淡无光泽 | 茎叶性状 |
| 14 茎状况 | 饱满、健壮、具光泽 | 较饱满、健壮、具光泽 | 一般 | 干瘪、瘦弱 | |
| 15 耐逆性 | 耐寒、热、湿、旱 | 占其中3项 | 占其中2项 | 占其中1项 | 适应性 |
| 16 抗病虫性 | 强 | 较强 | 一般 | 差 | |

注：定量数据中各级不包括上限。

## 三、盆花资源 AHP 评价模型的应用

对引进栽培的 20 个文心兰品种资源的观赏特征和栽培适应性等进行了详细的观察和记录，通过评分（表 3-2）和计算（表 3-1），对各文心兰品种进行了盆花综合评分（表 3-3）。根据综合评价值的分布和实际观察的情况，将 20 种文心兰盆花的应用价值分为 4 个等级（每级不包括上限）。Ⅰ级（≥ 3.2）：文心兰盆花应用价值最高的品种，共计 6 个品种。Ⅱ级（3.0 ～ 3.2）：文心兰盆花价值高的品种，共计 4 个品种。Ⅲ级（2.9 ～ 3.0）：文心兰盆花价值较高的品种，共计 5 个品种。Ⅳ（＜ 2.9）：文心兰盆花价值一般的品种，共计 5 个品种。

表 3-3 文心兰盆花种质 AHP 综合评价结果

| 序号 | 品种 | 分值 | 等级 | 序号 | 品种 | 分值 | 等级 |
|---|---|---|---|---|---|---|---|
| 1 | 白梦香 | 3.335 | | 11 | 香水文心 | 2.973 | |
| 2 | 红梦香 | 3.292 | | 12 | 三色香水文心 | 2.969 | |
| 3 | 黄金午后 | 3.291 | Ⅰ | 13 | 黄金2号 | 2.940 | Ⅲ |
| 4 | 蜜糖 | 3.267 | | 14 | 黄金3号 | 2.940 | |
| 5 | 红猫 | 3.263 | | 15 | 火山皇后 | 2.940 | |
| 6 | 百万金币 | 3.215 | | 16 | 大蜘蛛文心 | 2.896 | |
| 7 | 红狐狸 | 3.182 | | 17 | 红鸟 | 2.871 | |
| 8 | 甜红豆 | 3.161 | Ⅱ | 18 | 哈玛 | 2.860 | Ⅳ |
| 9 | 黄猫 | 3.110 | | 19 | 埔里贵妃 | 2.789 | |
| 10 | 小樱桃 | 3.101 | | 20 | 军刀文心 | 2.595 | |

文心兰盆花种质具有较高的应用价值，不仅在花色、花香、花序排列以及主要花期和

花朵寿命等指标上具有较高的价值，而且在茎叶性状、植株整体性以及栽培适应性等方面也应有较高的价值。表3-3的AHP综合评价结果基本也反映了各品种盆花实际应用价值。

第Ⅰ级的6个品种除极少数指标的分值较低外，大部分指标分值均较高，这些品种也是市场上极受欢迎的盆花品种。第Ⅱ级的几个品种均存在一些明显的缺陷，如'黄猫'虽株型美观、花朵较大且具有淡淡的香气，但存在花色不够艳丽、花枝分叉性差等缺点，所以综合评价值不高。'香水文心'虽是常用的盆花品种，但其花茎细弱、花色较暗淡，而且栽培适应性差，因此综合评价值较低，被列在第Ⅲ级。'黄金2号''黄金3号''火山皇后'虽是切花品种，但由于其花色纯正艳丽、分叉性强，茎叶丰满、颜色浓绿且具光泽，具有较高的盆花价值，可用于大型盆栽、景观设计等。第Ⅳ级的品种均存在诸多的缺陷，因此综合评价值最低。综上分析表明，AHP综合评价结果基本与各品种的实际利用情况相符，这也说明AHP评价模型的合理性。

在评价模型的建立过程中，各品种来源不仅复杂，而且还受观测样本、栽培条件的影响，在评价指标以及评分标准的确定上还存在一定的分歧（张桂华，2010；刘杰 等，2010；蔡红艳 等，2009；苏尊怀 等，2009），因此本评价模型还需进一步完善。此外，文心兰AHP综合评价分值的高低以及等级的不同划分，不能代表单个品种的具体应用价值，但对指导商品生产和新品种选育具有积极意义。

## 第三节　基于分子标记的文心兰亲缘关系分析

文心兰亚族中文心兰近缘属约有40个，其中用于文心兰育种的主要有长萼兰属（*Brassia*）、蜗瘤兰属（*Cochlioda*）、凹唇兰属（*Camparettia*）、齿舌兰属（*Odontoglossum*）、堇花兰属（*Miltonia*）、茹氏兰属（*Rodriguezia*）等10多个属。文心兰包括文心兰属植物及文心兰属与其近缘属间的杂交种，因此遗传关系十分复杂。文心兰栽培品种基因型高度杂合，传统的标记分析亲缘关系有很多的局限性，因此借助分子生物学手段进行亲缘关系分析，能为文心兰种质鉴定、杂交育种及分子辅助育种提供参考依据。

分子标记是以个体间遗传物质内核苷酸序列变异为基础的遗传标记，是DNA水平遗传多态性的直接的反映。与形态学标记、生物化学标记及细胞学标记相比，DNA分子标记具有以下优点：①大多数分子标记为共显性，对隐性的性状的选择十分便利；②基因组变异极其丰富，分子标记的数量几乎是无限的；③在生物发育的不同阶段，不同组织的DNA都可用于标记分析，分析材料不受限制；④分子标记揭示来自DNA的变异；⑤表现为中性，不影响目标性状的表达，与不良性状无连锁；⑥检测手段简单、迅速。目前，利用分子标记技术对文心兰亲缘关系的分析较少，Chen等（2006）与周艳霞等（2009）分别利用AFLP分子标记、SRAP分子标记对文心兰亲缘关系进行了分析。下面实例介绍ISSR和EST-SSR分子标记方法在文心兰亲缘关系分析中的应用。

## 一、ISSR 亲缘关系分析

ISSR（inter-simple sequence repeat）是 Zietkeiwitcz 等于 1994 年发展起来的一种基于简单序列重复（SSR）的分子标记。由于其引物设计比 SSR 简单，不需要知道 SSR 两端的碱基序列，具有引物设计简便、操作简单、信息量大、重复性强等优点，已被广泛应用于植物品种鉴定、遗传作图、基因定位、遗传多样性、进化及分子生态学研究中。在兰科植物中，ISSR 已被广泛用于国兰（严华 等，2010）、蝴蝶兰（谢启鑫 等，2010）及其他兰科植物（卢家仕 等，2012）的亲缘关系分析。

### （一）ISSR 分析步骤

ISSR 分析主要包括 DNA 提取和检测、ISSR-PCR 分析及数据处理等关键步骤。

（1）DNA 提取和检测。于花期取文心兰幼嫩叶 1~2 片，采用改良 CTAB 法提取文心兰总 DNA，1.0% 琼脂糖凝胶电泳检测 DNA 质量，用紫外分光光度计在 260 nm 和 280 nm 下测定 OD 值，检测 DNA 的浓度，将样品稀释至 20 ng/μL，−20 ℃ 保存备用。

（2）ISSR-PCR 分析。文心兰 ISSR-PCR 扩增反应体系优化为：20 μL 体系中，含 10×Buffer 2 μL，1 U Taq 聚合酶，dNTPs 0.2 mmol/L，引物 1 μmol/L，模板 DNA 30 ng。PCR 扩增程序为：94 ℃ 预变性 5 min，94 ℃ 变性 40 s，在引物退火温度下退火 60 s，72 ℃ 延伸 70 s，38 个循环，72 ℃ 延伸 8 min，4 ℃ 保存。PCR 扩增产物用 2.0% 琼脂糖凝胶电泳，EB 染色，进行拍照分析。

（3）数据处理。根据电泳结果记录清晰可重复的条带，清晰且可重复的条带记为"1"，模糊不清的弱带且不重复或无条带出现记为"0"，形成"1""0"数据矩阵；统计扩增带总数和特异条带数目，计算多态性比率；采用 DPS 统计软件对原始数据矩阵进行分析，按类平均法（UPGMA）构建聚类树状图。

### （二）扩增产物多态性分析

筛选出 10 条能够扩增出具多态性且条带清晰的引物（表 3-4）。10 条引物共扩增出 144 条 DNA 条带，其片段大小为 150~2 500 bp，平均每个引物扩增 14.4 条 DNA 条带，其中多态性 DNA 条带 124 条，占总条带数的 86.11%。

表 3-4  10 个 ISSR 引物序列及其扩增结果

| 引物 | 序列 | 总条带数 | 多态性条带数 | 多态性比例（%） |
| --- | --- | --- | --- | --- |
| 806 | TATATATATATATAG | 14 | 12 | 85.71 |
| 812 | GAGAGAGAGAGAGAAA | 10 | 9 | 90.00 |
| 818 | CACACACACACACAG | 11 | 10 | 90.91 |
| 824 | TCTCTCTCTCTCTCG | 14 | 10 | 71.43 |
| 836 | AGAGAGAGAGAGAGYC | 13 | 12 | 92.31 |
| 844 | CTCTCTCTCTCTCTRC | 15 | 13 | 86.67 |

续表

| 引物 | 序列 | 总条带数 | 多态性条带数 | 多态性比例（%） |
|---|---|---|---|---|
| 855 | ACACACACACACACYT | 14 | 12 | 85.71 |
| 860 | TGTGTGTGTGGTGTGRA | 16 | 14 | 88.89 |
| 878 | GGATGGATGGATGGAT | 19 | 16 | 84.21 |
| 899 | CATGGTGTTGGTCATTGTTCCA | 18 | 16 | 88.89 |
| | 总计 | 144 | 124 | 86.11 |
| | 平均 | 14.4 | 12.4 | |

### （三）聚类分析

利用 UPGMA 法对 29 份文心兰种质资源的 PCR 扩增结果进行聚类分析，建立 ISSR 标记聚类树状图（图 3-2）。29 份文心兰种质资源的遗传相似系数为 0.34～0.91，表明文心兰供试材料有较丰富的遗传多样性。其中'香水文心'与'二色香水文心'遗传相似系数最高，为 0.91，亲缘关系很近；而'红猫'与'蜜糖''甜红豆-1'与'文心兰-ZZ'遗传相似系数最低，为 0.34。

从聚类树状图可以看出，在遗传相似系数为 0.56 时，29 份文心兰种质资源可划分为 3 大类群，第 I 类群共 13 份种质，可进一步分为 3 个亚类，第一亚类包括'蜜糖''南茜''黄金 2 号''黄金 3 号''白南茜''百万金币''月光'等 7 份种质，花以不同程度黄色为主色，均无花香；第二亚类包括'文心兰-LY''二色香水文心''香水文心''红妹子''小樱桃'等 5 份种质，花以不同程度红色或与其他颜色复合为主，均具有花香；第三亚类为'文心兰-OM'，为黄色花系的原生种，无花香。第 II 类群共 14 份种质，可进一步分为 4 个亚类，第一亚类包括'甜蜜蜜''黄金午后-1'及其种植群体中筛选出的 2 个差异表型单株，均具有花香；第二亚类为'小蜘蛛''大蜘蛛'2 份种质，具花香；第三亚类主要包括野猫系列的'花猫''黑猫''红猫''黄猫'4 份种质，均具有花香；第四亚类包括'文心兰-ZZ''红狐狸''爆竹''豹斑宝石'4 份种质，花以红色、白色等复合色为主，部分种质具有花香。第 III 类群为'甜红豆'与其筛选出的差异表型单株'甜红豆-1'2 份种质组成。分析结果不难看出，花色相同或相近的种质资源亲缘关系较近。

花是文心兰主要的观赏器官，花色、花型的改变在一定程度上能反映遗传背景。本研究结果表明文心兰亲缘关系与花器官表型密切相关。如第 I 类群第一亚类中'黄金 2 号''黄金 3 号'均是从'南茜'品种中筛选出的，这在聚类树状图上也得到了很好的印证。第 I 类群第二亚类中的'二色香水文心'是'香水文心'的突变品系，因此亲缘关系很近。第 II 类群中'黄金午后-1'与其 2 个差异表型单株很好的种质聚为同一亚类，野猫系列的 4 个种质聚为同一亚类，这也进一步说明了 ISSR 标记鉴定文心兰亲缘关系的可行性，同时也证实了花部器官等微小的表型改变是否是基因突变引起的，可以通过分子标记的手段进行辅助验证。'甜红豆'与其差异表型单株'甜红豆-1'聚为第 III 类群，但两者较低的遗传相似系数（0.59）说明'甜红豆-1'可能发生了严重的基因突变。

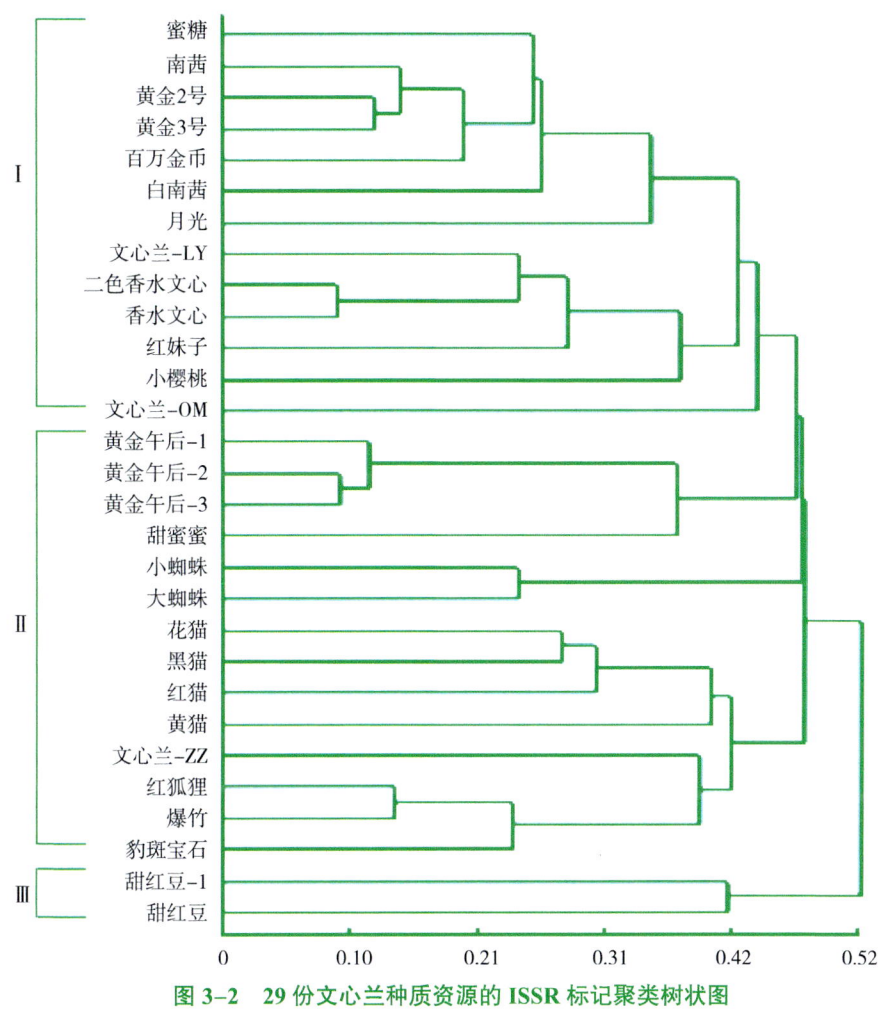

图 3-2  29 份文心兰种质资源的 ISSR 标记聚类树状图

## 二、EST-SSR 亲缘关系分析

SSR 标记因为具有数量丰富、等位基因多、可提供信息量高以及呈共显性等特点，被广泛用于植物遗传、进化、育种等研究中（Chen et al.，2014；Wang et al.，2012），但其开发费用较高。表达序列标签微卫星（EST-SSR）是一种基于表达序列标签的简单序列重复设计的新型分子标记，相较于 SSR 标记而言，开发费用低，且其来自基因组的编码区，与功能基因紧密连锁，更容易获得基因表达的信息（Lokko et al.，2007）。有研究表明，含有可用于建立标记的 SSR 的 EST 数据占总数的 1%～5%，目前 EST-SSR 已在非洲菊（*Gerbera jamesonii*）、油桐树（*Vernicia fordii*）（Xu et al.，2012）、茶树（*Camellia sinensis*）（Wu et al.，2013）等多种植物中得到应用。在兰科植物中也有 EST-SSR 分子标记被开发的研究报道，主要集中于蝴蝶兰（*Phalaenopsis aphrodite*）（张水明 等，2013；张水明 等，2012）。下面总结 EST-SSR 在分析文心兰亲缘关系中的应用。

## （一）EST-SSR 分析步骤

EST-SSR 分析主要包括 DNA 提取和检测、EST-SSR 序列的查找、文心兰 EST-SSR 标记引物设计、文心兰 EST-SSR-PCR 扩增及数据分析等关键步骤。

（1）DNA 提取和检测。采用改良 CTAB 法（Porebski et al., 1997）进行文心兰叶片总 DNA 的提取，提取得到的总 DNA 经 1% 琼脂糖凝胶电泳检测其完整性，经分光光度计检测其纯度。DNA 产物置于 –20 ℃冰箱中保存备用。

（2）EST-SSR 序列的查找。文心兰 EST 序列下载自 NCBI（national center for biotechnology information）中的 EST 数据库，选用 SSRIT 在线软件结合人工检索 SSR 位点。搜索的标准：二至六核苷酸基序的最小重复次数均为 5 次，依次检索各标准下 SSR 位点信息。根据得到的 SSR 位点信息，剔除冗余序列，并对其上下游各 150 bp 的侧翼序列进行筛选，以便避免在设计引物时出现相同的基因座位和其侧翼序列重复率较高的 SSR 位点序列。

（3）文心兰 EST-SSR 标记引物设计。引物设计利用 Primer 5.0 软件，其主要参数：18～22 bp 的引物长度；48～54 ℃的退火温度；上下游引物之间的退火温度差不高于 3 ℃；GC 含量为 35%～60%；文心兰 EST-SSR 的 PCR 扩增产物预期片段在 150～500 bp。

（4）文心兰 EST-SSR-PCR 扩增。PCR 反应体系的总体积为 20 μL，其中含有 20 ng/μL 的模板 DNA 2.5 μL，10 μmol/L 的上、下游引物各 1 μL，10×Buffer（含 $Mg^{2+}$）2 μL，2.5 mmol/L 的 dNTPs 2 μL，5 U/μL 的 *Taq* 聚合酶 0.2 μL，dd$H_2O$ 11.3 μL。PCR 扩增程序：首先于 94 ℃预变性 4 min，其次于 94 ℃变性 30 s，48～54 ℃条件下退火 30 s，72 ℃延伸 45 s，35 个循环；最后在 72 ℃延伸 10 min，保存于 4℃。扩增产物依次用 2.5% 琼脂糖凝胶电泳、12% 聚丙烯酰胺凝胶（PAGE）电泳进行检测，PAGE 电泳银染的具体方法参考 Bassam 等（1993）的报道。

（5）数据分析。拍照保存电泳图谱，统计并记录 DNA 条带数，计算引物的多态性比率和多态性信息含量（PIC）。对记录的 DNA 条带构建原始数据矩阵，有扩增条带的标记为"1"，无条带的则记为"0"。应用 NTSYS-pc2.10e 软件对其进行聚类分析，获得聚类图。

## （二）EST-SSR 标记的发生频率与特点

对下载的 3 183 条文心兰 EST 序列采用 SSRIT 软件进行检索，共搜索到含有 SSR 位点的 EST 序列 240 条，占全部 EST 的 7.54%，其中只含有 1 个 SSR 位点的序列有 210 条，含有 2 个 SSR 位点的序列有 26 条，还有 4 条序列中含有 3 个 SSR 位点。共检索到 274 个 SSR 位点，其检出率为 8.61%。

从发生频率角度来看，在检测到的 274 个 SSR 位点中，二核苷酸重复单元类型占主导地位，共出现 166 个二核苷酸重复类型，发生频率高达 60.58%；其他重复类型发生频率高低依次是三、四、六、五核苷酸重复，发生频率分别为 35.77%、1.82%、1.10% 和 0.73%。从重复单元种类来看，文心兰 EST-SSR 重复单元种类有 45 种，其中，二核苷酸重复单元有 10 种，三核苷酸重复单元有 28 种，四、五、六核苷酸重复单元分别有 2 种、

2种和3种。AG和GA是二核苷酸重复单元中出现频率较高的，分别有39次（23.49%）和30次（18.07%）。三核苷酸重复单元出现频率最高的为CAC，出现28次（28.57%），其他单元出现次数相对较少（表3-5）。

表3-5 文心兰EST中SSR的发生频率

| 重复类型 | 基元种类 | SSR数 | 占全部SSR比例（%） | 发生频率（%） |
| --- | --- | --- | --- | --- |
| 二核苷酸 | 10 | 166 | 60.58 | 5.22 |
| 三核苷酸 | 28 | 98 | 35.77 | 3.08 |
| 四核苷酸 | 2 | 5 | 1.82 | 0.16 |
| 五核苷酸 | 2 | 2 | 0.73 | 0.06 |
| 六核苷酸 | 3 | 3 | 1.10 | 0.09 |
| 总计 | 45 | 274 | 100.00 | 8.61 |

### （三）文心兰EST-SSR标记的多态性分析

利用Primer 5.0软件共设计了20对EST-SSR引物，随机选取2个文心兰品种的DNA为模板对设计的引物进行扩增，筛选出13对能扩增出明显条带的引物，引物有效扩增率为65%。为明确所设计引物对其他文心兰品种的可用性，利用筛选出来的文心兰EST-SSR引物对30个文心兰品种进行扩增，发现10对引物在这30个文心兰品种中均扩增出条带。

对筛选出来的10对文心兰EST-SSR引物进行多态性分析发现（表3-6），10对引物共扩增出108个条带，每对引物平均扩增10.8个条带，多态性条带数在3～15个，平均每对引物扩增到10个多态性条带，其中有3对引物各扩增出8条多态性条带，2对引物各扩增出14条多态性条带，其余5对引物各扩增出多态性条带3条、9条、10条、11条和15条。各引物的多态性比率分布为75%～100%。多态性信息含量最小的引物是Hcac7，为0.69；最大的引物是Htc12，为0.93；平均引物多态性信息含量为0.86，表明文心兰EST-SSRs的多态性信息含量较为丰富。

表3-6 文心兰EST-SSR标记多态性分析表

| 引物 | 引物序列 | 长度（bp） | 重复单元 | 总条带数 | 多态性条带数 | 多态性比（%） | 多态性信息含量 |
| --- | --- | --- | --- | --- | --- | --- | --- |
| Hga15 | 5'-ATCGTAATCCTGAAGCGTATC-3'<br>5'-AAGCCCAAACTATTCCATT-3' | 314 | (GA)15 | 15 | 15 | 100.00 | 0.92 |
| Hga24 | 5'-ATTAGGGCTGTGGTAGGC-3'<br>5'-TAGATTGAAGGCGAGTGC-3' | 173 | (GA)24 | 9 | 9 | 100.00 | 0.87 |
| Htc12 | 5'-GGCCTCCTATAACGTCTTC-3'<br>5'-TCTCCGATCCATATCAAAA-3' | 280 | (TC)12 | 15 | 14 | 93.33 | 0.93 |

续表

| 引物 | 引物序列 | 长度（bp） | 重复单元 | 总条带数 | 多态性条带数 | 多态性比（%） | 多态性信息含量 |
|---|---|---|---|---|---|---|---|
| Htc24 | 5'- GCCCGATGATGAAGAACG-3'<br>5'- GGAAATGAGCTGCACAGA-3' | 431 | (TC)24 | 9 | 8 | 88.89 | 0.87 |
| Htc26 | 5'- TTCGGCCATTAACGGTCC-3'<br>5'- TGTGATTTCTTGGGGTGC-3' | 215 | (TC)26 | 9 | 8 | 88.89 | 0.82 |
| Hcac7 | 5'- AAAACTCCCACTTATCCAAA-3'<br>5'- CCCTGTATTATCGCCGTAG-3' | 281 | (CAC)7 | 4 | 3 | 75.00 | 0.69 |
| Hcag9 | 5'- CTGCACTGCTCCATAAAC-3'<br>5'- ACTGAATAGATGCCTCCC-3' | 476 | (CAG)9 | 12 | 11 | 91.67 | 0.87 |
| Htct7 | 5'- GAGCGTGAGTTGTCCTTC-3'<br>5'- GAGTCCTCTTTACCACCTTT-3' | 308 | (TCT)7 | 9 | 8 | 88.89 | 0.86 |
| Httg51 | 5'- TGTATCAGAGTGGGGTTT-3'<br>5'- TGGTGAGATTCAGCATAGT-3' | 495 | (TTGT)5 | 15 | 14 | 93.33 | 0.91 |
| Htag5 | 5'- AAAATCTTACTCACCACCTCC-3'<br>5'- GCATACTTTCCTCGCCAC-3' | 261 | (TAGGGT)5 | 11 | 10 | 90.91 | 0.90 |

## （四）聚类分析

根据 EST-SSR 标记建立的 "0""1" 型数据，利用 NTSYS-pc2.10e 软件，构建文心兰 30 份品种资源的聚类分析图。从聚类分析图（图 3-3）可以看出，30 个文心兰品种间的遗传距离变化在 0.04～0.58，说明供试的文心兰品种间具有较丰富的遗传多样性。其中，'南茜-1'和'黄金3号'的亲缘关系最近，而'紫香兰'与其他品种存在较大的遗传差异。

在遗传距离为 0.39 处，30 个文心兰品种分为 7 大聚类群：第Ⅰ类包括 12 个品种，有'白南茜''月光''柠檬黄''南茜''南茜-1''黄金3号''黄金3号-1''黄金2号''文心兰-ZZ''香吉士''蜜糖''百万金币'，这些品种中的大多数为'南茜'的筛选品种及变种，花色以不同程度的黄色为主，且无花香；第Ⅱ类包括 6 个品种，有'红鸟''黄猫''红猫''文心兰-LY''宝石''小樱桃'，该类中大部品种同有堇花兰属与齿舌兰属的血缘关系，有轻微香气；第Ⅲ类仅 1 个品种，为'白梦香'，白色花朵，具有浓郁花香；第Ⅳ类含 5 个品种，其中'爆竹''黄金午后''甜蜜蜜'同为威尔逊人工杂交属，'红狐狸'为文心兰属与齿舌兰属的杂交种；第Ⅴ类有 3 个品种，有'甜红豆''甜香文心''三色甜香'，三者均带有浓郁香气；第Ⅵ类为'小蜘蛛''大蜘蛛'，浅绿色带褐斑，具有微香；第Ⅶ类为'紫香兰'，是轭瓣兰属的杂交种，花朵以紫色为基调色，具有花香。

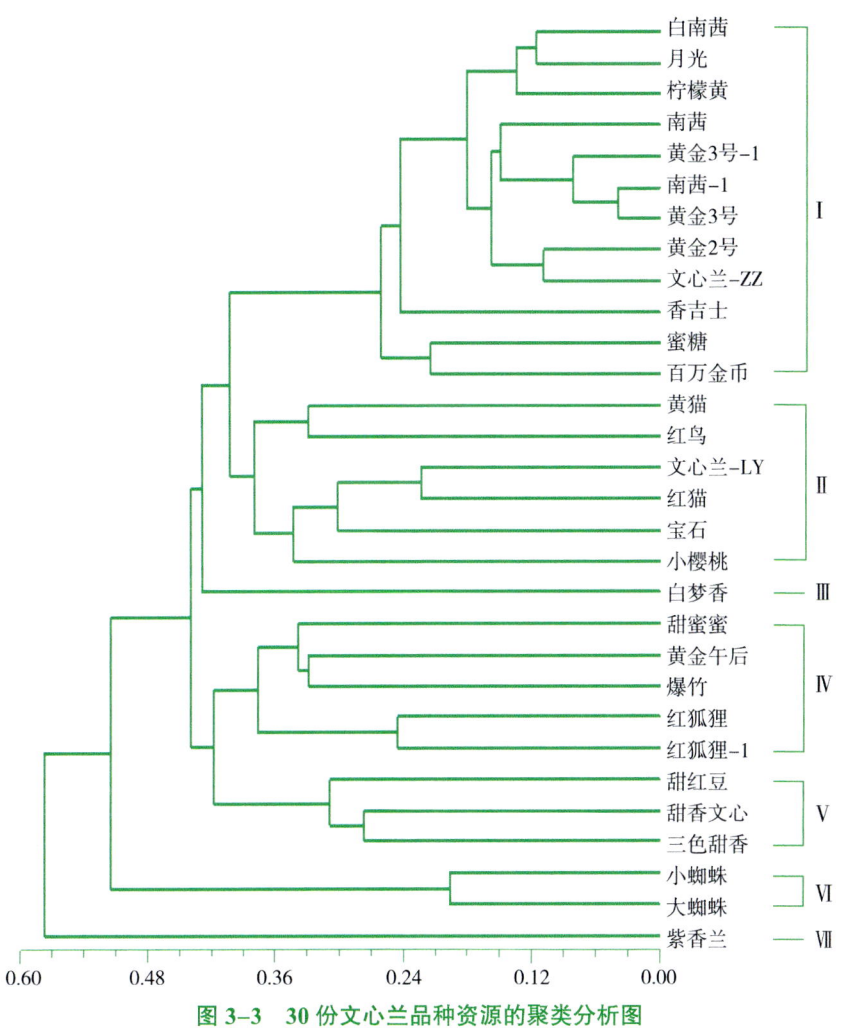

图 3-3　30 份文心兰品种资源的聚类分析图

## （五）讨论与小结

尽管 NCBI 数据库中已公布的文心兰 EST 序列仅有 3 183 条，但文心兰 EST-SSR 分布频率相对较高，通过 SSRIT 软件对文心兰的 EST 进行搜索，其出现频率为 8.61%，高于蝴蝶兰的 3.19%（张水明 等，2012），粟（*Setaria italica*）的 2.2%（Jia et al., 2007），这可能是由于搜索标准差异造成的，但也表明文心兰 EST-SSR 标记的开发具有很大的潜力。

二核苷酸重复单元类型在文心兰 EST-SSR 主要重复类型中是出现频率最高的，共有 166 个，占总 SSR 的 60.58%，紧随其后的是三核苷酸重复类型，所占比例为 35.77%。有研究表明，二、三核苷酸重复基元类型为大部分植物的 EST-SSR 标记的主要重复类型，但主导重复基元的类型有所不同（黄启星 等，2012）。如在麻竹（*Dendrocalamus latiflorus*）（高志民等，2012）、巴西橡胶树（*Hevea brasiliensis*）（李德军 等，2014）中均以二核苷酸重复为主，在杏（*Prunus armeniaca*）（上官凌飞 等，2011）、甘蔗（*Saccharum officinarum*）（Silva et al., 2012）中三核苷酸重复类型出现频率最高，两者出现的频率比较相近的报道也有，如在白菜（Brassica pekinensis）（忻雅 等，2006）、毛竹（Phyllostachys edulis）（张智俊 等，2011）中。AG（23.49%）是文心兰二核苷酸重复单元中出现频率最高的，紧随其后的是GA（18.07%）。这与毛竹（张智俊 等，2011）占主要位置的二核苷酸重复单元为AG的结果一致。在文心兰三核苷酸EST-SSR中，CAC（28.57%）占主导地位，而在辣椒（Capsicum annuum）（魏兵强 等，2013）中，TCT/AGA是主要三核苷酸重复类型。导致这种差异的原因可能是由于供试材料及搜索标准不同。

在设计的20对文心兰EST-SSR引物中，有13对扩增出预期的片段，其中10对具有多态性，多态性比率为76.92%。虽然较低于毛竹的92%（张智俊 等，2011），但远远高于马尾松的29.55%（贾婕 等，2014）、白菜的46.7%（忻雅 等，2006）。本研究中平均每对引物扩增到10个多态性条带，平均每对引物多态性信息含量为0.86，可见，文心兰具有较高的EST-SSR扩增效率，较为丰富的多态性信息含量，这表明利用文心兰EST开发SSR标记是完全可行的。

本研究对30份文心兰品种资源进行了聚类分析，发现30份文心兰品种资源间的遗传距离变化在0.04～0.58，说明供试的文心兰品种间具有较丰富的遗传多样性。在遗传距离为0.39处可将30个文心兰品种分为七大聚类群，第Ⅰ类包括12个品种，这些品种中的大多数为'南茜'的筛选品种及变种；第Ⅱ类中的'红鸟''黄猫''红猫'同有堇花兰属与齿舌兰属的血缘关系；第Ⅳ类中的'爆竹''黄金午后''甜蜜蜜'同为威尔逊人工杂交属，因此在生物学特性上具有较多的相似之处。上述结果说明EST-SSR可较准确地反映出30个种质的遗传差异，与种质资源的遗传背景、花器官表型等有一定的相关性；表明开发的文心兰EST-SSR应用于种质遗传多样性分析效果良好，且能在DNA水平上鉴定出品种'南茜'的突变单株。

EST-SSR相较于传统的基因组SSR，其与功能基因有着更为紧密的遗传关联，是对基因内部变异的一种直接评价。因此，本研究中开发的10对文心兰EST-SSR多态性引物可用于文心兰乃至其他兰科植物遗传多样性评估、突变单株和杂种后代群体的鉴定、群体比较图谱的构建、种苗遗传稳定性的检测等方面的研究。

# 参考文献

蔡红艳，蒋文伟，2009. 临安顺溪野生香草植物开发利用价值的评价［J］. 现代农业科技（1）：38-39，41.

陈和明，江南，朱根发，等，2009. 层次分析法在大花蕙兰品种选择上的应用［J］. 亚热带植物科学，38（2）：30-32.

陈和明，朱根发，操君喜，等，2011. 15份文心兰种质资源生物学特性观察［J］. 广东农业科学，38（7）：71-73.

陈俊华，慕长龙，朱志芳，2009. Excel在物元模型及层次分析法（AHP）中的应用［J］. 四川林业科技，30（5）：58-62.

程潇筱，尹俊梅，杨光穗，2007. 文心兰花期调控技术的现状与展望［J］. 华南热带农业大学学报，13（4）：55-57.

崔广荣，2010. 文心兰组织培养及转基因研究进展［J］. 草业学报，19（4）：220-229.

崔广荣，刘云兵，张俊长，等，2004. 文心兰组织培养的研究［J］. 园艺学报，31（2）：253-255.

崔广荣，张子学，张从宇，等，2010. 文心兰多倍体诱导及其鉴定［J］. 草业学报，19（1）：184-190.

封培波，胡永红，张启翔，等，2003. 上海露地宿根花卉景观价值的综合评价［J］. 北京林业大学学报，25（6）：84-87.

冯秋霞，王庆平，2007. 大花蕙兰商品价值的综合评价［J］. 上海交通大学学报（农业科学版），25（6）：595-599.

高志民，杨丽，李彩丽，等，2012. 麻竹EST-SSR标记开发及其对慈竹变异类型的分析研究［J］. 热带亚热带植物学报，20（5）：462-468.

黄启星，左娇，孔华，等，2012. 11种热带植物EST-SSR标记的开发和多样性分析［J］. 热带作物学报，33（7）：1208-1214.

贾婕，冯源恒，杨章旗，等，2014. 松属EST-SSR引物开发及马尾松-湿地松种间特异性鉴别引物筛选［J］. 分子植物育种，12（5）：963-968.

柯海丽，黎维诗，刘冬梅，等，2012. 文心兰切花品种的栽培比较研究［J］. 安徽农业科学，40（34）：16556-16557.

李德军，邓治，郭会娜，等，2014. 橡胶树EST-SSR标记开发及特性研究［J］. 农业科学与技术（英文版）（5）：733-737.

李永清，叶炜，江金兰，2013. 24份文心兰种质资源生物学特性观察［J］. 福建农业科技（1-2）：99-101.

刘杰，杨恒友，孙双君，2010. 层次分析法在城镇行道树选择评价中的应用［J］. 安徽农业科学（6）：3257-3258

刘燕，孙超，祁翔，等，2013. 栽培措施对文心兰花芽萌发与生长的影响［J］. 北方园艺（7）：69-73.

刘玉莲，殷学波，1996. 樱花品种园艺学性状的综合评价［J］. 江苏农学院学报，17（2）：39-43.

卢家仕，卜朝阳，吕维莉，等，2012. 20份兰科植物的ISSR遗传多样性分析［J］. 西南农业学报，25（6）：2252-2257.

罗远华，黄敏玲，林兵，等，2013. 26份文心兰品种资源观赏特征观察及栽培适应性分析［J］. 中国观赏园艺研究进展，29（增刊）：188-192.

罗远华，钟淮钦，黄敏玲，等，2014. 29份文心兰种质资源亲缘关系的ISSR分析［J］. 福建农业学报，29（11）：1079-1082.

吕复兵，2007. 文心兰育种概况与展望［J］. 花卉（2）：28-29.

吕复兵，周芳，朱根发，等，2010. 文心兰品种染色体数目分析［J］. 广东农业科学，37（11）：209-214.

彭晓明，曾宋君，张京丽，等，2000.文心兰的茎尖及花梗组织培养和快速繁殖［J］.园艺学报，27（2）：127-129.

上官凌飞，李晓颖，宁宁，等，2011.杏EST-SSR标记的开发［J］.园艺学报，38（1）：43-54.

苏尊怀，周俊辉，陆艳芳，2009.珠三角地区有花草本水生植物配置的调查与评价［J］.安徽农业科学，37（32）：16102-16104.

王菲彬，芦建国，2005.蜡梅切花观赏特性的综合评价［J］.林业科技开发，19（5）：25-27.

王燕君，张乐萍，谭志勇，等，2014.文心兰新品种引进筛选试验［J］.广东农业科学（5）：96-100.

魏兵强，刘飞云，马宗桓，等，2013.辣椒EST-SSRs的分布特征及在品种多样性研究中的应用［J］.园艺学报，40（2）：265-274.

武旭霞，游捷，林启美，2006.观赏植物野生资源开发利用价值评价体系的建立及应用［J］.中国农学通报，22（8）：464-469.

谢启鑫，缪南生，宋小民，等，2010.蝴蝶兰种质资源遗传多样性的ISSR分析［J］.西北植物学报，30（7）：1331-1336.

忻雅，崔海瑞，卢美贞，等，2006.白菜EST-SSR信息分析与标记的建立［J］.园艺学报，33（3）：549-554.

严华，张冬梅，罗玉兰，等，2010.38种国兰亲缘关系的ISSR分析［J］.分子植物育种，8（4）：736-741.

颜隽，唐岱，苏藤伟，等，2006.文心兰种苗生产的研究进展［J］.云南农业（8）：26-27.

张桂华，2010.基于AHP的湖南休闲农业发展评价［J］.安徽农业科学（11）：5895-5897，5988.

张水明，陈程，陈芳芳，等，2013.16个蝴蝶兰品种EST-SSR遗传多样性分析［J］.植物遗传资源学报，14（3）：560-564.

张水明，陈程，龚凌燕，等，2012.蝴蝶兰EST资源SSR标记分析与开发［J］.园艺学报，39（6）：1191-1198.

张智俊，管雨，杨丽，等，2011.毛竹EST资源SSR标记分析与筛选［J］.园艺学报，38（5）：989-996.

周艳霞，尹俊梅，任羽，等，2009.文心兰种质遗传多样性的SRAP分析［J］.热带农业科学，29（7）：43-46.

朱纯，代色平，2008.广东野生观赏植物资源开发利用的综合评价［J］.广东园林，30（4）：9-13.

BASSAM B J，CAETANO-ANOLLES G，1993，Silver staining of DNA in polyacrylamide gels［J］.Applied Biochemistry and Biotechnology，42（2）：181-188.

CHEN M L，WU J，ZHANG X Y，et al.，2014.Development of mapped simple sequence repeat markers from common bean（*Phaseolus vulgaris* L.）based on genome sequences of a Chinese landrace and diversity evaluation［J］.Molecular Breedig，33（2）：489-496.

CHEN W H, TSENG I C, TSAI W C, et al., 2006. AFLP fingerprinting and conversion to sequence-tag Site markers for the identification of *Oncidium cultivars* [J]. Journal of Horticultural Science & Biotechnology, 81(5): 791-796.

JIA X P, Shi Y S, SONG Y C, et al., 2007. Development of EST-SSR in foxtail millet (*Setaria italica*) [J]. Genet Resour Crop Evol, 54: 233-236.

LOKO K Y, ANDERSON J V, RUDD S, et al., 2007. Characterization of an 18,166 EST dataset for cassava (*Manihot esculenta* Crantz) enriched for drought-responsive genes [J]. Plant Cell Reports, 26(9): 1605-1618.

POREBSKI S, BAILEY G, BAUM B R, 1997. Modification of a CTAB DNA extraction protocol for plants containing high polysaccharide and polyphenol components [J]. Plant Molecular Biology Reporter, 15(1): 8-15.

SILVA D C, SOUZA M C P, FILHO L S C D, et al., 2012. New Polymorphic EST-SSR Markers in Sugarcane [J]. Sugar Tech, 14(4): 357-363.

WANG Z, YAN H W, FU X N, et al., 2012. Development of simple sequence repeat markers and diversity analysis in alfalfa (*Medicago sativa* L.) [J]. Molecular Biology Reports, 40(4): 3291-3298.

WU H L, CHEN D, LI J X, et al., 2013. De Novo Characterization of Leaf Transcriptome Using 454 Sequencing and Development of EST-SSR Markers in Tea (*Camellia sinensis*) [J]. Plant Molecular Biology Reporter, 31(3): 524-538.

XU W, YANG Q, HUAI H Y, et al., 2012. Development of EST-SSR markers and investigation of genetic relatedness in tung tree [J]. Tree Genetics & Genomes, 8(4): 933-940.

# 第四章 文心兰选择育种

## 第一节 选择育种的概念与方法

### 一、选择育种的概念

植物在繁殖和栽培过程中，会产生很多的性状变异，人为地对这些自然变异或人工变异进行选择，并通过比较、鉴定和繁殖，从而培育出新品种的过程，称为选择育种，简称选种。选择育种是植物进化和育种的基本途径之一，也是引种驯化、杂交育种、倍性育种、诱变育种以及现代生物技术育种等方法中不可缺少的重要环节。

选择育种通常包含自然选择和人工选择两类。人工选择是按人类的需要对物种进行保留或淘汰，又可分为无意识选择和有意识选择两类。所谓有意识选择是指有计划、有明确目标，应用完善的鉴定方法有系统地进行工作。有意识的人工选择作用大、见效快，是植物选择育种中重要的育种方法。自然选择是顺应植物适应自然环境条件的方向进行的，选择的结果使植物更适应于自然环境条件。自然选择是在生物进化过程中缓慢进行的，因此新物种的产生往往要经历漫长的历史时期（李水晶 等，2013）。

### 二、选择育种的方法

#### 1. 混合选择

混合选择指的是从原始的混合群体或品种中，根据品种的观赏性状、经济性状等选出相似的优良个体，接着将这些品种的种子或者植株混合在一起种植在相同的区域，翌年再与标准品种进行比较，并对其进行鉴定的方法。混合选择的优点在于方法简单、容易操作，能迅速从混合群体或品种中分离出优良类型。混合选择是按照表型进行选择的，因此在环境差异较大、性状遗传力较低的情况下，选择效果将受到很大的影响（杨晓红和张克中，2001）。此外，在相同环境下群体上已趋于一致的材料，混合选择的效果往往是不显著的。

### 2. 单株选择

单株选择就是从原始的群体中选择出优良的单株个体，并通过收获、繁殖该个体为不同的家系（株系），然后根据家系的表现鉴定上年选择的个体的优劣，然后再选择和淘汰的方法。单株选择的优点在于分别对选择的单株植物进行编号，然后分别进行繁殖，最后才对其家系进行鉴定，这样一来，一个优良的单株对应一个家系，可以明确地根据后代家系的表现判定所选单株植物的优良水平（张育健，2014）。

### 3. 无性系选择

无性系指的是一株植物应用无性繁殖所得到的所有植株的总称。无性系选择是指从普遍的种群中或从天然杂交、人工杂交的原始群体中挑选优良单株，再用无性方式繁殖，然后加以选择的方法。无性系选择与无性系繁殖和无性系内的选择不同。无性系选择可以将选择出的优良的单株进行无性繁殖，然后广泛推广，保留了优良单株的所有形状。因此，对那些可采用营养繁殖的而遗传性又极其复杂的杂种，采用无性系选择效果较好（李水晶等，2013）。

## 三、选择育种的一般步骤与注意事项

选择育种一般须按下列步骤开展：确定育种目标→表型选择→基因型选择→区域性试验→优良基因型材料扩繁和推广。其中，基因型选择需要通过亲代与子代的测定来实现；区域性试验的目的则是评价基因型与环境的互作问题。

在开展选择育种的过程中，还应注意以下几个事项：一是需制定相对合理和明确的选择标准，以提高选择效果；二是被选群体数量应足够大，从而保证一定的遗传基础，也有利于提高选择效率；三是要强调综合性状选择问题，如观赏性状、栽培环境，因此，在考虑观赏和经济性状的同时，还必须重视栽培适应性和抗性性状（季孔庶，2004）。

# 第二节 文心兰新品种'金辉'的选育

从20世纪90年代我国大陆试种切花文心兰以来，商业化品种一直以'南茜'为主，品种单一，且种苗主要从我国台湾省引进。经多年生产栽培，'南茜'种性退化、病虫危害等问题日益突出，产量及品质下降，种植效益大大降低。因此，选育出适应性好、抗逆性强、生长势旺、产量高和品质优的文心兰切花新品种，是国内文心兰产业持续健康发展的必然选择。

经组织培养后再生植株发生的表型变异称为体细胞无性系变异（Larkin，1981），植物体细胞无性系变异广泛存在（丰先红 等，2010），这为文心兰切花新品种的选育提供了丰富的材料。利用植物体细胞无性系变异进行植物品种改良应用十分广泛（Smith 和 Drew，1990），在蝴蝶兰（陈超 等，2006；肖文芳 等，2016）等园艺作物中已获得较多的变异资源。组织培养是文心兰种苗繁育的主要途径，种苗繁育过程中体细胞无性系变异是获得突变材料的重要途径。利用体细胞无性系变异，筛选出优良单株，并通过无性方式繁殖后进行鉴定、评价，近年来我国台湾及日本就从'南茜'中通过选择育种培育出'香吉士''白玉''月光''柠檬黄'等品种（叶炜 等，2011），为切花文心兰提供了更多的花色选择（Chiou et al.，2010）。国内在文心兰切花新品种的选育方面进展缓慢，利用选择育种途径选育出'博大 1 号'切花品种（柯海丽 等，2012）。

因此，通过对'南茜'组培苗的田间优良单株进行选择、鉴定、无性系扩繁与多点试验等，选育获得了产量高、品质优、适应性好及抗逆性强的文心兰切花新品种'金辉'，满足了文心兰栽培对品种的需要。下面系统介绍'金辉'的选育过程（罗远华 等，2019）。

## 一、选育方法

2003 年 3 月从我国台湾引进了 5 000 株'南茜'组培移栽苗，苗株高 20～25 cm，具 1 个假鳞茎和 1 个新芽，在福建省农业科学院作物研究所（福州新店埔垱）兰花薄膜温室内进行切花栽培试验。以高产、优质为选种目标，于 2005 年 1 月盛花期时初选优株 10 株（编号 NY 1 至 NY 10），2005 年 12 月取优株的花芽，经丛生芽增殖途径分别进行组培扩繁，2007 年 9 月至 2011 年 4 月在福建省农业科学院作物研究所兰花薄膜温室内，将各株系组培移栽苗进行切花栽培，综合评价筛选出 1 个最优株系（编号为 NY 3），定名为'金辉'。

2011 年 5 月，采用改良 CTAB 法提取样品基因组 DNA，以 3 对 EST-SSR 引物对'金辉'和'南茜'的遗传差异进行了 EST-SSR 分子标记鉴定，所用引物序列详见表 4-1。2011—2013 年对'金辉'优株进行组培扩繁。2013—2016 年，以从我国台湾新引进的'南茜'组培移栽苗为对照，在福州市晋安区、福清市宏路街道及政和县铁山镇对'金辉'组培移栽苗进行切花栽培试验。在薄膜温室中，每个试验点种植'金辉' 1000 株、'南茜' 300 株，按切花栽培进行管理（罗远华 等，2015）。于 2015 年盛花期时，每个试验点随机选取 30 株开花株，统计假鳞茎、顶叶、花枝等性状。盛花期时年切花总量折算成年切花产量。用 Excel 和 SPSS16.0 进行数据统计和分析，采用 Duncan 法进行方差分析。

表 4-1　EST-SSR 标记检测引物

| 引物名称 | 引物序列 | 长度（bp） | 重复类型 |
| --- | --- | --- | --- |
| Htc26 | 5'- TTCGGCCATTAACGGTCC-3' | 215 | $(TC)_{26}$ |
|  | 5'- TGTGATTTCTTGGGGTGC-3' |  |  |
| Hgca10 | 5'- CTGCACTGCTCCATAAAC-3' | 476 | $(GCA)_{10}$ |
|  | 5'- ACTGAATAGATGCCTCCC-3' |  |  |

续表

| 引物名称 | 引物序列 | 长度（bp） | 重复类型 |
|---|---|---|---|
| Htct7 | 5'-GAGCGTGAGTTGTCCTTC-3'<br>5'-GAGTCCTCTTTACCACCTTT-3' | 308 | (TCT)$_7$ |

## 二、选育过程

2005年1月，于'南茜'盛花期时初选株型高大、叶片挺立、假鳞茎大且饱满、新芽着生位置低，抽花梗性强、花枝挺立、分枝数多、花朵数多，无病毒、无病虫害的优株10株（编号NY 1至NY 10）。2005年12月分别对其进行组培扩繁，2007年11月至2011年4月将10个NY株系组培移栽苗各300株进行切花栽培，综合评价后进一步筛选出编号为NY 3的株系为最优株系。

株系NY 3表现为假鳞茎饱满，假鳞茎长和宽显著最高；新芽萌生能力强，生长位置低；切花产量最高，品质优；适应性强、抗逆性好。将株系NY 3定命名为'金辉'。2011年5月，EST-SSR分子标记鉴定证实'金辉'与'南茜'在DNA水平上有差异。2011年11月至2013年8月对'金辉'的优株进行组培扩繁，2013年9月至2016年12月在福州市晋安区、福清市宏路街道及政和县铁山镇等地进行多点试验。'金辉'的选育流程见图4-1。'金辉'与'南茜'主要形态特征比较见图4-2、图4-3、图4-4。

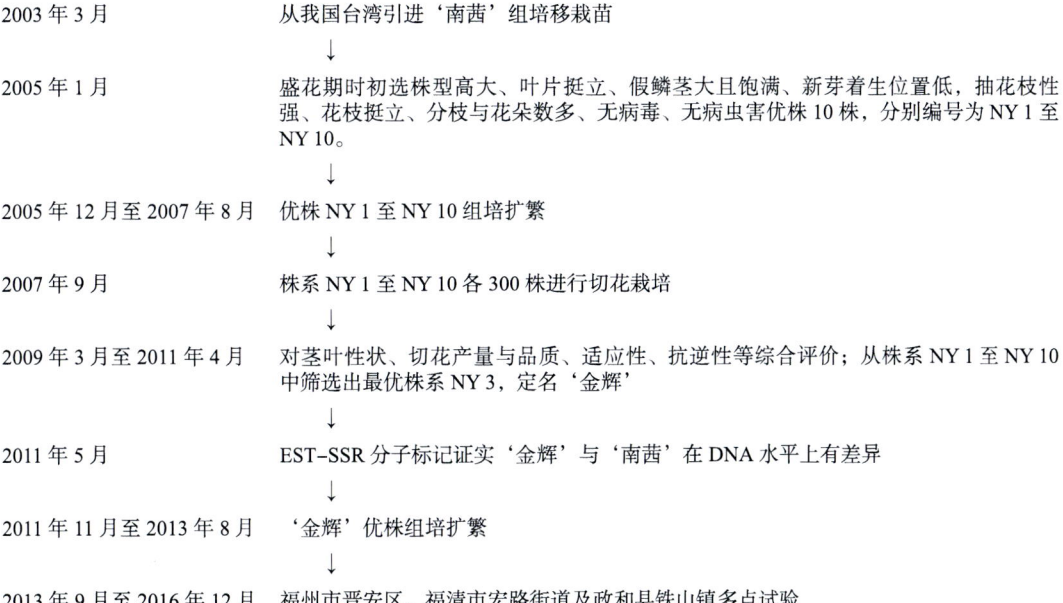

图4-1 '金辉'选育流程

图 4-2 '南茜'（左）与'金辉'（右）假鳞茎比较　　图 4-3 '南茜'（左）与'金辉'（右）植株比较

图 4-4 '南茜'（左）与'金辉'（右）花序比较

## 三、分子鉴定结果

采用 3 对 EST-SSR 引物对'金辉'和'南茜'2 个样品的 DNA 进行检测，共获得 11 条明显差异条带，可将 2 个文心兰样品很好地区分开。其中引物 Htc26 获得 4 条差异条带，引物 Hgca10 获得 3 条差异条带，引物 Htct7 获得 4 条差异条带（图 4-5）。结果表明，在 DNA 水平上'金辉'与'南茜'有差异。

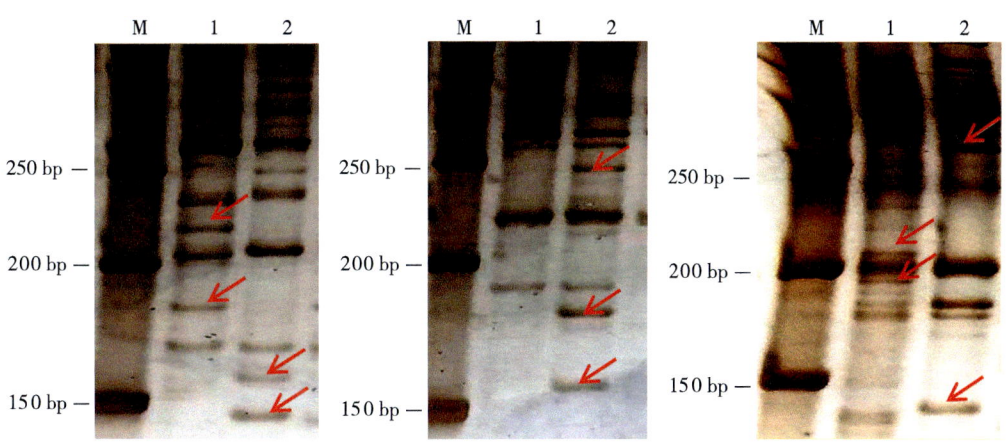

图 4-5 '金辉'与'南茜' EST-SSR 分子鉴定结果

M：50 bp DNA Ladder Marker；1：'金辉'；2：'南茜'；扩增引物从左至右分别为 Htc26、Hgca10、Htct7。

## 四、'金辉'品种表现

### 1. 特征特性

'金辉'组培移栽苗（株高 20～25 cm，具 1 个假鳞茎和 1 个新芽）种植 16～18 个月进入初花期，种植 22～24 个月进入盛花期。盛花期植株假鳞茎呈长纺锤体形，绿色，光滑，饱满，平均长 10.96 cm，平均宽 4.11 cm；假鳞茎顶生叶 2～3 枚，绿色，革质，线状披针形，平均长 37.17 cm，平均宽 3.45 cm；总状花序，平均花序梗长 40.14 cm，平均花序长 78.14 cm，平均分枝 11.15 个，平均小花 136.69 朵；花被片黄色具褐斑，平均花径 3.88 cm；福建种植时主花期为 11 月至翌年 1 月，次主花期为 5—6 月；切花瓶插寿命 15～30 d。'金辉'植株形态特征见图 4-6。

图 4-6 文心兰'金辉'植株（左）、花序（中）以及切花栽培（右）

**2. 多点试验表现**

'金辉'多点试验茎叶性状表现统计于表4-2。结果表明,'金辉'在3个试验点的茎叶性状表现稳定,假鳞茎长、假鳞茎宽、顶叶长和顶叶宽的综合平均值分别为10.96 cm、4.11 cm、37.17 cm和3.45 cm,分别比'南茜'(CK)显著提高21.64%、18.10%、19.25%和18.56%;顶叶数差异不显著。此外,'金辉'新芽生长位置比(南茜)低,"爬楼梯"现象不明显,植株后期不易倒伏。

表4-2 '金辉'多点试验茎叶性状表现 （单位：cm）

| 品种 | 地点 | 假鳞茎长 | 假鳞茎宽 | 顶叶数（枚） | 顶叶长 | 顶叶宽 |
|---|---|---|---|---|---|---|
| 金辉 | 福州 | 11.13 ± 1.15 | 4.05 ± 0.34 | 2.44 ± 0.50 | 38.48 ± 4.71 | 3.60 ± 0.35 |
| | 福清 | 10.90 ± 0.89 | 3.77 ± 0.60 | 2.34 ± 0.48 | 37.14 ± 3.49 | 3.46 ± 0.41 |
| | 政和 | 10.86 ± 1.15 | 4.50 ± 0.42 | 2.21 ± 0.41 | 35.90 ± 2.90 | 3.29 ± 0.32 |
| | 综合平均 | 10.96 ± 0.15* | 4.11 ± 0.37* | 2.33 ± 0.12 | 37.17 ± 1.29* | 3.45 ± 0.16* |
| 南茜（CK） | 福州 | 9.34 ± 0.96 | 3.57 ± 0.38 | 2.36 ± 0.52 | 31.41 ± 3.79 | 2.99 ± 0.21 |
| | 福清 | 8.67 ± 1.14 | 3.42 ± 0.38 | 2.30 ± 0.47 | 31.29 ± 3.31 | 2.87 ± 0.17 |
| | 政和 | 9.03 ± 0.82 | 3.45 ± 0.32 | 2.35 ± 0.48 | 30.81 ± 2.94 | 2.86 ± 0.15 |
| | 综合平均 | 9.01 ± 0.34 | 3.48 ± 0.11 | 2.34 ± 0.03 | 31.17 ± 0.32 | 2.91 ± 0.07 |

\* 表示品种间差异显著（$P<0.05$）。

'金辉'多点试验产量与品质表现统计于表4-3。结果表明,'金辉'在3个试验点的花枝性状表现稳定;花序梗长、花序长和分枝数的综合平均值分别为40.14 cm、78.14 cm和11.15个,分别比'南茜'显著提高18.58%、29.18%和22.66%;年切花产量达3.07万支/667 $m^2$,比'南茜'显著提高17.18%;但花朵长与花朵宽差异不显著。结果表明,'金辉'在产量和品质方面均显著优于'南茜'。

'金辉'抗病虫性强,选用优质种苗及采取科学的栽培与防控措施,软腐病、白绢病、炭疽病、蛞蝓、斜纹夜蛾等主要病虫害发生均较轻;适应性好,抗逆性强,耐高温（罗远华等,2017a）和低温,但忌霜冻（罗远华等,2017b）。

表4-3 '金辉'多点试验产量与品质表现 （单位：cm）

| 品种 | 地点 | 花序梗长 | 花序长 | 分枝（个） | 花朵长 | 花朵宽 | 年切花产量（万支/667 $m^2$） |
|---|---|---|---|---|---|---|---|
| 金辉 | 福州 | 40.94 ± 6.96 | 77.81 ± 9.26 | 11.45 ± 1.58 | 3.99 ± 0.10 | 3.10 ± 0.13 | 3.05 |
| | 福清 | 39.93 ± 4.51 | 78.16 ± 7.92 | 10.55 ± 1.38 | 3.91 ± 0.16 | 3.04 ± 0.16 | 2.99 |
| | 政和 | 39.56 ± 5.10 | 78.44 ± 6.60 | 11.44 ± 1.59 | 3.75 ± 0.15 | 2.96 ± 0.14 | 3.17 |
| | 平均 | 40.14 ± 0.71* | 78.14 ± 0.32* | 11.15 ± 0.52* | 3.88 ± 0.12 | 3.03 ± 0.07 | 3.07 ± 0.09* |

续表

| 品种 | 地点 | 花序梗长 | 花序长 | 分枝（个） | 花朵长 | 花朵宽 | 年切花产量（万支/667 m²） |
|---|---|---|---|---|---|---|---|
| 南茜（CK） | 福州 | 35.16 ± 4.14 | 61.88 ± 10.51 | 8.86 ± 2.18 | 3.87 ± 0.14 | 3.09 ± 0.14 | 2.65 |
| | 福清 | 33.76 ± 5.04 | 60.12 ± 10.20 | 9.00 ± 2.16 | 3.77 ± 0.17 | 2.97 ± 0.21 | 2.57 |
| | 政和 | 32.63 ± 6.37 | 59.46 ± 10.52 | 9.40 ± 1.63 | 3.65 ± 0.14 | 2.95 ± 0.20 | 2.65 |
| | 平均 | 33.85 ± 1.27 | 60.49 ± 1.25 | 9.09 ± 0.28 | 3.76 ± 0.11 | 3.00 ± 0.08 | 2.62 ± 0.05 |

\* 表示品种间差异显著（$P<0.05$）。

## 五、小结

利用植物体细胞无性系变异进行植物品种改良应用十分广泛（Smith 和 Drew，1990），利用选择育种技术结合细胞无性系变异，在马铃薯（*Solanum tuberosum*）（邹雪 等，2015）、草莓（*Fragariax ananassa*）（胡盼盼 等，2016）、枣（*Ziziphus jujuba*）（肖蓉 等，2011）、蝴蝶兰（陈超 等，2006；肖文芳 等，2016）等园艺作物中已获得较多的变异资源。

因文心兰植物染色体数目的差异以及花粉败育（Leonardo 和 Marcelo，2000；Dematteis 和 Davina，1999）等引起的杂交不亲和或受精后杂种败育等问题造成杂交结实困难（罗远华 等，2015），因此通过有性杂交的方法选育文心兰切花品种进展十分缓慢。组织培养是文心兰种苗繁育的主要途径，系统筛选种苗繁育过程中体细胞无性系发生的优良变异是文心兰育种的重要途径。

# 参考文献

陈超，王桂兰，乔永旭，等，2006. 蝴蝶兰类圆球茎的化学诱变试验［J］. 核农学报，20（2）：99-102.

丰先红，李健，罗孝贵，2010. 植物组织培养中体细胞无性系变异研究［J］. 中国农学通报，26（14）：70-73.

胡盼盼，赵霞，李刚，等，2016. 草莓组培苗体细胞无性系变异研究［J］. 中国农学通报，32（16）：77-82.

季孔庶，2004. 园林植物育种方法及其应用［J］. 林业科技开发，18（1）：70-73.

柯海丽，黎维诗，刘冬梅，等，2012. 文心兰新品种选育及比较试验［J］. 热带农业科学，32（11）：31-34.

李水晶，吕华卿，伊丽亚，等，2013. 园林植物选择育种方法探讨［J］. 河南科技（9）：205.

罗远华，黄敏玲，林兵，等，2015. 文心兰花粉活力与杂交结荚性研究［J］. 福建农业学报，30（3）：256-263.

罗远华，黄敏玲，林榕燕，等，2017a. 文心兰顶叶对低温胁迫的生理响应［J］. 福建农业学报，32（10）：1101-1105.

罗远华，林兵，吴建设，等，2015. 文心兰新品系'金辉'切花设施栽培技术［J］. 福建农业科技，（1）：47-49.

罗远华，林兵，叶秀仙，等，2019. 高产优质文心兰新品种金辉的选育［J］. 福建农业学报，34（1）：40-45.

罗远华，王振波，黄敏玲，等，2017b. 高温胁迫对文心兰顶叶若干生理指标的影响［J］. 福建农业学报，32（6）：625-629.

肖蓉，王国平，李晓梅，等，2011. 体细胞无性系变异在枣育种中的应用展望［J］. 北方园艺（14）：188-191.

肖文芳，李佐，陈和明，等，2016. 利用SSR荧光标记毛细管电泳法检测蝴蝶兰组培突变体［J］. 热带作物学报，37（10）：1938-1944.

杨晓红，张克中，2001. 园林植物育种学［M］. 北京：气象出版社：30-34.

叶炜，江金兰，李永清，等，2011. 台湾切花文心兰品种选育动态［J］. 三明农业科技，120（2）：27-28.

邹雪，肖乔露，文安东，等，2015. 通过体细胞无性系变异获得马铃薯优良新材料［J］. 园艺学报，42（3）：480-488.

CHUNG-YI CHIOU, HSIN-AN PAN, YAO-NUNG CHUANG, et al., 2010. Differential expression of carotenoid-related genes determines diversified carotenoid coloration in floral tissues of *Oncidium* cultivars［J］. Planta, 232（4）：937-948.

DEMATTEIS M, DAVINA J R, 1999. Chromosome studies on some orchids from South America［J］. Selbyana, 20（2）：235-238.

LARKIN P J, SCOWCROFT W R, 1981. Somaclonal variation—A novel source of variability from cell cultures for plant improvement［J］. Theoretical and Applied Genetics, 60：197-214.

LEONARDO P F, MARCELO G, 2000. Cytogenetics and cytotaxonomy of some Brazilian species of Cymbidioid Orchids［J］. Genetics and Molecular Biology, 23（4）：957-978.

SMITH M K, DREW R A, 1990. Current applications of tissue culture in plant propagation and improvement［J］. Plant Physiol, 17：267-289.

# 第五章 文心兰杂交育种

## 第一节 文心兰杂交育种基本概况

### 一、杂交育种的概念

用两个或两个以上遗传性不同的材料进行人工杂交,产生的杂种后代由于基因重新组合,根据育种目标,加以选择、比较与鉴定,育成新品种的方法称为杂交育种(cross breeding)。

根据杂交亲本的亲缘关系,有性杂交又可分为近缘杂交和远缘杂交两大类。近缘杂交是指同一种内的品种间或类型间的杂交。远缘杂交(wide cross 或 distant hybridization)指植物学分类上不同种(species)、属(genus)或亲缘关系更远的植物类型间的杂交。兰科植物多为异花授粉,在原产地有与其相适应的昆虫为其授粉,但在引种驯化中没有特定昆虫授粉,难以完成授粉结实。即使有类似的昆虫授粉,也难以模拟原产地授粉环境而达到授粉目的,需进行人工授粉。因此过去人们只能在野生兰中利用自然杂交或自然变异加以选择进行育种。目前栽培较多的热带兰花如文心兰、卡特兰(*Cattleya hybrida*)、蝴蝶兰(*Phalaenopsis aphrodite*)、石斛(*Dendrobium nobile*)等,很多是由两个或更多的种、属间杂交,再经过长期选育而成的,因此远缘杂交是兰花育种的重要手段。

### 二、文心兰杂交育种概况

1793年,首次发现了文心兰种 *Oncidium altissimum* 和 *Oncidium triguetrum*。1800年,文心兰属(*Oncidium*)首次被科学地描述。到1895年,文心兰属首次进行两属杂交创造了杂交属 Zygocidium(*Oncidium* × *Zygopetalum*)。1910年,文心兰属与 *Coclioda* 杂交获

得杂交属 Oncidioda（Oncidium × Coclioda）。1916年，文心兰属首次参与的3属杂交首次获得杂交属 Wilsonara（Cochlioda × Odontoglossum × Oncidium）。1927，文心兰属获得了第一个4属杂交属 Burrageara（Cochlioda × Miltonia × Odontoglossum × Oncidium）。1976年，文心兰属参与获得5属杂交属 Schafferara（Aspasia × Brassia × Cochlioda × Miltonia × Oncidium）。截至2010年，文心兰在英国皇家园艺学会（RHS）上登录的新品种有约2 600个，而分别以近缘属为父、母本杂交产生的新品种就达到952个和1 003个。

尽管文心兰经由杂交授粉已产生不少的人工杂交属及衍生种，但是在新品种的登录上仍远比蝴蝶兰、石斛等其他兰科植物少，主要在于文心兰无论属内的种间杂交或与近缘属的属间杂交其亲合力都差（罗远华 等，2015；吕复兵 等，2008；易美秀，2000）。吕复兵等（2008）在25个文心兰杂交（包括反交）和自交组合中，只有5个组合结果荚，其中仅3个组合的果荚内有种子。除环境温度和授粉时机对结实性有影响外（丘灿瑜，2003），杂交授粉困难可能是花粉发育上的问题或有花粉管抑制物质的存在，或与小孢子在发育过程中营养层细胞瓦解有关（邱金春，2002）。胡正荣和李哗（2004）采用29个亲本组配了143个杂交组合中，28个组合获得了果荚，研究得出花粉体外发芽率高低与结实率高低紧密相关，花粉发育与发芽率可作为能否结实的指标。文心兰正反交具有极强的结实差异性，在石斛中也有类似报道，这可能与亲缘关系有关。文心兰杂交不易结实，除收集更多的种源并大量授粉获得更多的优良组合外，从机理上来探明杂交不亲和的原因可能更为重要。

亲缘性相近的杂交亲本具有较多的同源染色体，染色体经过减数分裂后，可配对的二价体数也越多，就容易得到杂交胚；种间或属间的远缘杂交其亲本遗传关系较远，染色体同源性低，因此，杂交过程中会出现各种障碍如杂交不亲和、受精后杂种胚败育等，造成远缘杂交育种失败。杂交不亲和的强弱主要与杂交亲本和杂交组合方式有关，染色体组型相同或相似的亲本亲和性较强，因此，亲缘关系较远的属间杂交比种间杂交更难培育出杂交种（罗远华等，2012）。

## 第二节　文心兰育种目标与亲本选配原则

### 一、杂交育种一般程序

文心兰杂交育种和其他园艺作物一样，其育种程序大致包括育种目标的制定、杂交亲本的选配、杂交组合的配制以及对杂种后代进行的选择、鉴定、品种命名和登录等几个环节。但文心兰等兰科植物和其他作物的杂交种子有很大的区别，主要是体积小、没有胚乳，在自然条件下很难萌发，需要通过共生萌发或非共生萌发（无菌播种）的手段培养杂交种子，才能获得杂种植株。因此，文心兰杂交一般要借助植物组织培养才能完成。此外，经选择、鉴定后得到具有目标性状或其他优良性状的$F_1$材料后，为了固定杂种优势，也要通过组织培养的方式快速扩繁优选出的杂交优良单株。

## 二、育种目标

育种目标（breeding objective）是指在一定的自然、栽培和经济条件下，对要选育的新品种应具备的优良特征特性，也就是对育成品种在生物学和经济学性状上的具体要求。育种目标的确定是新品种选育工作的首要环节，是选配杂交亲本、选择杂交方式以及涉及育种年限的主要根据。因此，育种目标是否可行直接关系杂交育种工作的成败。

文心兰最重要的性状如香味、花色、花型、株型、抗逆性等都是重要的育种目标。文心兰育种目标不但要根据当前市场需求来确定，而且还应考虑市场未来发展的方向。

### （一）香味

株型优美、色香俱佳是人们培育文心兰的基本要求。香气是构成和影响文心兰观赏价值的重要因素，因此，培育芳香型品种已成为国际上文心兰育种的主要趋势之一。目前较流行的文心兰品种虽然具有花朵大、花色艳丽、株型优美等诸多优良经济性状，但同时又具有香味的品种仍然十分缺乏。尤其是当前如'南茜''柠檬黄'等文心兰主栽切花品种，虽然具有较高的切花经济性状，但均无香味，极大地限制了切花品种的开发与利用。因此，培育具有香味，尤其是具有香味的切花型文心兰品种是杂交育种中重要的育种目标之一。研究表明，花香遗传一般为显性，但属不完全显性（陈宝玲 等，2013），香气可能是由隐性基因的纯合所致（王利民，2007）。因此，将现代生物技术与传统育种方法相结合，有望加快对文心兰香味品种的选育进程。

### （二）花色

花色是观赏植物重要的观赏性状和品质性状，花色性状直接关系到热带兰观赏价值和商业价值。植物的花色主要由花瓣细胞内色素的种类与含量决定，花色素主要分为类胡萝卜素（carotenoids）、类黄酮（flavonoids）与生物碱（alkaloid）三大类。结果表明，文心兰花瓣中的色素主要由类胡萝卜素和类黄酮构成（Chiou et al.，2008），红色和暗紫红色品种的花色主要取决于花青素苷元比例，芍药花素含量越高，花色越偏向红色，矢车菊素含量越高，花色越偏向紫色（庄于彦，2005）。文心兰黄色花系品种中环绕胼胝体出现的红色是由花青素（cyanidin）及其甲基化衍生物构成（Chiou et al.，2010），黄色和橙色唇瓣中类黄酮含量极低（Liu et al.，2012），说明类黄酮色素主要对除黄色和橙色外的花色起作用（李崇晖 等，2013）。文心兰黄色唇瓣中主要色素是类胡萝卜素（Hieber et al.，2006），主要由全反式、9-cis-异构体黄质（9-cis-violaxanthin）和新黄质（neoxanthin）构成（Chiou et al.，2010）。进一步研究发现，文心兰黄色花品种'南茜'突变出的橙色花品种'香吉士'，其橙色唇瓣中的色素比'南茜'多出类胡萝卜素、$\beta$-胡萝卜素及一些较低浓度的其他类胡萝卜素物质；而另一个白色花突变品种'白玉'的唇瓣则几乎不累积任何类胡萝卜素物质。查尔酮合成酶（chalcone synthase，CHS）是花青素生物合成的重要关键酶，在对蝴蝶兰的研究中发现，查尔酮基因发生突变或增强表达时，则形成白色、紫色斑点及紫色等花瓣（明凤 等，2003）。大花蕙兰的有色相对于白色为显性，红色、绿色相对于黄色为显性，红色相对于绿色为显性（王利民，2007）。目前，国际市场上文心兰盆花品种具有较为丰富的花色，但栽培面积较大的切花品种仍以花色单一的亮黄色花系为主，并且切花产期较为集中。因此，培育具有新花色的文心兰切花品种，是世界育种家的共同育种目标之一。

### （三）花型

热带兰十分注重奇花育种，除文心兰以外，如兜兰、蝴蝶兰等都是以其花型的奇特和姿态的轻盈作为育种的重要依据。根据用途，文心兰可以分为盆花品种和切花品种两大类，根据不同的需要，对花型的追求各不相同。就文心兰育种而言，一是适应国际市场对大花型切花品种和盆花品种的需要，培育出花色较单纯、变异小、易于规模化生产的大花型文心兰品种；二是培育迷你袖珍型盆花品种，满足日益升级的盆花消费需求；三是培育珍奇赏玩型品种。

### （四）株型

文心兰被广泛应用于盆花、切花及景观造景。文心兰作为重要的热带兰花，株型的选育直接关系到其使用功能。良好的株型是盆花文心兰育种的重要目标之一，假鳞茎、叶片、花序梗、花序等的有机结合是株型育种的关键。对切花品种而言，株型的优劣同样对切花产量与品质有较大的影响。叶型能影响光合作用，从而影响切花品质；假鳞茎的生长位置，能影响植株生长是否均匀从而决定切花产量，如'南茜'的假鳞茎生长位置较高，假鳞茎生长容易出现"爬楼梯"现象，不仅植株容易倒伏，而且影响根系对营养的吸收，导致切花高产期提前结束。文心兰属及其近缘属原生种种质资源十分丰富，株型千差万别，为株型育种提供了丰富的材料。

### （五）抗逆性

抗逆性育种是指研究抗病、抗虫、耐寒等抗逆性遗传性状，以获得适应范围广的良种，目前也成为文心兰育种中的重要目标。传统的抗逆性育种方法是选择抗性强的亲本与栽培品种重复杂交，以固定某些抗性性状，一般选择适应性强的野生种类与栽培品种杂交。

遗传学研究发现，植物抗病性在多数情况下属于核遗传，极少数为胞质遗传，还有一定的核质互作。核遗传中控制抗病性遗传的基因有主效基因和微效基因，前者为质量性状，后者为数量性状。植物的抗虫性遗传机制是受植物种和昆虫的不同而异。耐寒性是一种诱发性基因，是由多基因控制的数量性状，只有在如低温、短日照等条件下表达后，才能发展为抗寒力（陈宝玲 等，2013）。

## 三、亲本选配原则

文心兰可进行广泛的种间杂交及属间远缘杂交。杂交育种不仅能保持双亲或多亲的优良性状，还可使杂交后代具有杂种优势。亲本选配是文心兰杂交育种最重要的环节之一，亲本选配的原则主要体现在以下5个方面。

一是要尽可能选择亲缘关系相近的品种、种或属，以及适应性强、生长势旺、抗逆性强的品种进行杂交。一般杂交培育出的新种特性多倾向于母本，母本对杂交新种的影响比父本大，所以要选择具有较多优良性状且健壮的材料作母本。父本则要求具有较大的遗传差异，因此父本宜从近缘属中选择性状优良的个体。

二是要依据杂交的目的来优选亲本。根据不同的育种目标，就要选择具有此特性的父本和母本进行杂交。如花色的遗传多倾向于母本，因此，要培育某种花色的良种时应优选出该花色的母本。

三是要选择育性强和结荚率高的健壮亲本，因为健壮亲本植株才能产生健康的蒴果，且选择的亲本种子易于萌发。

四是要选择开花晚的材料作母本，可利用花粉离体保存技术保存较早开花父本的花粉，从而实现杂交授粉。

五是要避免选用第一次开花的幼嫩植株或实生苗作母本。

除以上原则外，文心兰远缘杂交亲本的选择还应当注意好的品种不一定是好的亲本，因此，亲本选配最好能够参考前人研究结果进行，以达到事半功倍的目的。

## 第三节　文心兰花粉活力鉴定

花粉生活力是指花粉具有存活、生长、萌发或发育的能力。花粉生活力的研究，可为杂交亲本的选配及授粉方法的改进等提供重要参考。下面介绍文心兰花粉生活力鉴定的染色法和离体萌发法。

### 一、2,3,5-氯化三苯基四氮唑（TTC）染色法

2,3,5-氯化三苯基四氮唑（2,3,5-Triphenyl Tetrazolium Chloride，TTC），又名红四氮唑，为白色或黄白色结晶体，易溶于水，是脂溶性光敏感复合物，常用于花粉的生活力测定。其原理是当TTC进入具有活力的细胞中时，有活力的细胞中的脱氢酶可以将TTC还原成不溶性的红色稳定的三苯基甲䐵（TTF），无活力的细胞则不能染色或染色较浅。

#### （一）花粉采集与预处理

于正常花期，待花序上1/3花朵开放时，于9:00—10:00采集花朵中的花粉块，每株采集5～8朵花的花粉块置入1个无菌的1.5 mL离心管中，迅速加入少量无菌蒸馏水浸泡30～60 min，待花粉块完全吸水膨胀后取出置入另一个无菌1.5 mL离心管中，用尖头镊子将花粉块充分捣碎成浆状备用。

#### （二）花粉的染色与活力计算

将预处理好的花粉加入1 mL染色液，充分振荡使花粉悬浮在染色液中，置入25 ℃振荡培养箱中黑暗培养24 h，然后用移液枪移取少量悬浮的花粉溶液置于凹槽载玻片上于

生物显微镜下观察并拍照，统计花粉染色率。染色液具体为 0.2 mol/L pH 值 7.2 的磷酸缓冲液配成 1%TTC 溶液，添加 30% 的蔗糖配成 TTC 染色液。

$$花粉活力（\%）= 染色花粉数 / 观察花粉总数 \times 100 \qquad (5-1)$$

每份种质取 3 株，每株分别观察 3 个视野，染成红色的花粉认作具有活力（图 5-1），取其平均值作为花粉的活力。TTC 染色法分析了 16 个文心兰品种的花粉活力（表 5-1）（罗远华 等，2015）。

表 5-1　16 个文心兰品种的花粉活力

| 品种 | 花粉活力（%） |
| --- | --- |
| *Oncidium* Sharry Baby 'Sweet Fragrance' | 72.33 ± 0.95 a |
| *Wilsonara* Tropic Breeze 'Everglades' | 71.93 ± 1.63 a |
| *Onc.* Sharry Baby 'Tricolor' | 68.90 ± 4.11 a |
| *Onc.* Sweet Sugar 'Million Dollar' | 66.93 ± 1.54 ab |
| *Onc.* Sweet Sugar | 62.40 ± 1.97 bc |
| *Brassia maculate* | 59.67 ± 1.87 c |
| *Colmanara* Wildcat 'Carmela' | 59.50 ± 0.70 c |
| *Burrageara* Living Fire 'Glowing Embers' | 48.20 ± 2.50 d |
| *Onc.* Fragrance Fantasy | 41.53 ± 5.20 e |
| *Wils.* Firecracker 'Red Star' | 32.80 ± 1.56 f |
| *Onc.* Boso Sweet | 11.70 ± 0.92 g |
| *Colm.* Wildcat 'Petite Sirah' | 9.03 ± 0.47 g |
| *Colm.* Wildcat 'Gold Ring' | 5.27 ± 0.35 h |
| *Zelglossoda* Calico Gem 'Green Valley #1' | 4.03 ± 0.25 hi |
| *Wils.* Golden Afternoon 'Rich Yellow' | 2.53 ± 0.85 i |
| *Onc.* Gower Ramsey | 2.00 ± 0.61 i |

注：不同小写字母表示差异显著（$P<0.05$）。

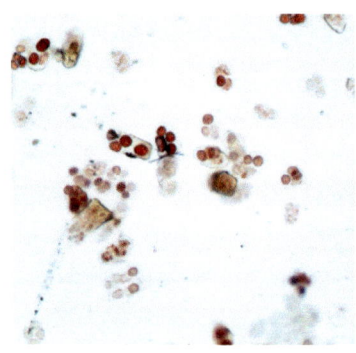 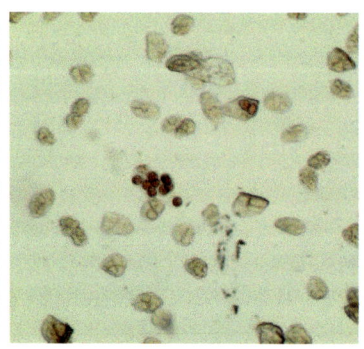 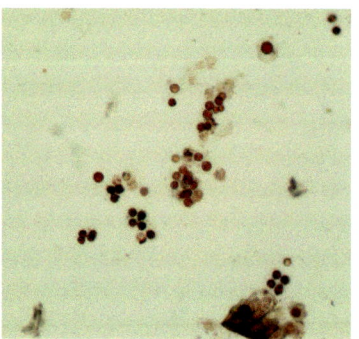

*Onc.* Sweet Sugar 'Million Dollar'　　　*Onc.* Fragrance Fantasy　　　*Colm.* Wildcat 'Carmela'

图 5-1　文心兰花粉 TTC 染色效果

## （三）花朵开放不同时间花粉生活力的变化

不同品种文心兰花粉活力与花朵开放的时间有关系。以 *Onc.*Sweet Sugar 'Million Dollar'、*Colm.*Wildcat 'Carmela' 及 *Onc.*Sharry Baby 'Sweet Fragrance' 为材料，分别取花朵开放 1 d、3 d、5 d、7 d、9 d、11 d 共 6 个不同开放时间的花粉，以 TTC 染色法分析结果见表 5-2。花朵开放当天（1 d）3 个品种的花粉生活力均最高，随开放时间的增加，花粉生活力逐渐降低，不同品种间花粉保持生活力的时间有差异。其中 *Onc.*Sweet sugar 'Million Dollar' 花粉生活力下降的速度最快，花朵开放至第 5 d 时，花粉生活力由（1 d）的最高 66.93% 下降到 8.50%，第 9 d 时花粉无活力；*Colm.*Wildcat 'Carmela' 花粉生活力到第 5 d 时差异不显著，到第 7 d 时显著降低，到第 9 d 时花粉生活力下降到 6.53%，到 11 d 时花粉无生活力；*Onc.*Sharry Baby 'Sweet Fragrance' 花朵花粉活力在 3 d 内无差异，第 5 d 开始显著下降，但到 11 d 时仍有 8.57% 的活力（图 5-2）。

表 5-2　花朵开放不同时间花粉生活力分析

| 品种 | 不同开放时间花粉生活力（%） | | | | | |
| --- | --- | --- | --- | --- | --- | --- |
| | 1 d | 3 d | 5 d | 7 d | 9 d | 11 d |
| *Onc.*Sweet sugar 'Million Dollar' | 66.93±1.54 a | 46.90±5.93 b | 8.50±0.82 c | 1.47±0.31 d | 0.00±0.00 e | — |
| *Colm.*Wildcat 'Carmela' | 59.50±0.70 a | 59.27±1.80 a | 55.53±1.99 a | 45.20±2.12 b | 6.53±0.85 c | 0.00±0.00 d |
| *Onc.*Sharry Baby 'Sweet Fragrance' | 72.33±0.95 a | 69.97±4.42 a | 55.37±3.16 b | 44.70±2.01 c | 22.40±2.51 d | 8.57±1.32 e |

注：不同小写字母表示差异显著（$P<0.05$）。

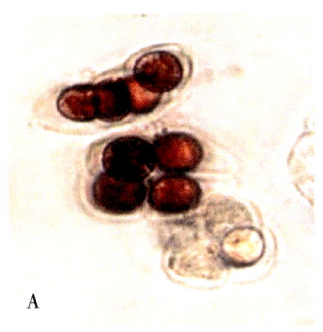

A

花朵开放 1 d

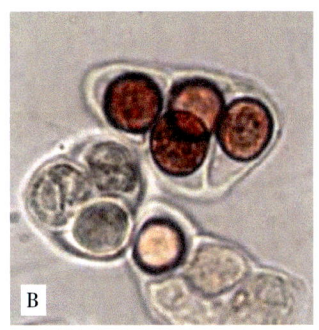

B

花朵开放 3 d

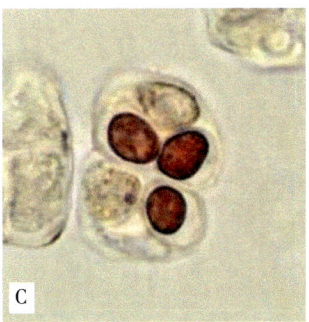

C

花朵开放 5 d

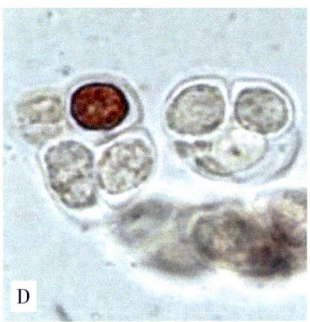

D

花朵开放 7 d

图 5-2　*Onc.* Sweet sugar 'Million Dollar' 花朵开放不同时间花粉染色效果

综上所述，文心兰花粉生活力随花朵开放时间的增加逐渐下降，因此在分析花粉活力及杂交授粉时，应尽量选择当天开放的花朵花粉，以保证花粉具有较高的活力。

### （四）影响花粉生活力的因素

文心兰商业品种来源十分复杂，不同品种的花粉生活力可能与其遗传来源有关。文心兰属内及近缘属染色体数变异极大，从 $n=5$、6、7、10、15、18、21、22、28、56 甚至 84 等（Leonardo 和 Marcelo，2000；Dematteis et al.，1999），亲缘相近的杂交后代具有较多的同源染色体，经减数分裂后易获得具有育性的配子，花粉表现具活力；而远缘杂交后代能形成具有育性配子的几率就大大降低，如由长萼兰属、蜗瘤兰属、堇花兰属、齿舌兰属四个属间杂交选育而来的品种 BellaraMarfitch 'Howards Dream' 花粉无活力。

除自身的遗传特性外，研究发现花粉保持活力时间与花朵开放时间、环境温度等有关。如 Onc.Sharry Baby 'Sweet Fragrance' 等 3 个品种其花粉生活力均随花朵开放时间的增加而降低，但不同品种间花粉保持活力的时间有差异。Onc.Sharry Baby 'Sweet Fragrance' 花朵开放至 11 d 时花粉仍具有活力，但 Onc.Sweet sugar 'Million Dollar' 则开放到 7 d 后基本丧失活力，前者花期在 11 月至翌年 2 月，后者为 5—7 月和 9—11 月，花期相对较高的环境温度可能增强了花粉内部呼吸强度，从而加剧了花粉营养的枯竭，加快了花粉活力降低的速度，这在稻（Oryza sativa）（Prasad et al.，2005）、甜樱桃（Prunus avium 'Hongdeng'）（李燕 等，2011）等植物上有类似的报道。此外，不同文心兰品种单朵花的花期有差异，但受花期环境温度等影响，不同品种间单朵花的花期长短与其花粉活力是否相关还需进一步研究。

## 二、离体萌发法鉴定文心兰花粉活力

花粉离体萌发是鉴定花粉活力的重要方法。TTC 染色法鉴定花粉活力有时会存在有无活力花粉染色界限分不明、测定值与实际偏离问题。花粉离体萌发鉴定法易于识别、数据可靠，应用广泛（王钦丽等，2002）。文心兰花粉离体萌发法鉴定介绍如下。

### （一）分析材料与测定方法

以'香水文心'为材料（罗远华，2015），于正常盛花期上午 9:00—11:00 选取当天开放的健康花朵，置于冰盒中迅速带回实验室，用尖头镊子从柱头的黏盘处取出花粉块置于 2 mL 无菌离心管中，避光，备用。每个处理取 10 个花粉块置入 2 mL 无菌离心管中，添加 1 mL 无菌去离子水浸泡花粉块 45~60 min，然后移除去离子水，备用。

花粉离体萌发采用液体培养法，参考 B-K 培养液中的基本成分，添加不同质量浓度蔗糖、$H_3BO_3$、$Ca(NO_3)_2 \cdot 4H_2O$、$MgSO_4 \cdot 7H_2O$ 及 $KNO_3$ 对花粉离体萌发的影响。

将预处理好的花粉，先添加各种培养基 0.5 mL，用尖头镊子轻夹花粉块后适当振荡使其充分散开，然后再添加对应的各种培养基 1.0 mL，混匀后置入 25 ℃ 培养箱中黑暗培养 48 h，期间每隔 12 h 翻转离心管 3~5 次，让花粉粒更好地悬浮在培养基中；培养完成后缓慢混匀，用移液枪移取 100 μL 培养液置于凹槽载玻片上，于生物显微镜（Nikon E100）

下镜检，每种培养基观察 3 张载玻片，每张载玻片观察花粉数 ≥ 50 个，统计花粉萌发率。花粉萌发以花粉管长度大于等于花粉粒直径为标准。花粉萌发率（%）=（萌发的花粉粒数/花粉粒总数）×100。

在单因素实验的基础上，设计正交试验，筛选出适宜文心兰花粉离体萌发的最适液体培养基。

利用筛选出的最适培养基，设置不同培养温度（15 ℃、20 ℃、25 ℃、30 ℃、35 ℃）和不同培养时间（24 h、48 h、72 h、96 h），对'香水文心'花粉进行离体培养，以明确花粉离体萌发的最适培养温度和培养时间。

用筛选出的最适液体培养基和培养条件，对 68 份文心兰种质资源的花粉进行离体萌发测定，统计花粉离体萌发率。

### （二）离体萌发培养基各组分效应比较

在 B-K 培养液中，添加不同浓度蔗糖、$H_3BO_3$、$Ca(NO_3)_2 \cdot 4H_2O$、$MgSO_4 \cdot 7H_2O$ 及 $KNO_3$，比较各因子对文心兰'香水文心'花粉离体萌发的影响。设蔗糖浓度为 25 g/L、50 g/L、100 g/L、150 g/L、200 g/L、250 g/L；$H_3BO_3$ 浓度为 5 mg/L、10 mg/L、20 mg/L、30 mg/L、40、50 mg/L；$Ca(NO_3)_2 \cdot 4H_2O$ 浓度为 10 mg/L、20 mg/L、30 mg/L、40 mg/L、50 mg/L、60 mg/L、70 mg/L；$MgSO_4 \cdot 7H_2O$ 浓度为 10 mg/L、20 mg/L、30 mg/L、40 mg/L、50 mg/L、60 mg/L；$KNO_3$ 浓度为 10 mg/L、20 mg/L、30 mg/L、40 mg/L、50 mg/L、60 mg/L，以去离子水为对照（CK）。结果表明：在 B-K 培养液中，添加各单因子最适宜的蔗糖浓度为 100 g/L，$H_3BO_3$ 为 10 mg/L，$Ca(NO_3)_2 \cdot 4H_2O$ 为 50 mg/L，$MgSO_4 \cdot 7H_2O$ 为 20~30 mg/L，$KNO_3$ 为 30 mg/L。

选取各单因子中花粉离体萌发率最高的 3 个处理，比较'香水文心'花粉离体萌发情况，结果如表 5-3。'香水文心'花粉离体萌发各组分效应为 $H_3BO_3$ > $Ca(NO_3)_2 \cdot 4H_2O$ > 蔗糖 > $MgSO_4 \cdot 7H_2O$ > $KNO_3$（罗远华 等，2023）。

表 5-3 单因子间'香水文心'花粉离体萌发率比较

| 因素 | | 花粉萌发率（%） |
| --- | --- | --- |
| 蔗糖（g/L） | 50 | 4.94±0.38ef |
| | 100 | 9.73±0.57c |
| | 150 | 9.46±0.32c |
| $H_3BO_3$（mg/L） | 5 | 7.53±0.95d |
| | 10 | 17.12±1.45a |
| | 20 | 12.58±1.50b |
| $Ca(NO_3)_2 \cdot 4H_2O$（mg/L） | 40 | 6.16±0.56e |
| | 50 | 13.34±0.68b |
| | 60 | 9.30±0.71c |

续表

| 因素 | | 花粉萌发率（%） |
|---|---|---|
| MgSO$_4$·7H$_2$O（mg/L） | 20 | 4.76±0.72f |
|  | 30 | 4.69±0.52f |
|  | 40 | 2.71±0.46g |
| KNO$_3$（mg/L） | 30 | 3.01±0.20g |
|  | 40 | 1.75±0.55gh |
|  | 50 | 1.19±0.13h |

注：不同小写字母表示在 0.05 水平下差异显著。

### （三）离体萌发适宜培养基和培养条件

选取 H$_3$BO$_3$ 浓度 5 mg/L、10 mg/L、20 mg/L、Ca(NO$_3$)$_2$·4H$_2$O 浓度 40 mg/L、50 mg/L、60 mg/L、蔗糖浓度 50 g/L、100 g/L、150 g/L 进行正交设计试验，同时每个处理添加 MgSO$_4$·7H$_2$O 20 mg/L、KNO$_3$ 30 mg/L 筛选最适培养基。花粉离体萌发结果见表 5-4，各处理对'香水文心''蜜糖'花粉离体萌发的影响不同。'香水文心'在 5 号和 8 号培养基萌发率最高，其中 5 号培养基花粉萌发率最高，达 43.25%。'蜜糖'花粉萌发率也是 5 号培养基最高，达 32.91%。因此，适宜文心兰花粉离体萌发的液体培养基为 100 g/L 蔗糖 + 10mg/L H$_3$BO$_3$+50 mg/L Ca(NO$_3$)$_2$·4H$_2$O+20 mg/L MgSO$_4$·7H$_2$O+30 mg/L KNO$_3$。

在筛选出适宜花粉离体萌发最佳培养基的基础上，通过不同培养温度（15 ℃、20 ℃、25 ℃、30 ℃、35 ℃）和不同培养时间（24 h、48 h、72 h、96 h）比较分析，明确了 25℃ 条件下黑暗培养 48 h 利于文心兰花粉离体萌发（罗远华等，2023）。

表 5-4 文心兰花粉离体萌发的正交试验结果

| 编号 | 蔗糖（g/L） | H$_3$BO$_3$（mg/L） | Ca(NO$_3$)$_2$·4H$_2$O（mg/L） | MgSO$_4$·7H$_2$O（mg/L） | KNO$_3$（mg/L） | 花粉萌发率（%） | |
|---|---|---|---|---|---|---|---|
| | | | | | | '香水文心' Onc. 'Sharry Baby' | '蜜糖' Onc. 'Sweet sugar' |
| 1 | 50 | 5 | 40 | 20 | 30 | 17.64±1.35f | 10.78±0.66e |
| 2 | 50 | 10 | 60 | 20 | 30 | 25.67±1.58c | 23.16±1.26c |
| 3 | 50 | 20 | 50 | 20 | 30 | 23.95±1.67cd | 22.43±0.64c |
| 4 | 100 | 5 | 60 | 20 | 30 | 21.89±1.65de | 16.48±1.57d |
| 5 | 100 | 10 | 50 | 20 | 30 | 43.25±1.43a | 32.91±1.37a |
| 6 | 100 | 20 | 40 | 20 | 30 | 34.08±2.06b | 28.69±1.23b |
| 7 | 150 | 5 | 50 | 20 | 30 | 23.87±1.75cd | 17.91±0.72d |
| 8 | 150 | 10 | 40 | 20 | 30 | 40.37±1.59a | 30.71±1.77ab |
| 9 | 150 | 20 | 60 | 20 | 30 | 36.02±1.20b | 24.69±1.78c |

## （四）文心兰不同种质花粉离体萌发鉴定

68份种质中的41份花粉能正常萌发，能够萌发的种质花粉离体萌发率存在显著差异，不同种质花粉离体萌发率为0.74%~49.65%（表5-5），其中'235'最高，为49.65%，'光华'最低，为0.74%，说明文心兰花粉活力可能与其自身的遗传背景有关（罗远华等，2023）。

表5-5　68份文心兰种质花粉离体萌发情况

| 序号 | 种质名称 | 采集时间 | 花粉萌发率（%） | 序号 | 种质名称 | 采集时间 | 花粉萌发率（%） |
|---|---|---|---|---|---|---|---|
| 1 | 235 | 2022-06-11 | 49.65±1.62a | 35 | 美少女 | 2023-02-13 | 2.56±0.60nopq |
| 2 | 香水文心 | 2021-12-25 | 43.25±1.43b | 36 | 香水美人 | 2022-05-09 | 2.09±0.48opqr |
| 3 | 蜜糖 | 2021-12-25 | 32.91±1.37c | 37 | 花精灵 | 2022-06-11 | 2.02±0.60pqr |
| 4 | 小蜜蜂 | 2022-05-09 | 30.89±1.74c | 38 | 棕榈岛 | 2023-02-13 | 1.91±0.51pqr |
| 5 | 百万金币 | 2022-05-09 | 20.88±3.07d | 39 | 黄金午后 | 2022-05-09 | 1.12±0.19qr |
| 6 | 红樱桃 | 2022-06-11 | 20.42±1.89d | 40 | 564 | 2022-05-31 | 1.08±0.19qr |
| 7 | 芒果文心 | 2022-12-26 | 20.27±1.59d | 41 | 光华 | 2022-12-26 | 0.74±0.09r |
| 8 | 台湾红花 | 2022-12-26 | 14.78±2.41e | 42 | 白狐狸 | 2022-05-09 | 0±0t |
| 9 | 剑叶文心 | 2023-02-13 | 14.14±1.48e | 43 | 白梦香 | 2022-12-26 | 0±0t |
| 10 | TM-1 | 2022-06-11 | 13.89±1.79e | 44 | 白星 | 2023-02-13 | 0±0t |
| 11 | 305 | 2022-05-09 | 11.36±1.60f | 45 | 白雪 | 2023-02-13 | 0±0t |
| 12 | 252 | 2023-02-13 | 10.91±1.98fg | 46 | 白玉 | 2022-05-09 | 0±0t |
| 13 | 黄金天使 | 2023-02-13 | 9.76±1.38fgh | 47 | 豹斑宝石 | 2022-05-09 | 0±0t |
| 14 | 304 | 2022-06-11 | 9.71±0.88fgh | 48 | 扁头文心 | 2022-12-26 | 0±0t |
| 15 | 红鸟 | 2022-05-09 | 8.69±0.76ghi | 49 | 光宗 | 2022-12-26 | 0±0t |
| 16 | 三色香水 | 2022-12-26 | 8.34±1.55hij | 50 | 红狐狸 | 2022-12-26 | 0±0t |
| 17 | 607 | 2022-05-09 | 7.74±1.04hij | 51 | 黄金万两 | 2022-05-09 | 0±0t |
| 18 | 599 | 2022-06-11 | 6.93±0.70ijk | 52 | 黄猫 | 2022-06-11 | 0±0t |
| 19 | 黑猫 | 2023-02-13 | 6.77±1.38ijk | 53 | 金辉 | 2022-06-11 | 0±0t |
| 20 | 情人 | 2022-05-09 | 6.43±0.65ijkl | 54 | 橘色满天星 | 2023-02-13 | 0±0t |
| 21 | 307 | 2023-02-13 | 6.29±1.45ijkl | 55 | 老虎斑 | 2022-12-26 | 0±0t |
| 22 | 法国香水 | 2022-12-26 | 6.22±0.95jkl | 56 | 罗曼香 | 2022-12-26 | 0±0t |
| 23 | 254 | 2022-05-09 | 5.30±0.94klm | 57 | 绿蜘蛛 | 2023-02-13 | 0±0t |
| 24 | XM-1 | 2022-05-09 | 5.10±0.74klmn | 58 | 满天星 | 2023-02-13 | 0±0t |
| 25 | 欧洲之星 | 2022-12-26 | 4.67±1.43klmn | 59 | 南茜 | 2022-06-11 | 0±0t |
| 26 | 粉星 | 2023-02-13 | 4.54±0.94klmno | 60 | 柠檬黄 | 2022-06-11 | 0±0t |

续表

| 序号 | 种质名称 | 采集时间 | 花粉萌发率（%） | 序号 | 种质名称 | 采集时间 | 花粉萌发率（%） |
|---|---|---|---|---|---|---|---|
| 27 | 红星 | 2023-02-13 | 4.50±1.33klmnop | 61 | 七彩湖 | 2022-11-08 | 0±0t |
| 28 | 紫薇 | 2022-12-26 | 4.26±1.16lmnop | 62 | 天香 | 2023-02-01 | 0±0t |
| 29 | 金香 | 2022-12-26 | 4.09±0.36lmnop | 63 | 甜红豆 | 2023-02-01 | 0±0t |
| 30 | 香香公主 | 2022-12-26 | 3.69±1.06mnop | 64 | 香吉士 | 2023-02-01 | 0±0t |
| 31 | 紫香兰 | 2022-05-09 | 3.65±0.82mnop | 65 | 小金桔 | 2022-12-28 | 0±0t |
| 32 | 黄色精灵 | 2022-11-08 | 3.24±0.67mnopq | 66 | 小樱桃 | 2023-02-01 | 0±0t |
| 33 | 蕙心兰 | 2022-12-26 | 3.13±0.56mnopq | 67 | 薛丽娜 | 2023-02-01 | 0±0t |
| 34 | 黄花斑点 | 2022-12-26 | 2.71±0.68nopqr | 68 | 月下美人 | 2023-02-01 | 0±0t |

## （五）讨论与小结

有研究表明，杂种卡特兰（郑宝强，2012）、无距虾脊兰（钱鑫，2014）及大花蕙兰（张晓莹，2019）的花粉块在液体培养基中能自然溶解散开，正常萌发。但聚石斛（邓茜玫，2014）、竹叶兰及澳洲石斛（夏春英，2019，2020）的花粉块，在液体培养基中吸胀的同时需要借助玻璃棒或镊子等工具进行摩擦捣碎，以促进花粉块的溶解萌发。本研究中，利用去离子水充分浸泡过的文心兰花粉块，也要借助尖头镊子轻夹捣碎才能较好散开和萌发。但有研究表明，经过物理碾压的花粉块，花粉粒的膜结构易遭到破坏而导致不能萌发。因此，如何通过非物理方法促进花粉块的自然分散，同时又不破坏花粉的膜结构值得进一步研究。

本研究证明，蔗糖对文心兰花粉离体萌发有明显作用，100 g/L 时浓度的蔗糖能促进文心兰花粉的离体萌发，但浓度过高时则易导致花粉质壁分离，抑制花粉的萌发，这与牡丹（李婷，2020）、百合（于金平，2018）的研究结果一致。

本研究中，硼是文心兰花粉离体萌发的必需成分，$H_3BO_3$ 的适宜浓度为 10 mg/L 与竹叶兰的 20 mg/L 较为接近。但也有研究表明，拟石莲（杨澜，2020）、海棠（张鲜鲜，2010）等花粉在离体萌发时不需要添加硼。

内源 $Ca^{2+}$ 充足时可满足花粉离体萌发与花粉管的早期生长，而在花粉管持续生长过程中仍需要外源 $Ca^{2+}$ 的参与（杜玉虎，2008），但外源 $Ca^{2+}$ 浓度过高时又会抑制花粉的萌发及花粉管的生长（Zhan N，2016）。兰科植物花粉离体萌发一般需要添加外源 $Ca^{2+}$，但不同物种最适浓度有较大差异，竹叶兰花粉离体萌发的适宜浓度 $CaCl_2$ 为 5 mg/L，聚石斛为 80 mg/L，杂种卡特兰为 150 mg/L。本研究中，添加 $Ca(NO_3)_2 \cdot 4H_2O$ 能显著提高文心兰花粉的离体萌发率，适宜浓度为 50 mg/L，与无距虾脊兰浓度 40 mg/L 接近。

$K^+$ 和 $Mg^{2+}$ 对澳洲睡莲（唐毓玮，2020）、宫粉羊蹄甲等（卢娟，2017）花粉的离体萌发和花粉管的生长有较好的促进作用。本研究中，添加 20 mg/L 的 $MgSO_4 \cdot 7H_2O$ 和 30 mg/L 的 $KNO_3$ 能促进文心兰花粉的离体萌发，但 $K^+$ 和 $Mg^{2+}$ 对文心兰花粉离体萌发的效应要低于硼、蔗糖和$Ca^{2+}$。

本研究中，68份文心兰种质资源中有27份的花粉未能观察到离体萌发，推测这可能与种质资源的染色体倍性有关。文心兰属内及近缘属染色体变异极大，$n$=5、6、7、10、15、18、21、22、28、56、84等，远缘杂交后代染色体倍性十分复杂，能形成具有育性配子的几率较低，因此具有高度的不育性（罗远华，2015）。因此，不能萌发或萌发率低的种质不建议用作父本进行杂交授粉，但必要时可加大授粉量且多次尝试。此外，本研究在液体培养基的筛选时，仅在单因素试验及正交试验结果的基础上，利用筛选出的最适培养基及培养条件进行花粉离体萌发研究，不同种质花粉离体萌发所需成分、最适浓度及最适培养条件可能不同（贺庆梅，2015，卢娟，2017），因此，针对某具体种质而言，最适培养基及培养条件还需要深入探讨。

## 第四节 文心兰杂交授粉及育苗技术

### 一、人工授粉与结荚

#### （一）授粉时机与授粉操作

授粉时机对杂交授粉结荚率有影响。研究表明授粉时间和温度对文心兰授粉后合子胚发生、杂种胚发育都有重要影响。选择温度较低的春季、晚秋或冬季进行授粉，尽量避免炎热的夏季。授粉时于上午选择有1/3花朵开放的花序，选取初开的花朵进行授粉易成功，因为此时花药不仅成熟，而且柱头黏性也最强。

选取健壮的即将开放的父本和母本植株，隔离后喷施杀虫、灭菌药剂后备用。当父本花朵开放时，用经75%（$V/V$）酒精消毒过的尖头镊子，把花朵特征最典型的花药取下，置入母本蕊柱顶端的柱头蕊腔处，并剔除母本花药，然后套袋。授粉后标明父本、母本的信息及授粉日期等。授粉后母本植株应加强管理，应避高温，基质保持相对湿润。在子房尚未明显膨大前，套袋内要保持适当干燥。当子房膨大形成蒴果后，应少施氮肥，多施磷钾肥，以促进杂种胚发育。

#### （二）影响杂交结荚的因素

不同杂交果荚发育成熟的时间有差异，从授粉到成熟需要124～259 d不等，且在不同发育时期果荚有变黄脱落的现象，因此杂交授粉后要定期观察果荚发育情况，并保持良好的栽培条件，等果荚发育成熟时及时采收，以免果荚爆裂（图5-3）。部分文心兰杂交结荚情况统计见表5-6。

表 5-6　文心兰杂交结荚情况统计表

| 杂交组合 | | 授粉数（朵） | 结荚数（个） | 结荚率（%） | 授粉至结荚率统计的时间（d） |
| --- | --- | --- | --- | --- | --- |
| 母本 | 父本 | | | | |
| *Wils.*Golden Afternoon 'Rich Yellow' | *Wils.*Firecracker 'Red Star' | 58 | 55 | 94.83 | 196 |
| *Wils.*Golden Afternoon 'Rich Yellow' | *Wils.*Tropic Breeze 'Everglades' | 18 | 17 | 94.44 | 210 |
| *Onc.*Boso Sweet | *Onc.*Sweet Sugar 'Million Dollar' | 48 | 33 | 68.75 | 168 |
| *Onc.* Kutoo 'Little Cherry' | *Onc.*Sharry Baby 'Sweet Fragrance' | 24 | 12 | 50.00 | 124 |
| *Onc.* Kutoo 'Little Cherry' | *Onc.*Sweet Sugar | 39 | 15 | 38.46 | 131 |
| *Onc.* Kutoo 'Little Cherry' | *Onc.*Sweet Sugar 'Million Dollar' | 84 | 27 | 32.14 | 124 |
| *Onc.*Boso Sweet | *Onc.*Sweet Sugar | 20 | 5 | 25.00 | 215 |
| *Onc.*Sweet Sugar 'Million Dollar' | *Onc.*Boso Sweet | 36 | 0 | 0 | 18 |
| *Onc.*Sweet Sugar | *Onc.*Boso Sweet | 16 | 0 | 0 | 18 |
| *Onc.*Sharry Baby 'Sweet Fragrance' | *Onc.*Sweet Sugar 'Million Dollar' | 24 | 0 | 0 | 14 |
| *Wils.*Golden Afternoon 'Rich Yellow' | *Onc.*Sharry Baby 'Sweet Fragrance' | 20 | 17 | 85.00 | 259 |
| *Wils.*Golden Afternoon 'Rich Yellow' | *Onc.*Sweet Sugar 'Million Dollar' | 28 | 13 | 46.43 | 126 |
| *Colm.*Wildcat 'Gold Ring' | *Wils.*Tropic Breeze 'Everglades' | 15 | 6 | 40.00 | 240 |
| *Wils.*Golden Afternoon 'Rich Yellow' | *Brs.* maculate | 9 | 3 | 33.33 | 161 |
| *Bllra.* Marfitch 'Howards Dream' | *Onc.*Sharry Baby 'Sweet Fragrance' | 27 | 9 | 33.33 | 154 |
| *Bllra.* Marfitch 'Howards Dream' | *Onc.*Sweet Sugar 'Million Dollar' | 23 | 7 | 30.43 | 168 |
| *Bllra.* Marfitch 'Howards Dream' | *Colm.*Wildcat 'Carmela' | 12 | 1 | 8.33 | 175 |
| *Wils.*Golden Afternoon 'Rich Yellow' | *Onc.*Gower Ramsey | 9 | 0 | 0 | 14 |
| *Wils.*Tropic Breeze 'Everglades' | *Onc.*Sharry Baby 'Sweet Fragrance' | 17 | 0 | 0 | 21 |
| *Onc.*Sweet Sugar 'Million Dollar' | *Wils.*Golden Afternoon 'Rich Yellow' | 8 | 0 | 0 | 14 |
| *Onc.*Sweet Sugar 'Million Dollar' | *Colm.*Wildcat 'Carmela' | 6 | 0 | 0 | 14 |
| *Zgda.* Calico Gem 'Green Valley #1' | *Onc.*Boso Sweet | 11 | 0 | 0 | 28 |
| *Zgda.* Calico Gem 'Green Valley #1' | *Onc.*Sharry Baby 'Sweet Fragrance' | 28 | 0 | 0 | 35 |
| *Zgda.* Calico Gem 'Green Valley #1' | *Wils.*Tropic Breeze 'Everglades' | 15 | 0 | 0 | 35 |
| *Bllra.* Marfitch 'Howards Dream' | *Onc.*Boso Sweet | 13 | 0 | 0 | 21 |
| *Colm.*Wildcat 'Carmela' | *Onc.*Boso Sweet | 5 | 0 | 0 | 14 |
| *Colm.*Wildcat 'Carmela' | *Onc.*Sharry Baby 'Sweet Fragrance' | 9 | 0 | 0 | 14 |

A 为 *Wils.*Golden Afternoon 'Rich Yellow'בWils.*Firecracker 'Red Star'；B 为 *Onc.*Boso Sweet×*Onc.*Sweet Sugar 'Million Dollar'；C 为 *Wils.*Golden Afternoon 'Rich Yellow'×*Onc.*Sweet Sugar 'Million Dollar'；D 为 *Wils.*Golden Afternoon 'Rich Yellow'×*Onc.*Sharry Baby 'Sweet Fragrance'；E 为 *Bllra.* Marfitch 'Howards Dream'×*Onc.*Sweet Sugar 'Million Dollar'；F 为 *Onc.* Kutoo 'Little Cherry'×*Onc.*Sweet Sugar 'Million Dollar'。

**图 5-3　文心兰杂交果荚**

文心兰花粉生活力的高低对杂交授粉结荚率有重要影响。研究认为文心兰花粉活力不仅可作为杂交授粉能否结荚的重要指标，而且可以直接指导杂交亲本的选配，提高杂交结荚率（胡正荣和李晔，2004）。选用花粉活力较高的品种 *Onc.*Sharry Baby 'Sweet Fragrance'、*Wils.*Tropic Breeze 'Everglades' 及 *Onc.*Sweet Sugar 'Million Dollar' 为父本时，14 个授粉组合中的 9 个组合能结荚，且具有较高的结荚率；当以花粉活力较低的品种 *Onc.*Boso Sweet 为父本时，5 个授粉组合均不能结荚（罗远华 等，2015）。但研究也发现，一些具有较高花粉生活力的材料作父本进行杂交授粉时也不能结荚，这可能与杂交不亲和性有关。此外，易美秀（2000）研究认为文心兰花龄、花粉龄对杂交结荚率有很大的影响，因此当花朵完全开放时取新鲜的花粉尽快授粉能提高结实率。此外，研究还发现 *Wils.*Golden Afternoon 'Rich Yellow'×*Onc.*Sweet Sugar 'Million Dollar' 在冬季气温较低时授粉结荚率较高，夏季气温较高时结荚率较低甚至不结荚，说明授粉期间及授粉后的环境温度对结荚率也有较大的影响（罗远华 等，2015），这与邱金春（邱金春，2002）的研究结果相一致。

## 二、无菌播种

与其他兰科植物一样，文心兰杂交种子无菌播种主要包括蒴果（种子）的消毒与接种、种子萌发培养、原球茎分化培养、壮苗生根培养以及炼苗移栽等步骤。文心兰杂交结实率低，而且大多杂交蒴果中无杂种胚，或含量极少，或发育不完全（胡正荣和李晔，2004），因此，提高杂种胚萌发率、加快原球茎生长与分化速度，在最短时间内获得杂种 $F_1$ 植株，能加快育种进程。

## （一）蒴果或种子的消毒与接种

### 1. 未开裂蒴果的消毒

采摘人工授粉后成熟但未开裂的蒴果，用 75%（$V/V$）的酒精擦洗蒴果表面，并用手术刀削除病斑，在超净工作台上用 1 g/L $HgCl_2$ 水溶液浸泡灭菌 10～15 min，无菌水冲洗 3 次后，风干表面水分，在无菌器皿中切开，将蒴果内杂交种子或种胚取出，接种在培养基表面。种子或种胚用少量无菌水适当混匀，更利于种子或种胚的萌发。蒴果还可以采用酒精灼烧的方法灭菌，即采用 75% 酒精擦洗蒴果表面，并用手术刀削除病斑后，在 95% 酒精中浸泡 1～2 s 后取出，在酒精灯上点燃果荚，待火焰熄灭后重复以上操作 1 次即可（图 5-4）。此方法是借助酒精燃烧产生的高温杀灭果荚表面的微生物。

图 5-4　消毒处理后的文心兰杂交果荚

### 2. 种子或种胚的消毒

因管理不当，蒴果未及时采收时会出现爆果，这种情况只能取出种子或种胚进行消毒。消毒时，先将种子或种胚放入 1 g/L $HgCl_2$ 水溶液中，加 2～3 滴吐温-80 振荡消毒 8～10 min，然后用灭过菌的过滤器或滤纸等将种子或种胚滤出，再用无菌水冲洗 4～5 次后即可接种。

## （二）培养基与培养条件

### 1. 萌发培养基

适宜文心兰杂交种子或种胚萌发的固体培养基为花宝 1 号 +6-BA 0.5 mg/L+NAA 0.1 mg/L+椰子汁（CM）150 g/L +AC 1.0 g/L + 蔗糖 20 g/L，pH 值为 5.4～5.6。萌发形成的原球茎颜色绿色，基本不增殖，且顶端叶的分化多。研究表明，适当添加 6-BA 与 NAA 能显著缩短文心兰杂种胚萌发时间，提高相对萌发率。对 *Beallara* Marfitch 'Howards Dream'× *Oncidium* Sweet Sugar 'Million Dollar' 的杂交种胚进行无菌播种时发现，添加 1.0 mg/L 6-BA 抑制了原球茎顶端叶的分化，促进了原球茎的增殖，增殖出的原球茎颜色浅绿色，水渍状明显，易玻璃化，不利于分化成苗；添加 0.5 mg/L 6-BA 时原球茎基本无增殖，原球茎颜色深绿色、饱满，顶端叶的分化较多（图 5-5）。NAA 对原球茎的分化具有重要的作用，添加 0.05 mg/L 时分化慢，但相对较高浓度时（0.2 mg/L）原球茎易玻璃化而失去分化能力。

### 2. 分化培养基

适宜原球茎分化的固体培养基为花宝 1 号 +6-BA 0.1 mg/L+NAA 0.1 mg/L+ 马铃薯泥 150 g/L+AC 1.0 g/L，pH 值为 5.4～5.6。研究表明，较低浓度的 6-BA 配合 NAA 组合对原球茎的增殖与分化均有较大的影响。添加 0.2 mg/L 6-BA 时，促进原球茎的增殖，抑制分化出芽，增殖率和分化率差异均显著；当 6-BA 浓度为 0.1 mg/L 并配合 NAA 0.1 mg/L 使用时增殖率较低，为 116.7%，但分化率显著最高，为 87.8%，且基本不出根，芽苗粗壮（图 5-6）；较低浓度的 6-BA（0.05 mg/L）虽然分化也较多，但易出根，不利于芽苗的强健。

文心兰杂交种子或种胚萌发的原球茎对 6-BA 和 NAA 都十分敏感，较低的浓度（0.05～0.2 mg/L）配比就能决定原球茎保持增殖或走向分化，说明 6-BA 与 NAA 是影响文心兰杂交种子或种胚萌发、原球茎形态建成的重要因子，这与文心兰（崔广荣 等，2007）、蝴蝶兰（刘晓燕 等，2000）的常规组织培养中类原球茎培养的结果相一致。

添加 CM、马铃薯泥以及香蕉泥对原球茎的增殖与分化有差异，增殖效应为 CM> 香蕉泥 > 马铃薯泥，但差异不显著；分化效应为马铃薯泥 > 香蕉泥 >CM，差异显著。生长表现为马铃薯泥芽苗粗壮，CM 芽苗则较细弱，香蕉泥在后期不利于芽苗的强健。

图 5-5　文心兰杂交种子萌发

图 5-6　文心兰杂交原球茎分化出芽苗

### 3. 壮苗生根培养基

适宜壮苗生根的培养基为花宝 1 号（或 MS）+NAA 0.2 mg/L+ 马铃薯泥 150 g/L+ 蔗糖 25 g/L + AC 1.5 g/L，pH 值为 5.4～5.6。将分化的芽苗接种在壮苗生根培养基中，在不添加 NAA 的培养基上，也有较高的生根率，可达 89.7%，但根系不发达。添加 0.1～0.4 mg/L 的 NAA 对根系的诱导及芽苗的生长作用显著，生根率均达到 100%，平均根数增多，根长增加。较高浓度的 NAA（0.4 mg/L）在诱导生根的同时容易诱导出原球茎，且根系膨大，不利于苗的强健。比较而言，添加 0.2 mg/L 的 NAA 平均根数最多，每株平均达 7.2 条；平均根长最长，每条平均长 2.56 cm，植株健壮，适宜根的诱导及植株的生长（图 5-7）。

图 5-7　文心兰杂交种子再生植株

### 4. 有机添加物

研究表明 CM、马铃薯泥、香蕉泥等对兰科等植物细胞和组织的增殖和分化有明显的促进作用（马生健 等，2010），是兰花组织培养中常用的有机添加物。崔广荣等（2009）研究表明添加新鲜椰汁能促进蝴蝶兰类原球茎的增殖；刘晓燕等（2000）研究得出 CM 对蝴蝶兰类原球茎增殖效果最好，其次为马铃薯、香蕉；秦改花等（2006）研究认为香蕉汁对虎头兰原球茎的增殖效果优于马铃薯汁。研究表明，CM 对文心兰原球茎增殖效果最好，其次是香蕉泥、马铃薯泥，但差异不显著；从分化效应来看，马铃薯泥效果最好，其次为香蕉泥、CM，差异达显著水平。

有机添加物富含的微量元素、活性物质和生长激素等不仅因产地、品种、成熟度等不同存在差异，还能与添加的外源激素产生互作效应，这可能是不同研究存在差异的主要原因。此外添加香蕉泥在后期不利于芽苗的强健与根系的生长，这与何松林等（2003）的研究结果一致，这可能与添加香蕉泥后培养基后期易酸化有关。

### （三）炼苗移栽

为了增强试管苗适应外界的能力，提高移栽成活率，在移栽前将试管苗在遮光率 75%～90%，温度 20～28 ℃的温室内炼苗 7～10 d，开盖后再炼苗 2～3 d。移栽时先将试管苗小心取出，用自来水洗净培养基，再用 1 g/L 多菌灵水溶液浸苗消毒 3～5 min，取出沥干明水，用已处理好的水苔包住整个根系植于 5 cm 白色育苗杯中（图 5-8），移栽后保持温度为 22～28 ℃、湿度为 70%～80%、光照强度为 8 000～10 000 lx，避免阳光直射，注意通风和喷施水肥，3～4 周后新根长出，成活率 90% 以上（罗远华 等，2016）。

图 5-8　移栽成活的文心兰杂交 $F_1$ 植株

## 三、杂交后代的选择

文心兰是异花授粉植物，杂种 $F_1$ 代性状即开始分离。因此，根据育种目标对这些植株进行选择，就有可能获得需要的目标材料。兰花杂种后代的选择时期要根据选择的性状不同而异。对抗病性、抗逆性、株型、叶艺等性状的选择，应在整个生育期进行。对花型、花色、花期等性状的选择应在花期进行。文心兰杂种后代的选择同其他花卉一样应遵循优中选优的原则。即先选择优良的组合，再从优良的组合中选择优良的单株。但当杂交组合数不多或获得的杂种群体较小时，可对每个组合甚至每个 $F_1$ 植株进行认真选择，这样既增加选到优良个体的机会，又可以对性状的遗传进行研究，为以后的杂交亲本的选配积累经验。

文心兰杂交后代的选择主要有直接选择和间接选择两种。直接选择即是对目标性状进行选择，间接选择是通过对与目标性状相关的其他性状间接选择目标性状。此外，人们还可以用与花色连锁的分子标记对花色进行鉴定选择。为了加快育种进程，提高育种工作效率。还可以在试管苗阶段诱导开花，提早对有关性状进行选择，缩短育种年限。此外，目前用分子标记手段，人们可以在试管苗甚至更早的阶段对性状进行选择以加速育种进程，提高选择效率。

# 参考文献

陈宝玲, 王华新, 陈尔, 等, 2013. 观赏热带兰品种选育研究进展[J]. 广东农业科学 (18): 30-33.

崔广荣, 张子学, 胡能兵, 等, 2009. 蝴蝶兰原球茎液体增殖培养的研究[J]. 激光生物学报, 18 (2): 189-194.

崔广荣, 张子学, 张从宇, 等, 2007. 文心兰原球茎液体增殖培养研究[J]. 激光生物学报, 16 (3): 338-343.

邓茜玫, 郑宝强, 郭欣, 等, 2014. 聚石斛花粉生活力及贮藏的研究[J]. 林业科学研究, 2 (5): 657-661.

何松林, 王献, 鲁琳, 等, 2003. 培养基和添加物对蝴蝶兰原球茎分化幼苗的影响[J]. 中南林学院学报, 23 (5): 11-13.

胡正荣, 李晖, 2004. 文心兰类自交和杂交之结实率[J]. 中国园艺, 50 (3): 343-356.

李崇晖, 黄少华, 黄明忠, 等, 2013. 文心兰唇瓣花色表型及类黄酮色素组成[J]. 热带作物学报, 34 (6): 1133-1138.

李婷, 乔琦, 李剑峰, 等, 2020. 牡丹花粉生活力测定方法及其贮藏研究进展[J]. 贵州农业科学, 48 (9): 123-126.

李燕, 李玲, 李少旋, 等, 2011. 高温对设施甜樱桃花器官发育的影响[J]. 中国农业科学, 44 (10): 2101-2108.

刘晓燕, 向青云, 刘玲玲, 等, 2000. 基本培养基及附加物对蝴蝶兰原球茎增殖效果的影响[J]. 种子, 24 (6): 18-20.

吕复兵, 周芳, 朱根发, 2008. 文心兰杂交结实性研究[J]. 广东农业科学 (7): 52-53.

罗远华, 陈燕, 方能炎, 等, 2023. 文心兰花粉离体萌发培养基的筛选及萌发率的测定[J]. 福建农业学报, 38 (11): 1-9.

罗远华, 黄敏玲, 林兵, 等, 2015. 文心兰花粉活力与杂交结荚性研究[J]. 福建农业学报, 30 (3): 258-263.

罗远华, 黄敏玲, 林兵, 等, 2016. 文心兰杂种胚培养研究[J]. 福建农业学报, 31 (8): 839-843.

罗远华, 黄敏玲, 吴建设, 2012. 文心兰育种研究进展[J]. 江西农业学报, 24 (10): 15-20.

马生健, 覃金芳, 曾富华, 2010. 有机添加物对卡特兰组织培养的影响[J]. 中国农学通报, 26 (1): 32-35.

明凤, 董玉光, 娄玉霞, 等, 2003. 蝴蝶兰不同花色品种遗传多样性的 RAPD 分析[J]. 上海农业学报, 19 (2): 44-47.

钱鑫, 刘芬, 牛晓玲, 等, 2014. 无距虾脊兰花粉离体萌发及储藏条件的研究[J]. 西北植

物学报，34（2）：0341-0348.

秦改花，田芳，汤士勇，2006. 培养基中附加不同有机物对虎头兰原球茎增殖的影响［J］. 植物生理学通讯，42（3）：469.

丘燦瑜，2003. 文心兰'埔里贵妃'之花粉活力及授粉结实之研究［D］. 台北：台湾大学.

邱金春，2002. 文心兰杂交授粉时机及果荚培育［J］. 台湾花卉园艺（176）：44-48.

王利民，2007. 大花蕙兰杂交育种研究［D］. 北京：北京林业大学.

王钦丽，卢龙斗，吴小琴，等，2002. 花粉的保存及其生活力测定[J]. 植物学通报，19（3）：365-373.

夏春英，谢小敏，刘江枫，等，2019. 竹叶兰花粉离体萌发及其贮藏特性[J]. 森林与环境学报，39（5）：454-459.

夏春英，谢小敏，刘江枫，等，2020. 澳洲石斛花粉离体萌发液体培养基研究[J]. 江苏农业科学，48（8）：149-152.

易美秀，2000. 文心兰授粉、结实与无菌播种之研究［D］. 台中：台湾中兴大学.

于金平，王媛媛，张琪，等，2018. 百合不同品种间花粉萌发活力检测分析[J]. 沈阳农业大学学报，49（1）：14-19.

张晓莹，傅巧娟，赵福康，等，2019. 大花蕙兰花粉贮藏与离体萌发研究[J]. 浙江农业学报，31（9）：1502-1508.

郑宝强，王雁，彭镇华，等，2012. 杂种卡特兰花粉萌发和花粉贮藏性研究[J]. 热带亚热带植物学报，20（1）：13-18.

BREWBAKER J L，KWACK B H，1963. The essential role of calcium in pollen germination and pollen tube growth[J]. American Journal of Botany，50（9）：859-865.

CHIOU C Y，PAN H A，CHUANG Y N，et al.，2010. Differential expression of carotenoid-related genes determines diversified carotenoid coloration in floral tissues of *Oncidium* cultivars ［J］. Planta，232（4）：937-948.

CHIOU C Y，YEH K W，2008. Differential expression of MYB gene（*OgMYB*1）determines color patterning in floral tissue of *Oncidium* Gower Ramsey［J］. Plant Mol Biol，66（4）：379-388.

CHUNG-YI CHIOU，KEQIANG WU，KAI-WUN YEH，2008. Characterization and promoter activity of chromoplast specific carotenoid associated gene（*CHRC*）from *Oncidium* Gower Ramsey［J］. Biotechnol Lett，30：1861-1866.

CHEN J，FANG S C，2016. Erratum to: The long pollen tube journey and in vitro pollen germination of Phalaenopsis orchids[J]. Plant Reprod，（29）：179-188.

DEMATTEIS M，DAVINA J R，1999. Chromosome studies on some orchids from South America［J］. Selbyana，20（2）：235-238.

FANG K F，DU B S，ZHANG Q，et al.，2019. Boron deficiency alters cytosolic $Ca^{2+}$ concentration and affects the cell wall components of pollen tubes in Malus domestica[J]. Plant Biology，21（2）：1-9.

HIEBER A D，MUDALIGE-JAYAWICKRAMA R G，KUEHNLE A R，2006. Color genes in the orchid Oncidium Gower Ramsey: identification，expression，and potential genetic instability in an interspecific cross [J]. Planta, 223 (3): 521-531.

LEONARDO P F, MARCELO G, 2000. Cytogenetics and cytotaxonomy of some Brazilian species of Cymbidioid Orchids [J]. Genetics and Molecular Biology, 23 (4): 957-978.

PRASAD P V V, BOOTE K J, ALLEN J, et al., 2005. Species ecotype and cultivar differences in spikelet fertility and harvest index of rice in response to high temperature stress [J]. Field Crops Research, 95: 398-411.

VASIL I K, 1987. Physiolgy and culture of pollen [J]. Int Rev Cytol, 107: 127-174.

XIAO-JING LIU, YAO-NUNG CHUANG, CHUNG-YI CHIOU, et al., 2012. Methylation effect on chalcone synthase gene expression determines anthocyanin pigmentation in floral tissues of two *Oncidium* orchid cultivars [J]. Planta, 236: 401-409.

# 第六章 文心兰诱变育种

诱变育种（mutation breeding）是指人工利用物理因素、化学诱变剂等诱变因素诱导动植物、微生物使其遗传物质特性发生变化，再从后代变异群体中选择可遗传的符合要求的突变体，从而选育成新的突变体种质资源或品种的一种方法（杨震等，2016）。诱变育种是继常规杂交育种和选择育种之后发展起来的一项现代育种技术，近年来发展迅速，在培育新种质、新品种和基因功能研究等方面发挥了重要作用。

自然界中存在的大量遗传差异是物种内变异长期积累的结果，物种自发突变的频率非常低，在千分之一至万分之一，基因发生自发突变的频率则更低，介于十万分之一至百万分之一（徐明和路铁刚，2011）。诱变育种技术的出现，可使突变频率提高千倍以上，经过诱变处理的物种遗传物质 DNA 发生突变或染色体结构变异频率大大提高，从而为科学家提供了创造和筛选突变体的广阔平台，也丰富了物种的遗传变异范畴，为遗传学研究和作物育种家提供了崭新的手段和领域。

观赏植物产业的发展依赖于世界经济的发展和市场需求的刺激，新品种、高品质观赏植物的推出又促进和培育了市场，因此培育新品种在观赏植物产业的发展中占有重要的地位。如何利用现有资源培育出具有国际竞争力的花卉品种是一个非常重要的课题，而诱变育种作为一种有效的变异手段在花卉品种改良与培育中显示了极为重要的作用和十分诱人的前景（骆杰和秦红玫，2016；孙鹏飞，2017）。

## 第一节 文心兰辐射诱变育种

辐射诱变（radiation-induced mutation）又称核诱发突变技术，属于物理因素诱变，是指利用辐射等物理因子处理材料，从而诱发材料发生突变，引发基因的突变或染色体的畸变，进而经筛选、测定、选择，最终从突变体中选育出对科研或生产上有可利用价值新品种的育种过程（杨兆民和张璐，2011）。利用辐射诱变技术进行育种工作是目前育种领域所常用且效率较高的技术，辐射诱变不仅在辐射效应研究中举足轻重，也在新品种选育方面广泛应用。

## 一、辐射诱变育种的特点

常规杂交育种基本上是染色体的重新组合，这种技术一般并不引起染色体发生变异，更难以触及基因。而辐射的作用则不同，它们有的是直接将能量传递给生物分子，引起电离和激发，导致分子结构的改变和生物活性的丧失；有的则是先作用于水，引起水分子的活化和自由基的生成，然后通过自由基再作用于生物分子，造成它们的损伤。这些都会对细胞产生不同程度的伤害，对染色体的数目、结构等都会产生影响，也可作用在染色体核苷酸分子的碱基上，从而使基因发生突变（孙晓莉，2009；董超 等，2018）。

辐射诱变育种通常被认为只作用于个别基因位点，也就是在保持原有品种遗传背景的前提下，使连锁性状分开，改良某些不良性状，特别是在株高、抗性、生育期、品质改良、花色改变等方面，具有很好的效果。辐射育种操作简便，而且引起的变异稳定快，可以大大缩短育种过程，一般经过2～4代即可稳定，在$F_2$代隐性基因纯合时才表现出来，并稳定遗传，有时在$F_3$代即可获得稳定的突变株系，在较短的时间里就可以培育出所需要的新品种，自花授粉作物表现尤为突出。辐射诱变育种技术可使作物本身的染色体产生缺失、重复、易位、倒置等基因突变。这种变异和自然界植物的自然变异一样，只是突变频率有所改变。辐射诱变能提高诱发突变频率，创造出新的性状、类型，丰富种质资源库和拓宽生物遗传多样性，还能诱导产生自然界稀缺或用常规育种方法难以获得的新基因类型，为新品种的选育提供丰富的原始材料（潘宏，2008）。

## 二、辐射诱变的主要因素

为了增强诱变效果，诱变方法逐渐成为重要的研究方向。诱变方法包括外照射和内照射两种。外照射是指将需要材料放入辐射室，采用某一物理因子进行直接辐照的处理方法。内照射则是以放射性元素（如$^{32}P$、$^{35}S$等）为辐射源，采用浸泡、注入等方法作用于材料的处理，其中外照射方法由于具有处理简便、安全、受处理的部位局限小的特点在育种中得到广泛应用（赵林姝和刘录祥，2017）。近年来，不少育种者采用多种诱变因素、多种辐射方法进行综合处理，发挥各自的优势，起到相互补充的作用。随着辐射理论知识研究的深入，诱变手段也在不断完善，为后续育种工作的研究起到事半功倍的效果。

选择辐照材料也是辐射育种的重要环节之一，原始材料的遗传背景对突变性状的表现和诱变效率有重要作用。以育种目标为依据，首先选择具有复杂基因背景的多倍体或高度杂合的材料为基础材料，容易产生变异群体。早期辐射多以种子为材料，近年来，不断将辐射材料范围扩大，植物任何部位的组织、器官，如休眠种子、萌动种子、杂合种子、种胚、花粉、根芽、枝条、接穗、球茎和愈伤组织等多种材料都可进行诱变处理（高建和卢惠萍，2000；胡仲远 等，2019）。不同植物种类及不同器官的照射剂量存在差异，即辐射敏感性不相同，因此，采取适当的辐照剂量尤为重要，使其既能达到较多的变异，又不致于过多地损伤植株（于虹漫和陈宗瑜，2004）。

选择适宜的辐射源对材料进行照射，对提高诱变效率和效果具有显著成效。现代育种技术中，较为常用的辐射源主要有 X 射线、γ 射线、中子、离子束及近年来发展起来的重离子诱变和太空诱变等（肖鑫丽 等，2015；谢俊 等，2019）。X 射线是最早发现对植物具有诱变效应的射线，早期育成的作物突变品种多数是 X 射线诱变处理育成的（Johnson，1926；高智强，2019）。20 世纪 50 年代，γ 射线开始应用于植物辐射诱变育种工作，特别是 $^{60}Co$-γ 射线应用最为广泛，育种成效显著（周亚倩 等，2017；张亚惠 等，2018）。中子不带电荷，通过与物质相互作用产生次级电子使物质电离，研究证实中子对诱发植物突变比 X 射线和 γ 射线等更为有效（Kumawat et al.，2019），但由于设备成本较高且剂量不易控制，在辐射育种研究方面进展缓慢。离子束由于具有高激发性、剂量集中和可控性，近年来已成为植物改良和作物育种的一种新的重要手段（孔滢 等，2013）。空间诱变育种作为植物诱变育种的新途径，包含了空间辐射（电子、质子、粒子、低能重离子和高能重离子等）、微重力、超真空、卫星的加速和振动、飞行舱内的温度和湿变条件及其他未知因素等多种诱变因素，现已越来越受到育种家们的重视（杨明飞 等，2014；张文涛 等，2014）。

## 三、辐射诱变在兰科植物育种中的应用

目前应用辐射诱变技术在兰科植物育种工作研究中已较为广泛，并取得了一定成就。陈华等（2005）于 2001 年选择具有福建地方特色的建兰（*Cymbidium ensifolium*）、报岁兰（*Cymbidium sinense*）、四季兰（*Cymbidium ensifolium* var.）进行 $^{60}Co$-γ 光量子辐射处理，设置了 10 Gy、20 Gy、30 Gy、40 Gy、50 Gy 5 种剂量梯度水平，经辐照处理的兰花生长势随剂量增大辐射效应增强，呈直线上升趋势，除四季兰 20 Gy 处理开 1 支花外，剂量大于 10 Gy 的都不开花；在此基础上，根据适宜的剂量对'小神童''台北小姐''闽西鱼鱿''快车小姐'等品种进行了重复试验，认为兰花辐射诱变的最佳剂量为 10～20 Gy，为今后兰花辐射诱变提供剂量参数。张相锋等（2009）使用 $^{60}Co$-γ 为诱变源，在不同辐射剂量梯度下对蝴蝶兰类原球茎进行处理，发现低剂量对原球茎生长分化无明显影响，而高剂量则抑制原球茎的生长、分化及增殖等，且确定了半致死剂量范围为 50～68 Gy。李婧源（2011）使用不同剂量的 $^{60}Co$-γ 射线对寒兰的根状茎进行了辐射处理的研究，研究表明，随着辐射剂量的增加，根状茎死亡率明显上升、绝对生长速度显著下降，并确定了寒兰的根状茎半致死剂量为 80.3 Gy。马丽娅（2011）研究了 $^{60}Co$-γ 射线对蝴蝶兰的组织培养和遗传性状的影响，表明丛生芽的萌发时间随着辐射剂量的增大稍有延长，植株的生长势较对照材料弱小。任羽等（2013）应用 $^{60}Co$-γ 射线对 3 个石斛（*Dendrobium* Sonia）品种幼苗进行辐照处理，得出石斛小苗半致死剂量在 30～60 Gy，且得出不同剂量对石斛生物学统计性状有显著影响，但品种间存在差异。空间诱变技术把航天技术与生物技术、农业育种技术完美结合起来。研究发现经"神舟三号"飞船搭载的秋石斛，部分植株的开花期提前 3～4 个月；经卫星搭载的蝴蝶兰，部分植株的叶型细长，并产生了波浪状的边缘（李谨 等，2015）。

近年来，国内外在辐射诱变领域尝试新的方法、技术等，并取得了巨大的成就，辐射

诱变技术在农作物尤其兰科植物诱变育种中的应用也取得显著成效，但有关辐射诱变文心兰品种繁育与栽培技术的报道还较少见。

# 第二节　文心兰化学诱变育种

化学诱变育种是借助具有诱变作用的化学物质，人为提高作物突变频率获得突变后代，再对突变后代进行定向筛选，对原有品种进行改良或构建新品种的育种方法（张瑞成 等，2017）。化学诱变育种在植物品种改良上具有独特的作用，诱发突变体具有遗传背景相似，多为单碱基突变的特点，是创造优异种质资源、研究基因功能的理想材料（杨震 等，2016）。

## 一、化学诱变育种的特点

化学诱变（chemical mutation）在育种上的应用相对辐射诱变育种研究较晚，但目前在诱变领域的应用也并不逊色。化学诱变剂引起的突变频率较高，大多情况下，就突变数量而言，化学诱变比辐射诱变更有效。辐射诱变由高能射线辐照生物体，易造成染色体结构的广泛变异；而化学诱变利用化学药剂与遗传物质发生生物化学反应，诱发突变多是基因的点突变，对处理材料引起的生物损伤小，诱发染色体畸变的比率相对较低。化学诱变相对辐射诱变具有诱发位点特异性，不同药剂对不同植物、组织或细胞、染色体节段、基因的诱变等具有明确的专一性。此外，化学诱变剂也比较经济，且用量少、操作方便（周书栋 等，2015；宋冰 等，2017）。

## 二、化学诱变的主要因素

某些特殊的化学药剂能和生物体内的遗传物质发生作用，改变其结构，使后代产生变异，提高生物体的自然突变率，这些具有诱变能力的药剂称为化学诱变剂。化学诱变常用于园艺植物中，利用诱变剂促进植物细胞的变异。对于不同方向的变异应使用不同的诱变剂，常见诱变剂的种类包含烷化剂、亚硝酸、叠氮化钠、秋水仙素等。按其诱变机制则可分为3类：①碱基类似物与叠氮化物，DNA复制时能与DNA结合导致碱基不按照碱基互补配对原则进行配对，导致mRNA转录紊乱，功能蛋白重组，表型改变，如5-溴尿嘧啶（5-BU）、2-氨基嘌呤（2-AP）、叠氮化钠（$NaN_3$）等；②烷化剂与亚硝酸类，直接诱使DNA结构发生变异，如甲基磺酸乙酯（EMS）、亚硝基乙基脲烷（NEU）、亚硝基甲基脲烷（NMU）、硫酸二乙酯（DES）、亚硝酸（$HNO_2$）等；③吖啶类与抗生素，诱发移码突变的诱变剂，影响正常的转录和翻译过程，导致生物体突变的产生，如吖啶橙、溴化乙锭（EB）、二氨基吖啶、平阳霉素（PYM）等。在园艺植物育种中应用较广泛的是EMS、$NaN_3$、PYM、秋水仙素等（徐小万 等，2009；李雪平 等，2019）。

诱变材料的选择是园艺植物诱变育种成败的关键之一。广义上讲，园艺植物的各个部分都可用化学诱变剂进行处理，如种子、花药、花粉、块茎、鳞茎、球茎、愈伤组织等（罗静 等，2005）。但是，不同外植体材料对化学诱变剂的反应敏感程度不同，如缫丝花（*Rosa roxbunghii*）种子诱变的适宜浓度及时间为 0.1% 秋水仙素浸渍 24 h 或 48 h；刺梨茎段诱变的适宜浓度及时间为 0.2% 秋水仙素浸泡 48 h（廖安红，2016）。对植物不同的部位进行诱变可能产生不同的效果，如对花朵进行诱变，可以改变花朵颜色；对茎叶部位进行诱变，可以使茎叶更加粗壮；对植物的根系进行诱变，可以使根系更加发达，吸水能力更强（王涵雅 等，2019）。因此，在育种目标明确的前提下，选择综合性状和适应性好的基础材料，应在原材料优点的基础上，针对某个缺点加以改造，获得较理想的突变体。

诱变育种材料选定后重要的一步就是采取适宜的诱变剂浓度和处理时间。首先可以采用控制变量的方法设置多个对比实验，观察同一植物的同一个部位在不同浓度的诱变剂中产生的诱变效果，通过控制变量的方法选出最符合诱变设想的植物，同时记录对应的诱变剂浓度。其次确定好诱变剂浓度后，需要小规模地对园艺植物进行诱变，观察诱变的稳定性是否符合要求，如诱变具有稳定性，则可以大范围操作，若诱变稳定性不足，则需要重新调整方案进行实验（王涵雅 等，2019）。研究表明，在一定的诱变剂浓度范围内，增加诱变剂浓度可以提高突变频率，但也会增加植物的生理损伤，因此选择诱变剂浓度应遵循既达到较多的变异，又不致过大损伤植株为宜。诱变过程中常常使用对处理材料造成半致死效应的剂量或是设置诱变剂浓度梯度和时间梯度来筛选出最佳组合（蒋姝 等，2012；臧辉 等，2018）。

在进行化学诱变育种时要根据所使用化学诱变剂的特点及诱变材料选择合适的诱导方法，常用化学诱导方法主要有浸渍法、涂抹法、滴液法、套罩法、毛细管法、注射法、喷雾法等（李雪娇 等，2007）。化学诱变剂使用方式的不同，也会对诱变效果产生很大的影响，如把材料直接浸泡于诱变剂中和把诱变剂加入培养基共同培养在效果上有很大差异。研究表明，预浸泡可以推迟 EMS 的吸收，在一定的处理时间内减少 EMS 对植物的伤害（Ke et al.，2019）。

## 三、化学诱变在兰科植物育种中的应用

随着植物细胞工程等生物技术的快速发展，把化学诱变和离体培养技术相结合，具有不受环境条件限制、节省大量人工和时间、扩大变异谱和提高变异率等优点，对遗传变异的诱发、繁殖、改良、选择等技术具有独特的优势和发展潜力。

Griesbach（1981）报道了利用秋水仙素诱导蝴蝶兰获得成功，他用幼小原球茎为材料，在液体培养条件下进行秋水仙素处理，结果获取了 50% 的四倍体。Chen 等（2009）采用切割培养原球茎或类原球茎的方法，有效获得了蝴蝶兰多倍体，为蝴蝶兰多倍体诱导开辟了新的途径。张志胜等（2005）用秋水仙素对墨兰小香和大花蕙兰的杂种 $F_1$ 种子诱导出的原球茎进行诱导，获得了大量的突变材料，植株变异的类型包括植株粗壮、多叶、叶片变宽、变厚、叶色变化等，处理浓度为 0.10%、时间为 48 h 时，植株变异率最高，平均变异率达 9.06%（张志胜 等，2005）。陈超等（2006）用不同浓度的 EMS

和 $NaN_3$ 对蝴蝶兰类原球茎进行化学诱变试验，结果发现 EMS 和 $NaN_3$ 均可使部分类原球茎白化或褐化并逐渐致死，但 EMS 比 $NaN_3$ 的诱变处理效果好，且 0.5% EMS 可作为创造蝴蝶兰类原球茎突变体的参考浓度。李涵等（2018）以杂交兰'黄金小神童'（*Cymbidium* Golden Elf 'Sundust'）根状茎为材料，采用安磺灵和 EMS 为诱导剂进行多倍体材料诱导，以 0.002% 安磺灵处理 48 h，EMS 浓度为 50 mg/L 加入培养基培养，变异效果最佳，变异率为 52%，死亡率仅为 6%。以上研究为兰花离体化学诱变提供了有益的借鉴，也为利用化学诱变剂进行突变体诱变和筛选提供了实践依据。

## 四、化学诱变在文心兰育种中的应用

迄今为止，国内外关于文心兰离体化学诱变的报道还较少。崔广荣等（2009）采用秋水仙素对液体增殖培养中的文心兰类原球茎进行多倍体诱变，获得了大量的文心兰多倍体试管苗，四倍体试管苗植株粗短，健壮，叶片宽厚，叶片下表皮气孔张度较大，下表皮细胞核较大且靠近细胞壁边缘，根尖细胞染色体数加倍。随后，崔广荣等（2010）又利用秋水仙素在文心兰类原球茎薄切片离体高效再生类原球茎过程中诱导多倍体苗获得成功。接着，崔广荣等（2011a）又采用 3 种浓度的 EMS 对离体培养的文心兰类原球茎薄切片进行不同时间的诱变处理研究，发现在 0.8% EMS 处理 4 d 时才接近"半致死量"，EMS 使部分薄切片褐化死亡，再生类原球茎的生长受到抑制，再生苗数量减少；EMS 的伤害作用随诱变剂浓度的提高和处理时间的延长而加重，但对试管苗的生长影响并不大。崔广荣等（2011b）进一步考察了不同浓度的 $NaN_3$、不同时间诱变处理对离体培养的文心兰类原球茎薄切片生长、类原球茎再生及再生苗生长的影响，发现 6 mmol/L $NaN_3$ 处理 2 d 和 12 mmol/L $NaN_3$ 处理 1 d 能使外植体达到"半致死率"，诱变剂对类原球茎薄切片生长产生严重影响，部分薄切片褐化死亡，再生类原球茎生长受到抑制，再生苗数量减少，表现出明显的伤害作用，这种伤害作用随诱变剂浓度的加大和处理时间的延长而加重，$NaN_3$ 抑制再生苗生长，试管苗普遍矮小。此外，通过利用秋水仙素混培法和秋水仙素浸泡法，对文心兰组培苗的类原球茎进行诱导处理，结果表明，秋水仙素浸泡法诱导的文心兰多倍体的诱导率为 26.67%，是秋水仙素混培法的 4 倍，秋水仙素浸泡法诱导得到的幼嫩材料更多，且诱导速度快（赵羿鸾，2013）。

叶秀仙等（2014）在参考已有的兰科植物诱变育种研究工作的基础上，利用已建立的文心兰高效稳定的离体培养再生体系（叶秀仙 等，2009；叶秀仙 等，2013），结合秋水仙素诱变技术，对文心兰丛生芽和原球茎进行诱变试验，并应用分子标记技术检测诱变后代的变异情况，结果发现培养基添加秋水仙素混合培养法是文心兰丛生芽诱变的最佳途径，以添加 500 mg/L 的秋水仙素诱导 10 d 效果最佳，植株变异率高达 26.7%，变异植株类型包括植株粗壮、多叶、叶片变宽、变厚、矮化、叶片线艺等；经 5～6 次继代培养，部分变异株系仍保持稳定遗传性状，其中筛选出的稳定"绿叶金边""金叶绿边"变异株系，RAPD 标记表明其在 DNA 水平上发生了变异，为文心兰育种提供了新的方法和思路。

## 第三节　文心兰诱变育种应用前景

传统的杂交育种由于受种质资源和地域的限制，致使很多研究工作者难以在兰花育种上获得更大的突破，诱变育种技术的发展给人们带来了希望（Ahloowalia et al.，2004）。2016年"十三五"国家重点研发计划中将"主要农作物诱变育种"专门列为一个专题，充分说明植物诱变育种技术在植物种质资源创新和植物新品种培育中的重要作用（杨震 等，2016）。

目前，低能离子注入、激光和空间诱变技术越来越显现出优越性（辛培尧 等，2014；周孟焦 等，2019），但在文心兰中的应用还处于起步阶段，尚有许多的研究试验值得开展。同时，复合诱变增加了突变的概率和效率，其优势也越来越明显（何永云，2016），但有关复合诱变在文心兰育种方面的应用研究报道还相当少见，有待于进一步研究。此外，诱变育种存在的主要问题是有益突变频率仍然较低，变异的方向和性质尚难控制，因而提高诱变效率，迅速鉴定和筛选突变体以及探索定向诱变的途径，如将诱变技术与分子标记辅助选择相结合，借助与诱变基因紧密连锁的分子标记分析基因型，鉴定分离群体中含有目标诱变基因的个体，也是今后研究的重要课题（Yuji et al.，2019）。另外，要充分利用诱变育种技术的创造性特点，创新植物群体改良、诱发突变和高通量抗逆鉴定筛选等育种技术与方法创制新的植物种质资源，创造和选择具有高产、优质、抗病、抗逆等单一和复合优良性状的新资源，实现植物育种材料创制与应用的新突破，培育高产优质多抗植物新品种（黄敏玲 等，2014；Ipsita et al.，2019）。

综上所述，利用诱变技术诱发遗传变异是丰富文心兰种质资源，选育文心兰新品种的重要手段之一。通过诱变育种技术不仅可以创制出新材料、新种质，还有利于打破目标性状与不良基因的紧密连锁。随着相关学科的不断进步和发展，必将推动诱变育种技术的不断发展，诱变育种技术也必将在文心兰品种选育中取得更加显著的成效。

## 参考文献

陈超，王桂兰，乔永旭，等，2006. 蝴蝶兰类圆球茎的化学诱变试验［J］. 核农学报，（2）：99-102.

陈华，林兵，潘宏. 2005. 国兰辐射诱变效应研究初报［J］. 福建农业科技，（4）：24-25.

崔广荣，上官凌飞，张子学，等，2009. 文心兰类原球茎液体增殖过程中秋水仙素化学诱变［J］. 园艺学报，36（9）：1385-1389.

崔广荣，张子学，张从宇，等，2011a. 文心兰EMS离体诱变及再生苗RAPD检测［J］. 热带作物学报，32（2）：261-268.

崔广荣，张子学，张从宇，等，2011b. 文心兰 NaN₃ 离体化学诱变及 RAPD 检测［J］. 广西植物，31（6）：836-843.

崔广荣，张子学，张从宇，等，2010. 文心兰多倍体诱导及其鉴定［J］. 草业学报，19（1）：184-190.

董超，尹静，孔祥强，2018.（60）Co-γ 射线对不同陆地棉品种辐照效应和耐旱突变体筛选［J］. 核农学报，32（9）：1677-1683.

高健，卢惠萍，2000. 花卉辐射诱变育种研究进展（综述）［J］. 安徽农业大学学报（3）：228-230.

高智强，2019. 基于 X 射线辐照处理和 RNA-Seq 的光果甘草三萜代谢途径分子机制研究［D］. 北京：北京中医药大学.

何永云，2016. 现代育种技术在植物品种改良中的应用［J］. 南方农业，10（12）：248-249.

胡仲远，张明方，蓝善荣，等，2019. 软 X 射线辐照花粉通过影响西瓜中激素信号诱导单性结实［J］. 中国瓜菜，32（8）：253-254.

黄敏玲，吴建设，钟海丰，等，2014. 福建省花卉遗传育种学科发展研究报告［J］. 海峡科学，（1）：70-79.

蒋姝，孟金贵，崔光芬，等，2012. 植物离体诱变及在百合育种中的应用［J］. 中国农学通报，28（4）：69-73.

孔滢，白锦荣，尚宏忠，等，2013. 重离子束辐射技术在花卉育种中的应用［J］. 园艺学报，40（9）：1837-1845.

李涵，李慧敏，陆琳，等，2018. 杂交兰'黄金小神童'四倍体诱导技术研究［J］. 西南林业大学学报（自然科学），38（2）：70-75.

李谨，耿金鹏，曹天光，等，2015. 太空诱变育种的研究进展［J］. 北方园艺（14）：189-193.

李婧嫄，2011. $^{60}$Co-γ 射线对寒兰根状茎的辐射诱变效应研究［D］. 南昌：南昌大学.

李雪娇，黄丽萍，余朝秀，等，2007. 化学诱变在花卉育种中的应用［J］. 北方园艺（2）：60-63.

李雪平，金珂，张向军，2019. 化学诱变剂诱变植物的研究进展［J］. 现代农业，（2）：38-39.

廖安红，2016.（60）Co-γ 射线及化学诱变剂对刺梨诱变效应的研究［D］. 贵阳：贵州大学.

罗静，周厚成，王永清，2005. 园艺植物化学诱变与抗性突变体筛选研究进展［J］. 中国农学通报，（8）：302-305.

骆杰，秦红玫，2016. 园林植物离体诱变育种研究进展［J］. 南方农业，10（1）：27-29.

马丽娅.2011. 蝴蝶兰（60）Co-γ 射线辐照植株组织培养及性状遗传的研究［D］. 合肥：安徽农业大学.

潘宏，2008. 兰花辐射诱变与组织培养技术初步研究［D］. 福州：福建农林大学.

任羽，张银东，徐世松，等，2013.（60）Coγ 射线对石斛兰辐照效应的影响［J］. 热带作

物学报，34（9）：1672-1675.

宋冰，付永平，李丹，等，2017. 食药用菌诱变育种研究进展［J］. 微生物学通报，44（9）：2201-2212.

孙鹏飞，2011. 核技术在观赏植物诱变育种上的应用［J］. 科技经济导刊，（5）：138.

王涵雅，郝邢维，翟玉莹，2019. 化学诱变及其在园艺植物育种中的应用探究［J］. 新农业，（5）：25-26.

肖鑫丽，刘京宏，尹德松，等，2015. 辐射在园艺植物诱变育种中的应用研究进展［J］. 贵州农业科学，43（1）：20-23.

谢俊，张余，许婷婷，等，2019. 辐照诱变技术在农作物新品种培育中的应用［J］. 安徽农学通报，25（17）：18-21.

辛培尧，唐军荣，孙正海，等，2014. 离子注入诱变技术在木本植物育种中的应用［J］. 河南农业科学，43（4）：17-20.

徐明，路铁刚，2011. 植物诱变技术的研究进展［J］. 生物技术进展，1（2）：90-97.

徐小万，罗少波，石雪晖，等，2009. 化学诱变及其在园艺育种中的应用［J］. 江西农业学报，21（6）：70-74.

杨明飞，姚红军，吴苏霓，等，2014. 我国航天诱变技术在育种上的应用进展［J］. 北方水稻，44（6）：78-80.

杨兆民，张璐，2011. 辐射诱变技术在农业育种中的应用与探析［J］. 基因组学与应用生物学，30（1）：87-91.

杨震，彭选明，彭伟正，2016. 作物诱变育种研究进展［J］. 激光生物学报，25（4）：302-308.

叶秀仙，黄敏玲，樊荣辉，等，2014. 秋水仙素对文心兰离体诱变的影响［J］. 福建农业学报，29（11）：1083-1087.

叶秀仙，黄敏玲，罗远华，等，2013. 应用正交设计优化文心兰丛生芽增殖培养体系［J］. 福建农业学报，28（9）：897-901.

叶秀仙，黄敏玲，吴建设，等，2009. 文心兰茎尖诱导丛生芽高频率植株再生［J］. 福建农业学报，24（2）：126-131.

于虹漫，陈宗瑜，2004. 花卉的辐射敏感性［J］. 内蒙古农业科技，（1）：34-36.

臧辉，任卫波，2018.EMS诱变在植物育种中的研究与应用［J］. 分子植物育种，16（17）：5782-5788.

张瑞成，李魏，潘素君，等，2017. 化学诱变在种质资源改良上的应用［J］. 分子植物育种，15（12）：5189-5196.

张文涛，杜久元，白斌，2014. 作物空间诱变及其在遗传育种中的应用［J］. 种子，33（4）：48-52.

张相锋，任艳丽，尚天翠，等，2009.（60）Co-γ射线辐照对蝴蝶兰原球茎生长的影响［J］. 北方园艺（3）：177-180.

张亚惠，周历萍，王淑珍，等，2018.（60）Co-γ射线辐射草莓红颊诱变选育新品系的研究［J］. 核农学报，32（8）：1457-1465.

张志胜，谢利，萧爱兴，等，2005.秋水仙素处理兰花原球茎对其生长和诱变效应的影响［J］.核农学报（1）：19-23.

赵林姝，刘录祥，2017.农作物辐射诱变育种研究进展［J］.激光生物学报，26（6）：481-489.

赵羿鸾，2013.秋水仙素诱导文心兰多倍体的初步研究［D］.海口：海南大学.

周孟焦，史芳芳，康明，等，2019.航天育种技术对药用植物影响的研究进展［J］.中国中医药现代远程教育，17（20）：129-131.

周书栋，杨博智，欧立军，等，2015.诱变技术及其在辣椒育种中的研究进展［J］.湖南农业科学，（5）：138-141.

周亚倩，姚娜，魏莉，等，2017.$^{60}$Co-γ射线对树兰蒴果辐照生物学效应研究［J］.核农学报，31（9）：1693-1699.

AHLOOWALIA B S, MALUSZYNSKI M, NICHTERLEIN K, 2004.Global impact of mutation-derived varieties［J］.Euphytica, 135（2）：187-204.

CHEN W H, TANG C Y, KAO Y L, 2009. Ploidy doubling by *in vitro* culture of excised protocorms or protocorm-like bodies in *Phalaenopsis* species［J］. Plant Cell Tissue and Organ culture, 98：229-238.

GRIESBACH R J, 1981.Colchicine-induced polyploidy in *Phalaenopsis* orchids［J］.Plant Cell Tissue and Organ culture,（1）：103-107.

IPSITA D, PRANAB H, MRINALINI L, et al, 2019.Characterization of induced mutants and their hybrids of tomato (*Solanum lycopersicum* L.) for growth, yield and fruit quality traits to explore the feasibility in future breeding［J］.Genetic Resources and Crop Evolution, 66（7）：1421-1441.

JOHNSON E L, 1926.Effects of X-rays upon growth. Development, and oxidizing enzymes of Helianthus annuus［J］.Botanical Gazette, 4（82）：373-402.

KE C J, GUAN W X, BU S H, et al, 2019.Determination of absorption dose in chemical mutagenesis in plants［J］.PloS one, 14（1）：e0210596.

KUMAWAT S, RANA N, BANSAL R, et al, 2019.Expanding Avenue of Fast Neutron Mediated Mutagenesis for Crop Improvement［J］.Plants, 8（6）：164.

YUJI S, MUNEO S, MAMI O, et al, 2019.Metabolome-based discrimination of chrysanthemum cultivars for the efficient generation of flower color variations in mutation breeding［J］.Metabolomics, 15（9）：118.

# 第七章　文心兰切花栽培技术

自20世纪80年代由泰国引入文心兰以来，'南茜'一直是我国文心兰切花栽培的主栽品种。目前文心兰切花品种仍以黄色花系为主，主要是'南茜'及其衍生品种（系）为主，如'柠檬绿''香吉士''金辉''火山皇后''哈玛娜''黄金1号''眉溪1号''眉溪2号'等，其形状特征差异较小。我国台湾育种家从'南茜'中选育出的'香吉士''白玉'等品种，分别为橙色唇瓣变种和白色唇瓣变种，在一定程度上满足了市场对文心兰新花色的需求。'柠檬绿'是'南茜'的全黄变种，由日本选育，'柠檬绿'在白炽灯下呈现艳丽的绿色，不仅耐贮运，且瓶插寿命更长，切花价格更高，目前已成为主栽品种之一，发展极其迅猛。近年来，我国大陆地区也加强了文心兰切花切花新品种的选育，如从'南茜'无性系群体中选育出的'博大1号''金辉'等品种，在切花产量与品质方面表现突出，已逐渐取代了'南茜'的主栽地位。

## 第一节　文心兰切花品种生长习性

### 一、温度

温度是影响文心兰植株生长、花期和开花品质的关键因素。文心兰切花品种属具假鳞茎薄叶种，喜温暖湿润的环境，怕闷热忌严寒。切花品种'金辉'具有极强的温度适应性，在 $5 \sim 35\ ℃$ 皆可生长，但温度长时间低于 $5\ ℃$ 时，植株变浅黄色，生长发育极为缓慢；当温度低至 $0\ ℃$ 时，2 d即可出现寒害；当温度低于 $0\ ℃$ 时，12 h则出现冻害，叶片、假鳞茎坏死，极易导致植株死亡（罗远华 等，2017a）；而持续（42 d）的高温胁迫（黑暗 $28\ ℃$ 10 h→光照 $32\ ℃$ 2 h→光照 $36\ ℃$ 3 h→光照 $40\ ℃$ 4 h→光照 $36\ ℃$ 3 h→光照 $32\ ℃$ 2 h，以此循环）处理植株虽无死亡，但假鳞茎明显失水皱缩，叶尖出现焦枯，叶色由浓绿色变为黄绿色，部分鞘叶变黄甚至坏死，新芽基部极少能膨大发育形成假鳞茎（罗远华 等，2017b），昼/夜温度为

28 ℃/20 ℃利于假鳞茎及其子代侧芽的萌发与生长（罗远华等，2018）。

研究表明，在 15～30 ℃的范围内，提高温度可以促进'南茜'小苗的营养生长，缩短生育期；成株在温度高于 30 ℃时，虽能增加花梗长度、提高分枝性，但抽花率低，花序凌乱、小花数减少、切花品质差，且植株出现花梗芽发育异常等现象；同时植株生长细弱，叶片常出现与叶脉垂直的皱缩，气生根生长受到抑制，假鳞茎无法进一步充实膨大，植株生长缓慢甚至停滞。适宜'南茜'花芽分化的昼温为 22～28 ℃，夜温为 16～22 ℃。在开花时，夜温决定了小花的数目，昼夜温差影响花茎长度。夜温如果高于 22 ℃，则花枝长度发育受阻，小花总数则减少。因此，夜温是保证文心兰开花质量的重要因子（蔡佩芬，2000）。

## 二、光照

文心兰切花品种喜充足的阳光，但应避免阳光直射，故需要进行遮光栽培。文心兰光合作用速率在不同生育阶段及不同部位的叶片表现不同，在低光照下文心兰植株贮藏的碳水化合物含量不足，花芽形成受影响而增加营养芽萌发的机会，光照过强又容易造成日灼现象，影响光合作用能力（陈筱薇，2007）。

文心兰'金辉'品种幼苗期一般在光照强度为 8 000～15 000 lx 下生长较佳，光照强度过低时植株纤细、营养生长期延长、花期延迟；适应苗中期的光照强度为 15 000～25 000 lx。成株花期时对光强要求较高，一般在 25 000～30 000 lx；较高的光照强度，能提高光合效率，可缩短营养生长期，且累积较多光合产物，促进气生根和假鳞茎的生长（罗远华等，2015）。

## 三、相对湿度

文心兰切花品种在不同的生育期，对环境湿度的要求不同。苗期要求湿度较高，一般控制在 80%～90%；中期可适当降低，为 70%～80%；开花期适当降低湿度有利于提高开花率及开花品质，一般控制在 60%～70%。高温、高湿的天气条件对文心兰生长不利，极易诱发细菌性软腐病、白绢病、炭疽病及叶斑病，造成烂根、烂茎、烂叶，新芽受害尤其明显，严重的会造成植株死亡。

# 第二节　文心兰切花品种栽培设施

文心兰切花生产必须依靠栽培设施，提供植株生长适合的环境条件。栽培设施一方面可以抵抗如暴雨、强风和烈日等不良气候因素，使文心兰免受这些不利气候因素的伤害；另一方面利用设施结构配合各种调控设备，积极调节设施内部温度、相对湿度、光照强度和通风量等，可促进文心兰切花栽培优质、高效生产。

## 一、场地的选择

文心兰切花栽培场所的选址与其种植成败关系密切。南方低海拔地区夏季多雨、高湿，频繁的降雨易滋生蜗牛、蛞蝓、软腐病和白绢病等病虫害，增加管理成本。同时低海拔地区夏季高温常超过35℃，虽通过遮光可达到降温的目的，但过度遮光也影响文心兰的生长及开花质量。400～600 m中海拔地区大多气候凉爽、昼夜温差大、病虫害少，可以在很大程度上节约管理成本、改善开花品质、提高产量。因此理想的场地条件是无强烈台风袭扰、地形开阔、通风良好、空气质量好、水源清洁充足、交通便利、有电源供应的中海拔地区。

## 二、普通荫棚及配套设施

普通荫棚主要以水泥柱或热镀锌钢管为其支撑，上面固定覆盖遮光率为60%～75%的遮光网，并以钢线作为全网的支架，固定于水泥柱或热镀锌钢管上。遮光网架设的高度一般为2.8～3.5 m，高度过高则易受风害，易倒塌；高度过低则空气流通性差，且棚顶较高的温度易灼伤植株或花序。地面需平整、排水畅通、用地膜覆盖，可以避免杂草生长、减少病虫为害。

文心兰根系发达，要求通气、无积水，种植都要有苗床。普通荫棚内一般采用坚固耐用的苗床。苗床支撑一般用水泥砖、水泥柱或钢架等坚固耐用的材料，高0.5～0.6 m，架设镀锌管承重，面上铺设较粗的铁丝网，架宽1.3～1.5 m。普通荫棚采用的喷灌系统有立柱式喷灌系统和悬挂式喷灌系统两种。立柱式喷灌系统成本低廉、架设方便、维护简单、使用寿命长，但降温效果不如悬挂式喷灌系统。荫棚内根据栽培面积及地形，还应建造一定数量肥药池，肥药池配制各种液肥和农药，容量及数量可根据栽培面积及管道输送长度来设计。配备电机及压力泵，一边通过管道与肥药池连接，一边与喷洒软管连接。

普通荫棚主要依靠自然通风进行降温调控，优点在于建设成本低、环境较通透。但其缺点也十分突出：①露天栽培，无挡雨设施，易受暴雨、梅雨、台风雨的影响，无法控制栽培所需的水量，高温天气水分过多时极易烂苗，且花朵易生黑斑，降低切花品质；②遮光网固定覆盖，光照不能调节，光照强度仅能随季节的变化而变化；③无保温设施，冬季如发生霜冻，冷、冻害极易发生。因此，冬季无霜冻、雨季时间较短、台风危害较轻的地区可选择使用普通荫棚用于文心兰切花栽培。

## 三、薄膜大棚及配套设施

薄膜大棚采用热镀锌钢管构架，圆拱顶，设顶开窗，跨度6～12 m，檐高≥2.8 m，可单栋或连栋，覆盖长效农用无色薄膜。大棚顶上及东、西两侧设外遮光设施，覆盖遮光率为50%～60%遮光网，外遮光设施可控制遮光网伸缩。四周加装防虫网，内装风机水帘。

薄膜大棚一般使用的苗床分为固定苗床和移动苗床两种：①固定苗床主要采用金属构件，苗床离地高0.5～0.6 m，架宽1.5～1.7 m，可根据场地设计架长，架间距

0.6～0.8 m，利于操作和通风（图7-1）；②移动苗床设计成可在苗床支架上左右滑动，在棚内的每个小区（以棚室支柱为界）仅需留一条通道，把种植床左右滑动，就可在每两个种植床之间露出相当于通道宽度的间隔，苗床有效利用面积可以提高到整个大棚的80%，显著提高了薄膜温室大棚的利用率，但建造成本较高。

图7-1　薄膜大棚（固定苗床）

为了方便操作，节约空间，薄膜大棚常采用悬挂式喷灌系统。使用增压水泵将水压升高，通过较小的喷头喷出，以达到雾化效果，可实现水肥一体化。悬挂式喷灌系统对水质要求较高，需在进水源头安装过滤网，以防止喷头堵塞。该系统虽成本较高，但节水、喷灌效果好，能满足薄膜大棚的生产要求。喷药时使用喷药机，不仅能减少农药使用量，而且防治效果更好。

薄膜大棚主要优点在于：①可控制文心兰生产的喷灌水量及施肥、施药量，不受天气因素的影响，能大幅提高施肥、施药效率，同时通过适当的水分控制，可显著提升文心兰植株的生长速度及开花品质；②可避免雨季、台风以及寒流等恶劣天气带来的影响。但其缺点在于通风性差，热累积较严重，且设施建造成本及运行成本均较高。

## 第三节　文心兰栽培管理技术

### 一、种苗选择

选用优质种苗是文心兰切花生产的前提。文心兰切花栽培可选用组培苗和分株苗这两种无性繁殖的种苗，规模化生产栽培一般选择组培苗作为种苗。

**1. 组培苗**

宜选择无病虫害、无病毒、叶色浓绿、根系发达，至少具 1 个饱满假鳞茎带 1 个展叶新芽的组培移栽苗作为种苗。组培苗具有植株整齐、无病毒等特点，成熟植株进入花期后不易衰退，切花产量和品质较高。但组培移栽苗一般种植 18 个月后才进入初花期，且苗期时病虫害抵抗能力较弱，开花前营养生长期养护成本较高。

**2. 分株苗**

宜选用初次分株的种苗，每株带 2～3 个成熟饱满的假鳞茎和 1～2 个新芽。分株苗要求健壮、无病毒。分株苗易受分株大小的影响，开花期不一致，一般在当年或来年可开花，但进入花期后植株易衰退，产量和品质随植株衰退而下降。

## 二、栽培基质

文心兰为附生兰，具发达的气生根。栽培基质的组成在很大程度上影响其根部水、气的平衡。栽培基质要求既能保持一定的湿度和养分，又能及时排出多余的水分。目前大多采用混合基质，通过不同类型、规格的基质以适当的比例搭配，来满足文心兰生长的需求。其中主要起排水作用的基质有松树皮、木炭及各种不同质地的碎石；具吸水和保肥功能的基质主要有椰壳等。

一定比例的木炭对文心兰的生长是有利的，但木炭成本较高，这也为文心兰的大面积种植推广增加了成本。椰壳易腐烂酸化，在生长周期较长的切花栽培中应适当减少使用比例。松树皮适于文心兰的栽培，且不易腐烂，但需要浸泡除脂。基质的选择一般要根据文心兰生长阶段和栽培目的而定。一般松树皮、椰壳、竹炭的直径为 1.0～2.5 cm，小石子直径为 0.5～1.5 cm。幼苗期宜选用颗粒规格较小、吸水基质比例较高的配比。成株及开花株的栽培基质则需要注意排水基质比例的增加。栽培基质过湿，如遇上通风不良、高湿闷热，容易造成病害的发生，且不易控制。在不同的栽培区域，根据基质获取难易程度以及对基质成本的控制，使用松树皮∶椰壳∶竹炭∶小石子 =4∶4∶1∶1（体积比），或松树皮∶椰壳∶小石子 =6∶3∶1，或松树皮∶小石子 =4∶1 的混合基质均有较好的效果。

## 三、种苗上盆

在春季 2～4 月上盆最佳，此阶段气温较低，上盆时造成的机械损伤不易诱发病害的发生，种植后气温回升但不炎热，利于植株迅速恢复生长。选用软质黑色耐老化育苗杯作为栽培容器，一般选用规格为（18～20）cm（口径）×（16～18）cm（高度）的育苗杯，种植组培苗时可选择相对较小的育苗杯（如 18 cm×16 cm），种植分株苗时可选较大的育苗杯（如 20 cm×18 cm）。种植时将种苗根部置于底部加有少量基质的育苗杯正中，用栽培基质填塞，注意栽培基质不能过满，应低于杯沿约 1 cm 为佳。如组培苗选用的育苗杯过大会适当推迟始花期，但后期由于有足够的生长空间，能提高切花质量，推迟换盆时间。

## 四、环境控制

### 1. 温度

文心兰切花品种喜温暖湿润环境，忌闷热怕霜冻。最适宜花芽分化的昼/夜温度为 22～28 ℃/16～22 ℃，低于 0 ℃时极易发生冻害。夏季薄膜大棚内须逐步开启风机、水帘，室内温度应控制在 30 ℃以内为佳，并加强棚内通风。越冬棚内最低温度应高于 4 ℃，如遇霜冻天气，棚内温度短期内必须控制在 2 ℃以上。

### 2. 光照

文心兰喜阳光忌直晒，不同生长发育阶段所需光照强度不同，尤其在花芽抽生后须阳光充足，否则影响开花品质。整个栽培过程中必须关注天气的变化，薄膜大棚可通过外遮阳系统和来调节光照强度，晴天阳光充足时外遮光网全覆盖，阴雨天无阳光直射时可收拢外遮光网；以此满足不同时期植株对光照的需求。

### 3. 湿度

通风良好，空气相对湿度控制在 60%～90%。苗期湿度可略高，花期可略低。湿度一般喷雾结合浇水和施肥来控制。夏季薄膜大棚内温度较高时，应及时降低室内湿度，否则高温高湿环境易诱发多种病害，可通过开窗通风、风机换气、内循环风机等途径来调控棚内相对湿度。

## 五、水肥管理

水肥管理主要分为苗期和花期两个阶段，下面分别进行阐述。

### （一）苗期的水肥管理

#### 1. 浇水方法

晴天浇水，连续阴天需根据栽培基质干湿程度及棚内湿度酌情浇水，连续雨天不浇水；最好早上浇水，夏季的中午不宜浇水，每次浇水必须浇透。营养杯内基质面向下 2/3 的部分干燥时要及时浇水。当棚内气温低于 12 ℃时要停止浇水，其间根据营养杯内基质的干湿程度酌情浇水。

#### 2. 施肥方法

文心兰以叶面施肥为主，施缓释肥为辅。叶面肥雾化程度要高，喷洒要均匀，以均匀布满叶片但不明显滴水为宜。连续雨天不施肥，连续阴天需根据栽培基质干湿程度及棚内湿度酌情施肥；施肥后植株新芽不宜带水过夜。

苗期以营养生长为主，因此应多施氮肥。每 3～4 d 喷施叶面肥 1 次，先喷施800～1 000倍N∶P∶K=30∶10∶10复合肥1次，然后喷施800～1 000倍N∶P∶K=20∶20∶20复合肥2次，加施N∶P∶K=10∶30∶20复合肥1次，以此循环。冬季气温较低时可5～6 d喷施1次，当棚内气温低于12 ℃要停止喷施叶面肥。此外，为保证小苗快速生长所需的养分，每个营养杯可辅助施用N∶P∶K=14∶14∶14缓释肥1～2 g，根据缓释肥的肥效时间，定期补施。

### （二）花期的水肥管理

5 cm杯组培移栽苗经过12～18个月的营养生长，当株高达30～45 cm、具3～4个较饱满假鳞茎、叶色呈青绿色且富有光泽时，即将进入花期。

#### 1. 浇水方法

开花苗以生殖生长为主，所以花芽分化初期可适当控水以促进其分化。3—4月及8—9月为花芽分化期，每3～4 d浇1次水；5—7月及10—11月每2～3 d浇1次水；12月至翌年2月每5～6 d浇1次水，当雨天及日气温低于8 ℃时不宜浇水；其间根据营养杯内基质的干湿程度酌情增减浇水次数。

#### 2. 施肥方法

4—11月时，每3～4 d喷施叶面肥1次，12月至翌年3月时，每周喷施叶面肥1次。先喷施800倍N∶P∶K=20∶20∶20复合肥2次，然后喷施800倍N∶P∶K=10∶30∶20复合肥1次，在3—4月及8—9月花芽分化期间，可加施800倍N∶P∶K=10∶20∶30复合肥1次，以此循环。当日气温低于8 ℃时要停止施肥。此阶段植株以生殖生长为主，为保证开花质量，每个营养杯辅助施用高P、K缓释肥2～3 g，根据缓释肥的肥效时间，定期补施。

## 六、分株与换盆

文心兰进入花期经过3～4年的切花生产后，营养杯已无足够空间容纳植株新长出的假鳞茎时，需要及时分株。分株一般选择秋、冬季切花采收后进行。先将植株从育苗杯中小心取出，遵循假鳞茎的自然走向，用消过毒的剪刀按2～3个假鳞茎带1～2个新芽为1株剪开，同时剪去干瘪、皱缩的老假鳞茎及发黑、空心、腐烂的老根，清除已腐烂的基质（图7-2），将修剪好的植株浸泡在1 000倍多菌灵或百菌清水溶液中消毒3～5 min，取出置于栽培架上晾干表面水分后种植。剪刀每修剪1株后要进行消毒处理。

开花苗植株较大，根系更发达，分株后宜种植于20 cm×18 cm的育苗杯中；栽培基质可更粗，一般松树皮、椰壳的直径可用2.0～2.5 cm，小石子直径则为1.0～1.5 cm。此阶段要适当保持干燥，酌情喷施薄肥，待有新根、新芽长后按正常管理。

图 7-2　文心兰分株换盆过程

## 七、切花采收与贮运

### 1. 切花采收

花序主枝的未开花苞有 3～4 个时，瓶插观赏价值较高，可采收切花。文心兰切花无法实行机械化，必须人工采收。采收人员随身携带一个内盛杀菌药液的小容器，切刀可置于此容器内消毒，每人至少应配置 2～3 把锋利切刀或剪刀轮换使用。采收时，一手捏住花序梗的基部，一手在距离花梗基部 2～3 cm 处切断，以 20～40 支为 1 束，用报纸简单包住花朵部分后置于有清水的桶内，避免互相缠绕。

### 2. 分级

文心兰切花主要分为 A（4L）、B（3L）、C（2L）3 级。

A（4L）：花序长＞55 cm、花序梗长＞35 cm，分枝数≥7；

B（3L）：花序长＞45 cm、花序梗长＞35 cm，分枝数5～6；

C（2L）：花序长＞40 cm、花序梗长＞30 cm，分枝数3～4。

在切花包装区里，可设有一个分级平台，在平台的面板上刻有不同等级的标线，操作人员只要拿起花枝在面板上比较一下，就可以将花枝分出等级，能大大提高工作效率。

### 3. 包装

将分级好的切花以10支为1束，进行包扎。以不同颜色胶带捆扎花束的基部来区分等级，一般红色胶带代表A（4L）级，蓝色胶带代表B（3L）级，黄色胶带代表C（2L）级。包扎后重切花序梗基部，插入保鲜管（如5 cm长，容量8 mL），套上袖袋。包装时交叉摆放，以每10束为1小盒，每10盒或20盒为1箱进行包装。包装箱上应有适当数量及尺寸适中的通气孔，以确保封箱送入预冷库后，箱内温度与气压能迅速降低，减缓切花的老化及病菌的滋生。

### 4. 贮藏

通常封箱后尽快放入10～15 ℃冷藏库预冷3～4 h，然后置入11 ℃冷库中可短期贮藏7～10 d。

## 第四节　文心兰主要病虫害防治

### 一、主要病害及其防治

#### 1. 疫病

疫病由恶疫霉（*Phytophthora cactorum*）和棕榈疫霉（*Phytophthora palmivora*）引起。当高温高湿和通风不良，叶鞘中长时间有积水时易发病，特别是夏季6～8月及台风暴雨过后，常暴发流行。初期出现小的褐色湿斑点，然后逐渐扩展，后期变为黑褐色或黑色，在挤压时会渗出水分，主要感染根部与叶基。传染途径由孢子通过空气流动和浇水时飞溅的水珠传播、扩散。

以预防为主，减少植株机械性损伤，加强通风透气，避免基质过度潮湿。发病初期可用58%甲霜灵·代森锰锌可湿性粉剂或75%百菌清可湿性粉剂600倍液等喷洒。

#### 2. 炭疽病

炭疽病主要由胶孢炭疽菌（*Colletotrichum gloeosporioides*）引起。病菌以菌丝体在病残组织上越冬。病菌最适宜生长的温度为22～28 ℃，空气相对湿度95%以上。当高温高湿和通风不良时易发病。分生孢子靠风雨、浇水等传播，主要通过伤口等侵染，主要为害叶尖和叶缘，初期为小褐斑，逐渐向下和向内扩展，形成大面积轮纹状枯死。

发现病叶时及时剪除，集中烧毁病叶。发病初期可用65%代森锌可湿性粉剂1 000倍液喷洒预防；发病时可用70%多菌灵·福美双可湿性粉剂1 500倍液，或用80%福美双可湿性粉剂 800 倍液等喷洒，7～10 d 喷洒 1 次，共 2～3 次。

### 3. 软腐病

软腐病由软腐欧氏杆菌（*Erwinia carotovora*）引起。夏秋高温高湿季节、连续阴雨且通风不良或台风暴雨侵袭后，极易发生和流行。另外水肥管理不当、盆土太湿或施氮过多也易发此病。主要为害新芽、嫩叶及假鳞茎，染病时出现水渍状褐色至黑色病斑，有臭味。假鳞茎感病时，也会出现水渍状褐色至黑色病斑，最终使假鳞茎变软、皱缩、迅速腐烂（图 7-3）。该病从发病到植株死亡，往往仅几天时间，防治困难，为害极大。

主要以预防为主，保持通风，降低基质的湿度；及时处理病株及发病组织，进行扩创、消毒，于湿润偏干的基质中隔离养护，并保持干爽。可用 72% 农用链霉素可溶性粉剂 1000 倍液喷洒预防。

图 7-3　文心兰软腐病

### 4. 叶枯病

叶枯病由拟盘多毛孢属菌（*Pestalotiopsis* spp.）引起。在高温、冷害、营养失调时易诱发该病发生。主要发生在叶尖附近或叶片前端，产生黑色小斑点，斑点扩大成为不规则病斑，严重时可蔓延到整个叶片，最后枯死脱落（图 7-4）。

及时修剪病叶、病株，如受害严重则整株去除。可用 75% 百菌清可湿性粉剂 600 倍液或代森锰锌可湿性粉剂 1 000 倍液喷洒，7～10 d 喷洒 1 次，连续 3 次。

### 5. 叶斑病

叶斑病病原菌为兰叶点霉菌（*Phyllostictina cymbidium*）。过度密植、通风不良、湿度过大时易发生病害。主要为害叶片，发病初期产生稍凹陷的黄褐色斑，随病斑扩大凹陷加深，凹陷部深褐色或棕褐色，边缘黄红色至紫黑色。

图 7-4　文心兰叶枯病

加强通风，及时剪除病叶；可用 50% 多菌灵可湿性粉剂或 75% 百菌清可湿性粉剂或 70% 甲基硫菌灵可湿性粉剂 800 倍液等喷洒。

### 6. 白绢病

白绢病病原菌为齐整小核菌（*Sclerotium rolfsii*）。菌核无休眠期，对不良环境有很强的抵抗力。条件适宜时菌丝生长迅速，受侵入 1 周左右即可发病，造成根腐或叶片软腐，最初呈水渍状，后期在茎基部或介质中出现白色放射状菌丝，渐渐转为米黄色，产生红褐色油菜子籽般的菌核,球形或椭圆形,平滑而有光泽。酸性条件利于病害发生,在高温高湿季节发病严重,基质酸化、积水或通风透光不良时病害发生加剧。

加强棚内通风透气,保证光线充足,避免基质过度潮湿,发病时要严格控水,并隔离病株;换盆时尽量减少根系、叶片等机械损伤,栽培基质、伤口要进行消毒;可用 0.1%～0.2% 硫酸铜溶液或 40% 甲霜铜可湿性粉剂 700 倍液喷洒。

### 7. 根腐病

根腐病病原菌为由立枯丝核菌（*Rhizoctonia solani*）,是毁灭性病害之一。在植株的任何生育期都易感染,其侵染途径一般是由病苗的菌丝、菌核侵染幼苗的根和茎,引起根系腐烂,叶片生长不良,叶色褪绿、发黄,如不加以控制,腐烂可入侵假鳞茎,最终导致整株死亡。

加强通风透气,光线充足,发病时要严格控水,发现病株时,立即去除有病的组织,同时多切去未受感染的组织,如受害严重的则整株去除。发病时可用苯菌灵可湿性粉剂或 50% 敌磺钠可湿性粉剂 500 倍液灌根浇施。

### 8. 灰霉病

灰霉病病原菌为灰霉菌（*Botrytis cinerea*）,发生于低温高湿季节。以病菌的菌丝或分生孢子或菌核附着在病残体上或遗留在土壤中越冬。越冬的分生孢子、菌丝、菌核成为次年的侵染源。病菌靠气流、溅水及农事操作等传播蔓延。主要为害花朵,初期产生针尖大小的水浸状病斑,以后扩大并转成黑褐色圆形病斑,同一花瓣可同时产生数十个病斑,严重时花朵提前凋谢,其上覆盖的一层灰褐色粉末状物是病原菌的分生孢子,花苞被为害时则无法开放而提前脱落。

加强棚内通风透气,清除文心兰园内外杂草,及时处理感染病株。开花前喷施药剂预防,可用 28% 灰霉克可湿性粉剂 600 倍液或 40% 嘧霉胺可湿性粉剂 800 倍液等喷洒。

### 9. 病毒病

病毒病主要由建兰花叶病毒（CymMV）和齿兰环斑病毒（ORSV）引起,是世界上发生最普遍的兰花病毒。其传染途径往往是通过工具、分株和刺吸式昆虫接触传染。被 CymMV 感染大多表现出花叶、云状黄化斑、叶尖叶缘黄化、黄化斑并伴随着出现坏死及皱褶畸形生长。感染 ORSV 后一般都表现出花叶。

应栽培无病毒种苗,降低种植密度,尽可能避免植株叶片间的相互重叠和摩擦损伤。对器具和植物材料进行严格消毒,定期清理兰园,清除烧毁枯枝落叶、老叶病叶,搞好园区的环境卫生,喷洒杀菌剂进行植株和土壤杀菌消毒,以减少传播源。园内一旦发现感病株,应立即隔离,或是人为毁灭,杜绝病原。

## 二、主要虫害及其防治

### 1. 蛞蝓、蜗牛

蛞蝓、蜗牛喜温湿环境、畏光,白天藏匿于水沟、杂草、花架下的泥土及栽培基质等阴暗潮湿处,夜出活动取食和繁殖,主要为害植株嫩叶和刚抽生的花芽,造成不规则伤痕或空洞，尤其对幼嫩花梗为害较大（图7-5），预防不当极易导致切花减产。

在春秋季高发期时基质不可过于潮湿。可向营养杯、栽培床地面、沟渠等撒施6%聚醛·甲萘威颗粒剂，或用80%四聚乙醛可湿性粉剂1 000倍液喷洒植株，7～10 d喷洒1次，连续2次，防治效果较好。

图7-5　蛞蝓为害文心兰嫩叶（左）和花梗（右）

### 2. 斜纹夜蛾

斜纹夜蛾初孵幼虫聚集在卵块附近，取食下表皮与叶肉，留下叶脉与上表皮，末期吐丝下垂，随风扩散，啃食植株幼嫩组织，食量大，破坏性强（图7-6）。

发现幼虫或有啃食痕迹时，可用20%辛硫磷乳油或4.5%高效氯氰菊酯乳油1 500倍液等喷洒，共2～3次，防治效果较好。

### 3. 红蜘蛛等螨虫

红蜘蛛等螨虫一般在干燥的环境和高温天最容易发生，潜伏于植株叶背，用口针刺入叶片，吸取养分和破坏叶绿素。起初引起叶片失绿，产生黄色或白色小点，并逐渐扩大形成暗灰色坏死斑块，严重时叶片呈黄绿色，并逐渐枯死脱落，叶片上有不规则的蛛丝。

图7-6　斜纹夜蛾啃食文心兰嫩叶

可用15%哒螨灵乳油或25%甲氰·辛硫酸乳油2 000倍液等喷洒叶面和叶背。

### 4. 蚜虫

蚜虫主要为害花蕾、嫩叶、新芽等幼嫩器官，以刺吸式口器取食汁液，使幼嫩组织生长发育缓慢或停止，植株长势较弱。虫体分泌的大量蜜露，极易引发霉菌，使光合作用受

# 第七章 文心兰切花栽培技术

阻；而且极易传播病毒病，为害兰株。

用浅黄色或柠檬黄色诱虫板诱杀；可用3%啶虫脒乳油1 500倍液或10%吡虫啉可湿性粉剂2 000倍液或50%杀螟松乳油1 000倍液等喷洒。

### 5. 介壳虫

介壳虫在通气不良、光照不足时比较容易发生。主要寄生在文心兰的叶片、叶鞘、假鳞茎上，以刺吸式的口器吸取文心兰的营养，对文心兰的生长有很不良的影响（图7-7）。

加强棚内管理，保持通风透气、阳光充足；可用2.5%高效氯氟氰菊酯乳油1 000倍液均匀喷洒叶背、叶面及假鳞茎，7～10 d喷洒1次，连续3次。

图7-7 介壳虫为害文心兰叶片

综上，防治文心兰病虫害要采取预防为主，防治结合的策略。通过改善光照、温度、湿度等栽培条件促使植株生长健壮，提高植株抵抗病虫害能力；及时清除兰棚内及周边杂草，保持沟渠畅通，不长时间积水，降低病虫害传播机会；发现病株时，应立即去除有病组织并及时消毒，隔离养护；如受害严重则整株去除，枯叶、病叶及病株等及时清除出兰棚，并集中焚烧或深埋处理；每15 d喷洒1次1 000倍多菌灵、百菌清或甲基托布津等广谱性杀菌剂预防病害发生，并加强季节性虫害的预防，各种农药要交替使用（罗远华等，2022）。

# 参考文献

蔡佩芬，2000. 温度、光照及肥料浓度对文心兰花序发育之影响[D]. 台北：台湾大学.

陈筱薇，2007. 环境因子对文心兰光合作用之影响[D]. 台北：台湾大学.

罗远华，黄敏玲，林榕燕，等，2017a. 文心兰顶叶对低温胁迫的生理响应[J]. 福建农业学报，32（10）：1101–1105.

罗远华，王振波，黄敏玲，等，2017b. 高温胁迫对文心兰顶叶若干生理指标的影响[J]. 福建农业学报，32（6）：625–629.

罗远华，方能炎，林榕燕，等，2018. 温度对文心兰生长特性和生理指标的影响[J]. 福建农业学报，33（7）：702–707.

罗远华，林兵，吴建设，等，2015. 文心兰新品系'金辉'切花设施栽培技术[J]. 福建农业科技，1（1）：47–49.

罗远华，林兵，钟淮钦，等，2022. 闽西北地区文心兰切花优质高效栽培管理技术[J]. 农业与技术，42（23）：50–53.

# 第八章 文心兰组织培养与变异鉴定

## 第一节 文心兰组织培养研究进展

兰科植物的繁殖从其栽培历史来看可大致分为：①采集、分株；②实生苗、分株；③实生苗、分生组织无性系三个时期。文心兰同其他兰科植物一样，传统的分株繁殖方式不仅繁殖系数低、速度慢，且容易遭受病毒的感染而影响其品质，不能满足日益增长的市场需求，因此其种苗繁殖主要通过组织培养技术完成。

20世纪60年代初，法国学者Georges Morel采用大花蕙兰的茎尖在人工培养基上成功诱导出类原球茎并分化成植株，开创了组织培养技术在兰花上的应用（Murashige和SKoog，1962）。通过不断改进与完善，目前这种技术在超过70个属的兰花种苗繁殖上得到了广泛的应用（王卜琼 等，2005）。文心兰组织培养始于20世纪60年代中后期，直到1973年才用具有休眠芽的花梗节段作为外植体，成功诱导获得了再生植株（Fast，1973）。国内学者陈兴贻（1989）首先利用文心兰花穗和茎尖进行类原球茎诱导及植株再生的研究工作，拉开了中国大陆地区文心兰组织培养研究的序幕。近年来组织培养技术不仅推动了文心兰种苗工厂化繁育，而且在病毒脱除、种质资源离体保存、体细胞无性系结合诱变培育新品种等方面取得明显成效。

文心兰组织培养基本技术环节主要包括外植体的选择及消毒、类原球茎或丛芽的诱导、类原球茎或丛芽的增殖、类原球茎的分化、试管苗生根壮苗及移栽等。由于存在外植体基因型、地理区域等因素的差异，文心兰组织培养与离体快繁关键技术环节中依然存在较多值得进一步研究的问题，不同研究者报道的相关结果也不尽相同（崔广荣，2010a）。

### 一、外植体的选择

理论上所有的植物组织器官均能作为外植体，并在特定的培养条件下诱导出芽、类原球茎等无菌材料。可用于文心兰组织培养的外植体种类也比较多，如幼嫩花梗（芽）、茎（芽）尖、叶片、花蕾、花瓣、萼片、子房、根尖等。文心兰幼嫩花梗（芽）因易取材、易消毒，且不破坏母本植株，已成为较理想的外植体，并广泛用于文心兰组织培养与快繁研究（Lim 和 Lee，1987；Santana 和 Chaparro，1987；Chen 和 Chang，2000；彭晓明等，2000；钟士传和曹善东，2002；崔广荣 等，2004；廖飞雄 等，2007；叶秀仙 等，2016）。

新生侧芽的茎（芽）尖也是文心兰组织培养常用的外植体（Khaw 和 Ong，1978；陈兴贻，1989；彭晓明 等，2000；潘学锋 等，2001；李文玲 等，2004；Jheng et al.，2006；叶秀仙等，2009；郑维全等，2009；王亚平等，2016），但取用茎（芽）尖时容易损毁母株，操作相对烦琐，消毒也相对困难，同时诱导效果还会受茎（芽）尖大小的影响（李文玲等，2004）。

文心兰叶片、假鳞茎也可以作为组织培养的外植体，但成熟植株的叶片及假鳞茎不易脱分化，因此利用成株叶片作为外植体的报道极少。但通过诱导培养获得的无菌试管苗的幼嫩叶片（Chen 和 Chang，2001）、茎尖分生组织（崔广荣 等，2004）及类原球茎（曹云英等，2014）等可作为外植体进行组织培养。

文心兰根尖取材方便，也不会损毁母株，但作为外植体时诱导难度较大，不易成功。研究发现，用根尖作为外植体进行诱导时，由根尖组织细胞形成的愈伤组织形成类原球茎的能力较弱，很难彻底脱分化（Kerbauy，1984），但通过植物生长调节剂和培养基的调整，最终也能获得大量的类原球茎及再生植株。同时，以根尖为外植体诱导出愈伤组织，再由愈伤组织体经细胞胚胎发生途径，可实现植株的高效再生（Chen 和 Chang，2000）。此外，用花穗（陈兴贻，1989）、花原芽（崔广荣 等，2004）等作为外植体，也能诱导出丛芽或类原球茎。

## 二、外植体的消毒与接种

不同组织和器官因其固有的特点，所需消毒剂种类、浓度和消毒时间等也各不相同。消毒的总体要求是既要杀灭引起污染的微生物，又要最大限度地减轻灭菌剂对外植体的杀伤性，以保证外植体的成活率。

在通常选用的外植体中，茎（芽）尖消毒比较困难，采用两次灭菌的方法可有效降低污染率（邓小果 等，2010；何永和张伟，2005；杨玉珍等，2003）。通常的做法是将新生幼嫩芽切下后，首先用自来水冲洗 30 min 左右，用软毛刷蘸肥皂水刷洗表面，并把最外面的 1～2 片鞘叶剥离，然后在 10% 次氯酸钠溶液中消毒 5～30 min，或者经 75%（$V/V$）的酒精浸泡 10～15 s 后于 1 g/L 的升汞（$HgCl_2$）水溶液中振荡消毒 5～15 min，无菌水冲洗 2～3 次；然后再剥去 2～3 片鞘叶，放入 1 g/L $HgCl_2$ 水溶液中振荡消毒 2～5 min，无菌水彻底冲洗 4～5 次即可。灭菌后的芽应在无菌条件下剥离和切割，先将消毒好的材料在超净工作台上小心剥除包裹的鞘叶，然后取出含有生长点的茎尖。剥离出的茎（芽）尖的大小要根据培养目的而定，以消除病毒为目的时，要尽量小，通常可以小到 0.1 mm$^3$；若以离体快繁为目的时可以适当大些，一般 1～5 mm$^3$ 甚至更大（王伯诚 等，2006）。茎（芽）尖的体积越小越难成活，剥离时必须借助解剖镜才能完成，体积较大时可以通过肉眼直接操作。剥离好的茎（芽）尖可在无菌水中浸泡 5～10 min 以减少褐化，然后用接种针将其接种到诱导培养基上。

幼嫩花梗（芽）作为外植体时其消毒和接种操作相对简单。幼嫩花梗（芽）的消毒通常的做法是剪取整枝幼嫩花梗，首先用软毛刷蘸肥皂水刷洗花梗表面，用自来水冲洗备用；或在超净工作台上，直接用 75% 酒精浸泡过的脱脂棉擦拭花梗表面；然后在超净工作台上将花梗（芽）切成数段，再用 1 g/L $HgCl_2$ 水溶液振荡灭菌 8～12 min，然后用无菌水冲洗 5～8 次。将灭菌后的花梗（芽）在超净工作台上切割成长约 2 cm 的带腋芽的切段，平铺或基部朝下斜插入诱导培养基中即可。嫩叶的消毒与花梗（芽）的消毒方法类似，接种时将消毒好的叶片切成（0.5～1）cm×（0.5～1）cm 的小块，然后平放接种在诱导培养基上即可。

以上的消毒方法是常用的方法，一般在灭菌剂中都会添加适量（几滴）的吐温起到浸润的效果，以增加杀菌剂与微生物接触的概率，以提高杀菌效果。但在具体的消毒中，用常规消毒方法消毒比较困难时，可以在消毒前进行一些预处理，如将植株置于相对洁净的环境中培养一段时间，待外植体长出后取用进行消毒；或将外植体放入一定浓度的广谱杀菌剂或抗生素溶液中，置于摇床上振荡数小时后再进行常规消毒也可以得到较好的效果。

## 三、培养基

适合的培养基是组织培养成功的关键，但培养基的类型及成分是根据品种基因型、外植体类型和各阶段的培养目的来定的。培养基主要包含基本培养基（大量成分、微量成分、有机成分）、生长调节物质（如生长素、细胞分裂素等）、水、固化剂（琼脂或卡拉胶）、糖源、有机添加物（如水解乳蛋白、水解酪蛋白等）及天然提取物（如椰汁、马铃薯泥或汁、香蕉泥或汁等）。在文心兰的组织培养中，应用较多的基本培养基有 MS（Murashige and Skoog medium）、1/2MS、KC（Knudson C medium）、VW（Vacine and Went medium）、$N_6$（Chu $N_6$ medium）、White（White medium）、花宝（Hyponex）以及它们的改良配方。一些文心兰组织培养常用基本培养基成分见表 8-1。

植物生长调节物质对组织培养中植物细胞的生长、组织的分化以及形态的建成等都有显著的调节作用，主要有生长素、细胞分裂素、赤霉素、脱落酸和乙烯等。在文心兰组织培养中，常用的有生长素和细胞分裂素两类。常用的生长素有吲哚乙酸（indole-3-acetic acid, IAA）、吲哚丁酸（indole-3-butyric acid, IBA）、萘乙酸（naphthalene acetic acid, NAA）、2,4-二氯苯氧乙酸（2,4-dichlorophenoxy acetic acid，2,4-D）等。常用的细胞分裂素有 6-苄氨基嘌呤（6-benzylamino purine，6-BA）、激动素（furfurylamino purine, Kinetin，Ki 或 KT）、玉米素（zeatin ZT）、噻苯隆（thidiazuron，TDZ）等。生长素主要用于生根培养，或在相对较低浓度水平下与细胞分裂素结合促进芽苗再生与增殖，也可与细胞分裂素结合或单独用来诱导芽、愈伤组织或者类原球茎等。细胞分裂素主要用于细胞的增殖，与生长素一起进行类原球茎、丛生芽的诱导与增殖等。

培养基中的糖源对培养物的生长影响较大，它不仅是外植体生长必需的碳源和能源，也是调节培养基渗透压的重要物质。品种间基因型不同对培养基中糖源种类及浓度要求均存在较大差异。蔗糖作为糖源在文心兰组织培养中应用最广泛，蔗糖使用浓度一般为 1%～5%。不同浓度的蔗糖对组织培养的作用不同，不同培养阶段对蔗糖浓度的要求也不同。通常 2%～3% 的蔗糖有利于原球茎的生长；3% 的蔗糖浓度有利于芽的分化；1%～2% 的蔗糖有利于根的分化和生长。此外，麦芽糖、海藻糖、纤维二糖、果糖、葡萄糖等也可以作为糖源。研究表明，麦芽糖和海藻糖能促进类原球茎的形成和发育，20 g/L 的麦芽糖和海藻糖不仅能增加类原球茎的鲜重，还能增大其直径，增加数量（Jheng et al., 2006）；纤维二糖阻碍'南茜''蜜糖' 2 个品种体细胞胚发生，离体叶片褐化率增加，蔗糖、葡萄糖和果糖却适合其叶片体胚的发生（Hong et al., 2008）。

表 8-1 文心兰组织培养常用基本培养基成分

| 成分 | 培养基用量（mg/L） | | | | |
|---|---|---|---|---|---|
| | MS | White | VW | KC | $N_6$ |
| 硝酸钾（$KNO_3$） | 1 900 | 80 | 525 | — | 2 930 |
| 硝酸铵（$NH_4NO_3$） | 1 650 | — | — | — | — |
| 硫酸铵（$NH_4$）$_2SO_4$ | — | — | 500 | 500 | 463 |
| 硫酸镁（$MgSO_4 \cdot 7H_2O$） | 370 | 360 | 250 | 250 | 185 |
| 磷酸二氢钾（$KH_2PO_4$） | 170 | — | 250 | 250 | 400 |
| 磷酸二氢钠（$NaH_2PO_4$） | — | 16.5 | — | — | — |
| 氯化钙（$CaCl_2$） | 440 | — | — | — | 166 |
| 碳酸钙（$CaCO_3 \cdot 4H_2O$） | — | 200 | — | — | — |
| 磷酸钙 $Ca_3(PO_4)_2$ | — | — | 200 | — | — |
| 硝酸钙 $Ca(NO_3) \cdot 4H_2O$ | — | — | — | 200 | — |
| 硫酸钠（$NaSO_4$） | — | 200 | — | — | — |
| 硫酸锰（$MnSO_4 \cdot 4H_2O$） | 22.3 | — | — | — | 4.4 |
| 硫酸锰（$MnSO_4 \cdot H_2O$） | — | 4.5 | 4.5 | 7.5 | — |
| 硫酸锌（$ZnSO_4 \cdot 7H_2O$） | 8.6 | 1.5 | — | — | 1.5 |
| 硼酸（$H_3BO_3$） | 6.2 | 1.5 | — | — | 1.6 |
| 碘化钾（KI） | 0.83 | 0.75 | — | — | 0.8 |
| 氯化钾（KCl） | — | 65 | — | — | — |
| 钼酸钠（$NaMoO_4 \cdot 2H_2O$） | 0.25 | — | — | — | — |
| 硫酸铜（$CuSO_4 \cdot 5H_2O$） | 0.025 | — | — | — | — |
| 氯化钴（$CoCl_2 \cdot 6H_2O$） | 0.025 | — | — | — | — |
| 乙二胺四乙酸二钠（$Na_2$-EDTA$\cdot 2H_2O$） | 37.3 | — | — | — | 37.3 |
| 硫酸亚铁（$FeSO_4 \cdot 7H_2O$） | 27.8 | — | — | — | 27.8 |
| 硫酸铁 $Fe_2(SO_4)_3$ | — | 2.5 | — | — | — |

续表

| 成分 | 培养基用量（mg/L） | | | | |
|---|---|---|---|---|---|
| | MS | White | VW | KC | $N_6$ |
| 酒石酸铁 $Fe_2(C_4H_4O_6)_3$ | — | — | 280 | — | — |
| 甘氨酸 | 2.0 | 3.0 | — | — | 2 |
| 维生素 $B_1$ | 0.1 | 0.1 | — | — | 1 |
| 维生素 $B_6$ | 0.5 | 0.1 | — | — | 0.5 |
| 烟酸 | 0.5 | 0.5 | — | — | 0.5 |
| 肌醇 | 100 | — | — | — | — |
| 蔗糖 | 30 000 | 20 000 | 20 000 | 20 000 | 50 000 |
| pH 值 | 5.7 | 5.5 | 5.2 | 5.5 | 5.8 |

在培养基中添加特定的有机添加物和天然提取物，对改善培养物的生长状态及提高培养效率等具有一定的效果。在文心兰组织培养与离体快繁中，常用的有机添加物和天然提取物主要有水解乳蛋白（lactoprotein hydrolysate，LH）、水解酪蛋白（casein hydrolysate，CH）、蛋白胨（peptone）、香蕉泥（汁）、椰子汁、马铃薯泥（汁）、番茄汁、苹果汁、黄瓜汁等，这些物质含有氨基酸、激素或酶等有机物质及其他成分较为复杂的天然复合物，它们对细胞的增殖和分化有明显的促进作用（曹孜义和刘国民，1996）。

## （一）诱导培养基

诱导培养的目的是将外植体诱导出芽、类原球茎或愈伤组织等，为增殖培养或其他操作提供无菌材料。王伯诚等（2006）以未展叶的新芽为外植体，在仅以 1/2 MS + 蔗糖 20 g/L 的培养基上培养 35~90 d 后可诱导出类原球茎。

更多的研究表明，添加植物生长调节物质对文心兰外植体诱导培养有利。叶秀仙等（2016）以'豹斑宝石'的花梗为外植体，在 1/2MS + TDZ 0.5 mg/L+NAA 0.1 mg/L+ 白糖 30 g/L 培养基上，诱导培养 21 d 时花梗芽逐渐萌动膨大，基部逐渐突起生长点，脱分化出丛生小芽。杨俊霞和丁春元（2011）以'香水文心兰'新萌发的芽及花梗为外植体，在 1/2MS+ BA 2.0 mg/L+ IAA 1.0 mg/L+ 蔗糖 30 g/L 的培养基上可直接诱导出丛生芽。杨玉珍等（2003）以 3 个文心兰杂交品种未展叶的新芽为外植体，在 1/2MS+ BA 5.0 mg/L +NAA 0.5 mg/L 的培养基上，诱导培养 20 d 左右外植体周围出现许多白色颗粒状愈伤组织，继续培养逐渐转为绿色，25 d 后可形成大量类原球茎。王亚平等（2016）以迷你文心兰'玉香''金香'未展叶的新芽为外植体，在 MS+6-BA 4.0 mg/L+NAA 1.0 mg/L+ 蔗糖 20 g/L 的培养基上培养 45 d，类原球茎诱导率最高达 130%；研究表明不添加 6-BA 则不能诱导出类原球茎，随着 6-BA 浓度的增加诱导率升高，但高于 4 mg/L 时又明显下降。郑维全等（2009）以'蜜糖'未展叶的新芽为外植体，在 MS+6-BA 4.0 mg/L+NAA 1.0 mg/L+ 蔗糖 30 g/L 的培养基上诱导 28 d 左右外植体膨大，然后产生白色颗粒状愈伤组织，进而形成若干个类原球茎团。廖飞雄等（2007）以'蜜糖'的花梗为外植体，在MS+6-BA 2.0 mg/L + 2,4-D 0.5 mg/L+利福平500.0 mg/L+蔗糖30 g/L培养基中进行诱导培养15 d后，节位上的芽开始萌动，40 d后形成具有2片叶的新芽苗；以侧芽为外植体时诱导培养10 d左右开始萌动，继续诱导培养25～30 d可形成新芽苗。邓小果等（2010）以文心兰的侧芽为外植体，在MS + 6-BA 5.0 mg/L + NAA 0.5 mg/L +椰子水100 mL/L的培养基上，14 d后可以萌发出芽，30 d后可以长成小芽或形成丛生芽，部分还出现类原球茎。姚丽娟等（2004）将茎尖和花梗接种到MS+6-BA 2.0 mg/L+NAA 0.2 mg/L培养基中，既分化原球茎又分化芽，茎尖分化较多的原球茎，花梗分化较多的芽；花梗茎段的分化趋势与6-BA浓度有关，低浓度（0～0.5 mg/L）的6-BA有利于分化产生较多的芽，高浓度（2 mg/L）的6-BA有利于提高分化产生原球茎的比例。唐翠和尤海波（2007）以茎尖为外植体，在MS+6-BA 5 mg/L +NAA 0.2 mg/L培养基上培养40 d后，茎尖诱导分化形成原球茎。潘学锋等（2001）以'大花文心兰'未展叶的新芽为外植体，将茎尖接种到MS+6-BA 2 mg/L + NAA 0.5 mg/L的诱导培基上，15 d后茎尖开始膨胀，23 d后在茎尖基部出现了类似愈伤组织样的乳状突起，30 d后可陆续产生类原球茎团。崔广荣等（2004）以切花文心兰品种花发育初期的花原芽期的花蕾为外植体，能直接诱导出丛生芽，研究表明，花蕾发育时期是丛芽能否诱导成功的关键因素，适合花原芽诱导丛芽的培养基是MS + 6-BA mg/L + NAA 0.5 mg/L+ 蔗糖3 g/L；在一定范围内，随着6-BA/NAA比值的增大，芽的诱导率明显提高，但超过一定的范围（6-BA/NAA=16）则只形成原球茎；KT不利于文心兰丛芽的诱导。何永和张伟（2005）以新长出的茎尖作为外植体，在不含IAA的$N_6$培养基中，茎尖组织不能诱导生成原球茎，而IAA在浓度较低时，无论KT的浓度高低，其茎尖诱导类原球茎的诱导率均不变。孔庆彪等（2009）以花梗为外植体诱导文心兰愈伤组织时发现，在含有一定浓度6-BA条件下，随着NAA和TDZ浓度升高，花梗的愈伤组织均有不同程度的诱导，诱导率表现为先增加后稍有降低；在一定NAA和TDZ浓度条件下，随着6-BA浓度的增加，花梗愈伤组织的诱导表现为先增加后降低的趋势；诱导文心兰愈伤组织的最佳激素组合为NAA 1.0 mg/L + 6-BA 0.2 mg/L+TDZ 0.3 mg/L。

以文心兰离体叶片诱导体细胞胚胎时发现，单独使用0.3～3.0 mg/L的TDZ均能诱导出体胚或类原球茎，诱导频率随TDZ浓度的增大而逐渐提高，但诱导效率因供体叶片的长度不同有差异；当不同浓度2,4-D与TDZ组合使用时，体胚或类原球的诱导率逐渐降低，2,4-D对体胚或类原球茎的形成具有强烈的抑制作用（Chen和Chang，2001）。Chen等（1999）采用IAA、NAA、IBA、2,4-D等4种生长素类物质和TDZ、2iP（2-lsopenty ladenine）、ZT、KT、BA等5种细胞分裂素类物质，对文心兰离体叶片不同部位体胚直接发生或类原球茎形成的影响时证明，生长素类物质具有抑制细胞分裂素类物质的促进作用，而且叶片的部位不同，体细胞胚胎直接发生频率也不同。也有研究表明，较高浓度（2～5 mg/L）的IAA及较低浓度（0.5～2.0 mg/L）的IBA、NAA等能够在一定程度上促进来源于根的愈伤组织形成胚性愈伤组织及体胚的发生，但它们的作用远小于细胞分裂素KT和ZT（Wu et al., 2004）。

综上表明，用于文心兰诱导培养的基本培养基主要有1/2 MS、MS、$N_6$等，说明文心兰的诱导培养对基本培养基中无机盐浓度的要求并不苛刻，有较广的适应范围，但不同培养基诱导分化出类原球茎或者芽有不同的效果。彭晓明等（2000）研究表明，在相同组合及浓度的植物生长调节物质条件下，$N_6$ 培养基中茎尖及花梗外植体脱分化速度和出芽率都优于 MS 培养基，外植体在 MS 培养基中脱分化出较多的类原球茎，而 $N_6$ 培养基则促进脱分化出芽。$N_6$ 附加 6-BA 2.0 mg/L 的培养基中，花梗外植体只脱分化出芽，茎尖外植体则脱分化原球茎和芽，且脱分化出芽的时间较原球茎的长。MS 附加 6-BA 2.0 mg/L 的培养基中，花梗和茎尖同时脱分化出原球茎和芽，花梗脱分化出较多的芽，茎尖脱分化出较多的类原球茎。文心兰诱导培养所用植物生长调节物质主要有 6-BA、NAA、IAA、2,4-D 及 TDZ 等，多以 6-BA 结合 NAA 使用诱导类原球茎或芽，6-BA 与 NAA 不同的浓度组合对诱导出芽或者类原球茎具有决定作用。此外，培养材料不同，即使是相同的培养目标，各类植物生长调节剂作用效果也不相同，探索和优化培养基中植物生长调节物质种类、浓度及其配比等是提高文心兰外植体诱导率的关键问题。

### （二）增殖培养基

增殖培养的目的是将诱导培养获得的类原球茎、芽等无菌材料进行增殖，以达到快速繁殖的目的。因增殖材料的类型不同，增殖培养基也可以分成类原球茎增殖培养基和丛生芽增殖培养基 2 类。

**1. 类原球茎增殖培养基**

用于文心兰类原球茎增殖的基本培养基主要有 MS（王亚平 等，2016；郑维全 等，2009）、$N_6$（彭晓明 等，2000）、1/2 MS（曹云英 等，2014）、VW（姚丽娟 等，2004；郑维全 等，2009）、KC（潘学锋等，2001）等。不同基本培养基对文心兰类原球茎的增殖效果不同，姚丽娟等（2004）研究认为，改良 VW 对文心兰类原球茎增殖的效果最好，其次为 KC，MS 效果最差，这说明低无机盐浓度的基本培养基较适宜文心兰类原球茎的增殖，这与潘学锋等（2001）的研究结果一致。但郑维全等（2009）研究则指出，在文心兰类原球茎增殖时，MS 优于 VW 和 KC；曹云英等（2014）研究也表明，与 1/2 MS 相比，MS 培养基对文心兰类原球茎的生长更有利，增殖率更高。以上不同学者研究结论的差异，可能与培养材料的基因型以及使用的植物生长调节物质不同有关。

用于文心兰类原球茎增殖的植物生长调节物质主要有细胞分裂素和生长素两类，但应用较多的是细胞分裂素类。王亚平等（2016）研究指出，文心兰类原球茎对 6-BA 的敏感性高于 KT，1 mg/L 的 6-BA 对类原球茎的增殖倍数高于 3 mg/L 的 KT；6-BA 浓度在 0.5～2.0 mg/L 时，文心兰类原球茎的增殖率随浓度的升高而升高（郑维全 等，2009；潘学锋 等，2001）；随着 6-BA 浓度的降低，文心兰类原球茎增殖率下降，但芽的增殖率升高（彭晓明 等，2000），类原球茎的增殖速度与 IAA 的浓度成反比（何永和张伟，2005）。细胞分裂素和生长素也常常结合以促进文心兰类原球茎的增殖（曹云英 等，2014）。

蔗糖浓度对文心兰类原球茎的增殖效果有重要影响，适宜的浓度利于类原球茎的增殖。研究表明，当蔗糖浓度在 0～30 g/L，文心兰类原球茎平均增殖率随着蔗糖质量浓度的增加而提高（郑维全 等，2009；黄丽云 等，2010），但当蔗糖浓度增加到 40 g/L 时开始有少量褐化的现象，蔗糖浓度为 60 g/L、70 g/L 时类原球茎出现大量褐化、白化甚至死亡，这可能是由于蔗糖浓度过高导致渗透压过大所致（黄丽云 等，2010）。王亚平等（2016）研究也得出，蔗糖浓度为 10 g/L 时最适宜文心兰类原球茎的增殖，增殖倍数随蔗糖浓度的进一步升高而有所下降，而且褐化死亡比例也有所增加。

添加有机物添加和天然提取物对文心兰类原球茎的增殖具有一定的影响，但不同研究结果有差异。研究表明，添加 10% 椰子水不仅可以提高文心兰类原球茎的存活率，也可以提高增殖率，同时还能减少褐化死亡现象（潘学锋 等，2001）。姚丽娟等（2004）在培养基中添加 10% 椰子水和香蕉汁，均能提高文心兰类原球茎的存活率，减少褐化死亡现象，促进类原球茎和芽的增殖，但椰子水的效用优于香蕉汁。王亚平等（2016）研究指出，苹果汁利于文心兰类原球茎的增殖，但添加马铃薯泥与香蕉泥则抑制类原球茎的增殖。郑维全等（2009）研究得出，马铃薯泥、苹果泥和香蕉泥均能促进文心兰类原球茎的增殖，但不同有机添加物对类原球茎增殖的效应为香蕉泥 > 苹果泥 > 马铃薯泥 > 对照，添加香蕉泥的培养基最有利于类原球茎的增殖（郑维全 等，2009），这与彭晓明等（2000）的研究结果一致。此外，培养基 pH 值对文心兰类原球茎的增殖也有重要的影响（郑维全 等，2009），根据培养基的种类和培养目的不同，文心兰培养基的 pH 值一般为 5.2～5.8。

### 2. 丛生芽增殖培养基

文心兰类原球茎经增殖培养后需要进行分化培养，在离体快繁中增加了变异的风险，因此许多学者采用芽或丛生芽的方式进行增殖，以降低突变的风险。用于文心兰芽增殖的基本培养基与类原球茎增殖所用基本培养基一致，主要为 MS、1/2 MS 及 $N_6$ 等。

基本培养基与植物生长调节物质是影响文心兰芽增殖的主要因素。研究表明，与 1/2 MS 相比，MS 对文心兰芽苗的生长更有利，增殖数更高（曹云英 等，2014）。谷凤等（2007）研究指出，基本培养基、细胞分裂素 6-BA 和生长素 NAA 均是促进文心兰丛生芽增殖的主要因素，但影响丛生芽增殖的效应为基本培养基 MS > 6-BA > NAA。叶秀仙等（2016）研究指出，基本培养基、6-BA 均显著影响文心兰丛生芽增殖效果，但其影响程度有较大差异，表现为 6-BA > 基本培养基，NAA 无显著影响。

研究表明，一定浓度范围内随 6-BA 浓度的增加，文心兰丛生芽的增殖率也升高（杨玉珍 等，2003）；6-BA 在 2～4 mg/L 时丛生芽的增殖率最好，且生长良好；当 6-BA 为 4 mg/L 时，有较多的原球茎产生，不利于丛生芽的增殖（崔广荣 等，2004）。此外，文心兰丛生芽的增殖率随 NAA、IAA 浓度的升高而降低，且苗生长不正常（杨玉珍等，2003；何永和张伟，2005）。但也有研究表明，6-BA 在 1～2 mg/L 与 0.5 mg/L 2,4-D 配合使用适合文心兰不定芽的扩增（曹云英 等，2014）。

添加适量的椰子汁、番茄汁对文心兰丛生芽增殖效果优于苹果汁（谷凤 等，2007）；椰子汁有利于文心兰丛生芽的增殖与壮苗，香蕉泥不利于丛生芽的增殖，马铃薯汁的效果不如椰子汁和香蕉泥（王安石 等，2009）。此外，培养基中添加水解酪蛋白对文心兰丛生芽增殖的影响无显著差异（叶秀仙 等，2016）。

### （三）分化培养基

类原球茎或愈伤组织分化出芽是组织培养植株再生的关键环节。分化培养基是在增殖培养基的基础上通过调整植物生长调节物质的种类、浓度及配比来获得，一般通过降低或调整细胞分裂素和生长素的种类和浓度来实现。姚丽娟等（2004）将增殖培养基中的6-BA浓度由1 mg/L降至0.2 mg/L，同时去除NAA，文心兰类原球茎即可较好地分化出芽。潘学锋等（2001）将增殖培养基的6-BA浓度由1.5 mg/L降低到0.1～0.3 mg/L，文心兰原球茎在长大的同时，虽会发生少量增殖，但25 d左右类原球茎开始分化出芽。

研究表明，6-BA对文心兰类原球茎的分化具有重要的作用。王亚平等（2016）研究指出，不添加6-BA的培养基未见文心兰类原球茎分化出芽，当6-BA浓度为0.2～0.8 mg/L时，随浓度的升高类原球茎的分化率也升高，在0.8 mg/L达到最大值；浓度为0.8～2.0 mg/L时，随浓度的升高类原球茎分化率则降低。郑维全等（2009）研究也得到了类似的结论，当6-BA浓度在0～0.6 mg/L时，文心兰类原球茎分化率随浓度的升高而不断升高；当6-BA浓度高于0.6 mg/L以后，分化率逐渐降低的同时，部分类原球茎还发黄，6-BA 0.6 mg/L与NAA 0.1 mg/L的配比适合类原球茎的分化。崔广荣等（2004）研究也得出，6-BA浓度为1～4 mg/L时文心兰类原球茎分化率达100%，当6-BA达8.0 mg/L时则不能完全分化，说明6-BA浓度过大影响了类原球茎的分化。

NAA配合6-BA对文心兰愈伤组织分化的影响显著。孔庆彪（2009）研究指出，在无6-BA的情况下，文心兰愈伤组织分化率很低；在一定NAA浓度条件下，随着6-BA浓度的增加，芽分化率显著增加；但当6-BA浓度在0.8 mg/L以上时，分化形成的幼苗极度细弱，并大量出现珊瑚状的形态特征，失去商品价值；6-BA在一定浓度条件下，随着NAA浓度的增加，芽分化率不断降低；结果表明，以低浓度NAA与6-BA配合使用对幼苗形成率和商品化率有明显的促进作用。

此外，有研究表明马铃薯对文心兰类原球茎的分化效果要优于香蕉（何永和张伟，2005）。

### （四）生根壮苗培养基

文心兰试管苗生根培养基主要以1/2 MS培养基为主，一般还需要附加生长素、天然有机附加物或提取物以及活性炭（AC）等。在1/2 MS基本培养基中，不添加任何植物生长调节物质，试管苗也可正常生根，但生根数量相对较少，且生根速度较慢。用于文心兰试管苗生根的植物生长调节物质主要是NAA、IBA、IAA等生长素。添加不同的生长素均能长出新根，形成完整植株，但生根情况不同，其生根率、株高及根的条数等都有差异。王亚平等（2016）的研究表明，NAA、IBA、IAA等3种生长素对文心兰类原球茎分化苗的平均生根数、平均根长均有一定的促进作用；当IBA浓度为0.8 mg/L时，平均生根数最多；当NAA浓度为0.8 mg/L时，平均根长最长；不添加或添加低浓度（0.2 mg/L）的生长素时，根多为向上生长，随着生长素浓度升高，根开始向培养基中生长。从根的生长状况来看，添加NAA长出的根为白色，且根毛较密；添加IBA、IAA长出的根为绿色，且根毛少。郑维全等（2009）的研究表明，添加IAA时文心兰的生根效果优于NAA

和 IBA；钟士传等（2003）的研究也指出，虽然添加 NAA 和 IAA 的生根率相同，但加入 IAA 的平均生根数比加入 NAA 的提高了 38.9%；但崔广荣等（2004）研究则指出 NAA 的生根效果优于 IBA。

钟士传等（2003）的研究指出，加入 6-BA 等细胞分裂素能抑制文心兰根的形成，生根率和每株生根数量都明显下降。但刘燕等（2013）则指出生长素中添加细胞分裂素更有利于'南茜'文心兰的生根，并能提高其生根质量，同时细胞分裂素 6-BA 较 KT 和 TDZ，生长素 NAA 较 IBA 更适宜文心兰丛生芽的生根诱导，二者组合培养的芽苗根系较粗壮、易分离、适宜移栽。

添加天然提取物有利于促根和苗的生长，但不同添加物对促进试管苗生根和壮苗效果存在一定差异。姚丽娟等（2004）指出添加 10% 椰子水利于壮苗生根，植株叶色呈浓绿色、根粗、生长健壮；潘学锋等（2001）认为添加 10% 香蕉汁的生根效果优于马铃薯汁；但黄萍萍等（2003）的研究则认为添加黄瓜汁对文心兰壮苗生根最有利，效果优于添加香蕉、马铃薯和椰子汁。

试管苗的株高也会影响生根效果。何松林等（2001）研究从类原球茎切下的不同株高的文心兰幼苗在无激素的壮苗生根培养基上的生长表现时，认为从原球茎上切下幼苗的大小与培养效果有密切关系，株高 3 cm 左右较为适宜。但起源于愈伤组织的幼苗，生根需受外源生长素的刺激和诱导，从植株根叶比例协调发育的高度考虑，株高宜控制在 1~2 cm 更适宜生根（孔庆彪 等，2009）。

### （五）培养方式

文心兰组织培养有固体培养和液体培养两种方式，但以固定方式为主。与固体培养相比，液体培养有其自身的优点：①外植体能充分、均匀吸收培养基的各种营养；②培养物产生的褐化物能及时扩散至培养基中，避免固体培养基中局部高浓度的褐化物对培养物的影响。但液体培养的缺点也很突出，主要在于培养物长时间浸在液体中会导致氧气供应不足，且易产生玻璃化。

有关文心兰液体培养方式的报道较少。陈兴贻（1989）将茎尖在附加了 0.2 mg/L NAA、10% 椰子汁的 MS 液体培养基上进行过渡培养，待茎尖转绿后再转移到固体培养基中诱导出类原球茎。何松林等（2001）研究了固体培养和液体培养对文心兰类原球茎增殖的影响，结果表明液体振荡及回旋培养更利于类原球茎的增殖，但固体培养时更利于分化出幼苗。

廖飞雄等（2007）将文心兰类原球茎接种于液体培养基中悬浮过渡培养后，转接于未添加植物生长调节剂的改良 KC 固体培养基上，与一直培养于固体培养基上的类原球茎相比，其增殖活力和增殖倍数明显提高，且发育进程同步、小苗整齐一致。在液体悬浮培养中具有以下培养效应：①促进了类原球茎增殖潜力的形成，可使一些类原球茎在转移至固体培养基后形成绿色、鲜嫩、增殖力强的球团；②促进了类原球茎的发育和分化；③类原球茎发育同步化，类原球茎在形态、大小上均基本一致，转移至固体培养基培养后可获得大批生长较整齐一致的幼苗。通过液体悬浮培养与固体培养结合，能实现文心兰工厂化高效生产。

## 四、培养条件

光照和温度是决定文心兰组织培养成功与否的关键环境因素。文心兰组织培养各阶段所需要的培养温度相对恒定,一般控制在 23～27 ℃(王伯诚 等,2006;郑维全 等,2009);光照强度总体上控制在 1 000～2 500 lx,光照时间 10～14 h/d,但在不同培养阶段有不同的要求。根据不同的培养目的,光照强度和光照时间有差异。

适当的暗培养有利于文心兰外植体的诱导培养。孔庆彪等(2009)的研究指出,在 250 lx 的散射光条件下,文心兰花梗愈伤组织诱导率达到最高,在基部形成一团淡黄色的如水浸状愈伤组织;随着光照条件的增强,诱导率降低,且能形成绿色、粒状结构的致密愈伤组织;在避光条件下培养,则形成松散、不规则的乳白色疏松愈伤组织;但经试验证实,乳白色疏松愈伤组织和粒状结构的致密愈伤组织均不利于进一步分化成苗。杨玉珍等(2003)将 0.5～1 mm$^3$ 大小的文心兰茎尖接种在一定激素配比的液体培养基上,黑暗静止培养 20 d(每天摇动 2～3 次),然后置于光照条件下(光照强度为 1 500 lx,光照时间 12 h/d)培养,待外植体转绿后,移至固体诱导培养基上,大约 30 d 后,外植体开始膨大并形成原球茎。谢光明等(2012)研究总结指出,将新消毒的外植体进行暗培养 7 d,然后将光照强度调整到 1 000 lx,适宜外植体诱导培养;将新转接的类原球茎或丛生芽进行暗培养 7 d,然后将光照逐步调整到 1 500 lx,适宜增殖培养;生根阶段先将新转接的组培苗暗培养 7 d,然后将光照逐步调整到 2 000 lx,1 个月后发现有新根长出后,光照调整到 2 500 lx,利于植株的生长。

光作为物理因子,其光质与光量对植物组织培养具有深刻的影响。与荧光灯相比,新型半导体光源发光二极管(light-emitting diode,LED)具有波长窄、光质纯、光效高、波长类型丰富、光谱能量分布调制便捷、寿命长等突出优势,便于集中植物所需波长实施均衡近距离照光,既是用作实验研究的高品质光源,又可用作低热辐射和紧凑空间集约化植物种苗生产的高效能光源(Kim et al.,2004)。徐志刚等(2009)采用发光二极管调制获取不同光谱能量分布的光源,以荧光灯为对照,研究其对文心兰类原球茎诱导、增殖及生根的影响时指出,红光有利于类原球茎的诱导,并促使类原球茎产生最高的增殖系数和碳水化合物含量以及最低的分化出芽率;蓝光使类原球茎产生最高的蛋白质含量、酶系活力和分化出芽率;单一红光促进文心兰生根苗茎的伸长,但不利于叶片色素的形成;单一蓝光抑制生根苗茎的伸长,促进叶片蛋白质和色素的合成;红蓝光谱分布处理的生根苗的生长量、干重、能效和酶系活力指标均高于荧光灯对照,色素含量与荧光灯对照无显著差异;红光 LED 促进文心兰原球茎的诱导,蓝光 LED 促进分化,红蓝光谱构成的 LED 光源更有利于生根组培苗的正常生长。

## 五、炼苗移栽

温室在微生物、温度、光照等外部环境条件与离体培养环境(培养室)有很大的差异。文心兰离体培养时不仅为无菌环境,而且光合作用很低,植株根、茎、叶等发育程度不完善,功能基本缺失。如果将试管苗直接移栽在温室等外部环境中,会引起试管苗大量死亡。所以，文心兰移栽前都必须经历一个炼苗（acclimatization）过程，目的是让组培苗适应外部环境，提高移栽的存活率。文心兰常规炼苗移栽程序如下。

### 1. 炼苗

当文心兰试管苗植株完整，具有2～3条根时，试管瓶苗可从培养室中移至温室中进行炼苗。一般程序为将瓶苗放置于遮光率70%～80%的温室中，先闭瓶炼苗10 d，然后半敞口炼苗3 d，最后再开瓶炼苗3 d后可进行移植（叶秀仙 等，2016）。谢光明等（2012）认为，炼苗时间一般为7～20 d，不同炼苗阶段对光照及温度有不同的要求：炼苗第1周、第2周光照要控制在2 500～3 000 lx，待试管苗叶片颜色变深，同时有新根和新叶长出，光照可以逐步加强到4 000～5 000 lx；温度要控制在30 ℃以内，以免强光和高温的胁迫作用下，叶片出现脱水变黄；经过20 d左右的炼苗，可以将组培苗进行移栽定植。

### 2. 移栽

试管苗移栽前要进行洗苗。先将试管苗从培养器皿中小心取出，用清水洗净根部粘连的培养基，然后将苗置于1 g/L多菌灵或百菌清杀菌剂溶液浸泡消毒5～10 min，捞出晾干，及时剔除畸形、弱小植株后可进行移栽（叶秀仙 等，2016；郑维全 等，2009）。

水苔、树皮、锯末、蛭石、珍珠岩、粗砂等及其混合物均能作为文心兰试管苗移栽基质。研究表明文心兰移栽时水苔效果最好，锯末、蛭石次之，珍珠岩、粗砂则长势较差（王伯诚 等，2006）。但杨玉珍等（2003）的研究表明，在兰基石+小树皮（体积比1∶1）的基质上生长最好，效果优于水苔、兰基石+小树皮（体积比1∶1）、兰基石+椰壳粉（体积比1∶1）及小树皮+椰壳粉（体积比2∶1）。目前，文心兰试管苗移栽基质主要以水苔为主。水苔使用前要进行浸泡和脱水处理，水苔需用清水浸泡8 h以上，用脱水机或人工拧干的方法去除多余的水分，然后用清水再浸泡冲洗1遍后去除多余水分即可（叶秀仙 等，2016；谢光明等，2012）。

移栽定植时，一手拿住苗的颈部，另一手拿一小团水苔将小苗全部根部撑起，再用水苔均匀包住小苗的根系，然后放入5.0 cm透明育苗杯（1.5寸育苗杯）内，并把水苔表面压平，且水苔面略低于杯沿。水苔松紧要适中，过松或过紧都不利于小苗的生长。把种好的苗摆放到托盘内整齐摆放在温室层架上进行常规栽培管理（谢光明 等，2012）。

### 3. 移栽后的管理

文心兰移栽定植后需要严格控制肥水、光照、温度及湿度等。新定植的文心兰组培苗对水分的要求比较严格，大棚内空气湿度应控制在60%～80%。温室内空气湿度可通过排气扇和喷雾来调节。由于文心兰的根属于气生肉质根，栽培基质水分过多容易导致透气不良，甚至出现烂根死亡，因此新定植的小苗不宜立即浇淋。定植后一般2～3 d后喷雾水，阴天每天1次，晴天高温每天2～3次，喷至叶面湿润不滴水为宜。喷雾水可适当添加多菌灵、百菌清等杀菌剂，以防止微生物感染。一般10 d后可选在晴朗的早晨浇第1次水，以水苔潮湿而不积水为宜（邓小果 等，2010）。

光照太强会导致植株生长缓慢、矮小，并容易引起日灼，导致叶片干枯，甚至死亡。但光照不足时也会使植株的叶片生长不良。控制光照可以通过调节温室的内遮光网和外遮光网来进行。一般在夏季应遮光50%～60%，冬季应遮去20%～30%（邓小果 等，

2010）；或者定植后第 1 周光照控制在 7 000 ～ 9 000 lx，1 周后小苗逐步恢复生长，将光照逐步增加至 9 000 ～ 12 000 lx，1 个月后光照增加至 12 000 ～ 15 000 lx（谢光明 等，2012）。

由于新定植的文心兰小苗生理状况尚未完全恢复，施肥应薄肥勤施。定植后第 2 天可喷施 2 000 倍高磷肥（如 N：P：K=9：15：45）以促进生根，之后每 3 ～ 4 d 喷施 1 次高氮肥（如 N：P：K=30：10：10），喷施 5 ～ 6 次氮肥后加施 1 ～ 2 次钾肥或平衡肥，以防止徒长。当有新根和新叶长出后，施肥浓度可提高到 1 000 倍（邓小果等，2010）。

## 第二节　文心兰试管苗变异的鉴定

变异苗的产生属体细胞无性系变异（somaclonal variation）。随着文心兰工厂化繁育技术的发展和广泛应用，与其他植物一样，文心兰体细胞无性系繁殖过程中也会出现变异情况。在植物组织培养中，其自身遗传物质的改变是无性系后代遗传变异的主要原因。从细胞学角度分析，染色体数目和结构的改变是无性系变异的主要类型。随着分子生物学和生物化学的发展，研究人员渐渐转向从分子水平分析其变异原因。基因的突变以及 DNA 的点突变、甲基化变化、总量变异、转座因子的激活、细胞器 DNA 的修饰以 RFLP 及 RAPD 多态性变异等现象是无性系变异的重要来源之一（陆柳英 等，2007）。此外，在植物组织培养中，通常会添加植物生长调节物质、外源有机添加物等以促进培养物的生长。在植物组织培养过程中，这些引入的外源物往往会引起其生理的变化，从而导致后代产生变异（霍合强等，1999），尤其是添加高浓度的植物生长调节物质是造成无性系变异的主要原因（Chugh et al.，2009）。有关文心兰体细胞无性系变异的研究主要集中在工厂化繁育中的变异和体细胞无性系诱变。

### 一、工厂化繁育中变异的鉴定

随着文心兰产业的蓬勃发展，工厂化生产逐渐成为文心兰种苗的主要来源。然而，在工厂化生产中，由无性系产生的后代变异是一种很普遍的现象。因此，如何鉴定无性系后代的变异，控制无性系后代的变异率，对文心兰工厂化繁育具有重要的意义。

**1. 变异类型**

通过对文心兰'南茜'工厂化繁育中类原球茎及再生植株的变异类型进行研究后，李江渝（2011）归纳出类原球茎的 5 种变异类型以及再生植株的 9 种变异类型。

文心兰类原球茎变异类型：①笋状，质地结实，色泽黄绿；②蒜头状，质地结实，色泽白；③瘤状，质地结实，色泽深绿；④米粒状，质地透明，色泽浅绿；⑤豌豆状，质地疏松，色泽黄绿。

文心兰再生植株变异类型：①叶对称，针叶窄小，色泽淡绿；②叶对称，宽大短小，色泽深绿；③叶不对称，剑叶，色泽深绿；④叶对称，窄小参差，色泽深绿；⑤叶对称，棒状细长，色泽深绿；⑥叶不对称，剑叶参差，色泽深绿；⑦叶对称，短小参差，色泽深绿；⑧叶对称，剑叶短小参差，色泽深绿；⑨叶对称，剑叶宽大，色泽深绿。

叶炜等（2014）在'南茜'类原球茎的长期继代过程中，发现一类类似多倍体的表皮粗糙、叶尖出现开裂的变异株。此类变异株移栽可成活，但其生长速度较慢。通过叶片下表皮气孔观察发现，此类变异株气孔直径变大，约为正常植株的2倍，且单位面积气孔数明显少于正常株。此变异很有可能是染色体加倍所致，但还需进一步对染色体数目进行观察。

### 2. 分子鉴定

不同培养因子对文心兰类原球茎的变异有不同的影响。李江渝（2011）采用ISSR技术，研究了文心兰'南茜'工厂化繁育过程中添加外源物、不同继代次数等对类原球茎以及再生植株的变异情况。结果表明，当添加极少的外源物以及外源物添加到很高程度时，类原球茎的变异率均较高；当添加的外源物达到一定平衡时，变异率反而降低。这表明类原球茎在离体培养时，如果添加的外源生长调节物质的量不足时，其自身的激素调节可能无法满足其生长的需要，故经过继代培养后容易发生较高的变异。然而当外源物添加量过高时，又可能导致类原球茎其自身的代谢及生理生化水平发生变化，也可以导致较高的变异。类原球茎的变异随继代次数的增加而提高，继代7代时变异率为4.1%，当继代次数达到10代时，类原球茎的变异率已达到11.6%，当继代次数达到12代以上的时候，其再生植株变异率达到了16.3%。以上研究结果证实，在分子水平上不同类型再生变异植株与母本植株之间发生了变异，但不同类型再生变异植株之间的变异程度并不大。

罗远华等（2009）采用RAPD分子标记检测技术，将'黄金2号''黄金3号''香奇士'等3个主栽品种的母本植株以及'黄金2号'茎尖直接诱导出的类原球茎经15代增殖后再生的完整小苗作为材料，进行了变异检测。利用该方法，从'黄金2号''黄金3号'母本园中分别随机选取的30株未检测到变异；但利用引物BA05从'新奇士'30个样品中检测到3个样品的扩增条带发生了改变，分别在1 200 bp和900 bp处缺失1条带，在800 bp处新增1条带。'香奇士'是从'南茜'组培苗的花色突变中选育出的新品种，较高的变异率可能是突变新品种在繁殖后代中遗传不稳定导致的。在对'黄金2号'试管苗的变异检测中发现，14个引物共扩增出119条清晰带，平均每条引物扩增出8.5条带；96个样品中有9个样品经扩增后带型出现差异，样品变异率为9.4%，其中7个样品经引物S198扩增后在500 bp处缺失了1条带，1个样品经引物S37扩增后在130 bp处缺失1条带；1个样品经引物BA02扩增后在2 000 bp处新增1条带。

文心兰工厂化生产往往大规模进行，即便是抽样检测试管苗的变异情况，也需要检测成百上千的样品，建立快速、简便、实用的变异检测技术显得尤为重要。体细胞无性系普遍发生遗传变异，但不同的再生途径以及不同的培养时间其发生变异的频率各不相同（龚志云 等，2008）。一般不经愈伤组织而直接成苗的途径变异率较低，但不管是何种成苗途径，培养时间越长其变异率越高（李莉 等，2014）。文心兰采用类原球茎增殖途径以及较高的继代次数能引起高频变异的发生，这对种苗的生产是不利的。采用丛生芽增殖途径以及合理控制继代次数有望降低变异频率，这有利于繁育优良品种和保持种性。

## 二、离体诱变再生植株的鉴定

研究表明，兰花类原球茎形成过程是典型的单细胞起源的体细胞胚胎发生发育过程（Chen 和 Chang，2006），这为文心兰离体诱变提供了理论基础。通过体细胞无性系变异的筛选获得性状稳定的单株，通过离体扩繁，为文心兰体细胞无性系突变育种提供了可能。如前文中提到的'金辉''香吉士'等品种即是从主栽切花品种'南茜'中突变选育出的。除与栽培环境等因素有关外，更重要的原因与种苗无性系变异有关。为了提高再生植株的变异频率，获得更多的变异材料，组织培养结合诱变技术为文心兰育种提供了有效的途径。应用准确、快速的手段来检测获得的变异，对提高离体变异筛选效率具有重要意义。

崔广荣等（2010b）以文心兰类原球茎薄切片为外植体，用秋水仙素对离体薄切片再生类原球茎进行多倍体诱导，并对诱导获得的多倍体植株进行了形态特征、叶片下表皮组织细胞结构特征、根尖细胞染色体数等的鉴定。结果表明，经秋水仙素诱导获得的文心兰多倍体苗叶片厚实、紧凑、植株较矮；叶片下表皮组织细胞、气孔结构与二倍体存在一定差异，细胞核明显较大，染色体加倍。叶秀仙等（2014）从 200 个 RAPD 随机引物（S1～S200）中筛选出引物 S37 对秋水仙素诱变后的文心兰再生植株和对照植株基因组进行 PCR 扩增，结果表明，绿叶金边变异株中，引物 S37 在 1 800 bp 处出现了新的特异条带；金叶绿叶变异株中，引物 S37 在 650 bp 处出现了新的特异条带；说明秋水仙素处理的文心兰再生苗在 DNA 水平上发生了变异。

崔广荣等（2011a）采用 3 种浓度的 EMS 对离体培养的文心兰类原球茎薄切片进行了不同时间的诱变处理，然后采用 10 条 RAPD 引物进行了 PCR 检测。结果表明，经 EMS 处理的文心兰再生苗 DNA 序列发生了变异，表现出 RAPD 图谱带型的多态性。不过，EMS 浓度提高到 0.4% 后，多态率的升高不明显，EMS 适宜诱变的浓度为 0.4%，处理时间为 2～4 d。同时崔广荣等（2011b）还采用了 3 种浓度的 $NaN_3$ 分别对离体培养的文心兰类原球茎薄切片进行不同时间诱变处理，并采用 RAPD 分子标记技术行了变异检测。结果表明 10 条 RAPD 引物经 PCR 后检测出再生苗 DNA 发生了一定的变异，表现为 RAPD 图谱带型的多态性，且随着诱变剂浓度的加大和处理时间延长，多态性比例增高。$NaN_3$ 适宜诱变的浓度为 6 mmol/L，适宜处理时间为 2～4 d。

田韦韦等（2017）为探讨文心兰体细胞无性系变异的特征，分别利用流式细胞术和毛细管电泳 –AFLP（CE-AFLP）技术，对 10 份文心兰体细胞无性系条纹突变体进行了倍性分析和遗传多样性检测。结果表明，10 份突变体均为二倍体，未发生染色体倍性的改变。28 对引物组合在突变体和正常植株中共扩增出 596 条大小为 100～1 000 bp 的条带，其中多态性条带为 192 条，总多态性位点比率为 32.2%，不同突变体相对于正常植株的变异频率在 12.3%～19.9%；10 份突变体与叶色正常植株相比存在遗传差异，说明 10 份突变体在 DNA 水平上发生了不同程度的变异。

综上所述，采用 RAPD 分子标记技术等能检测出通过秋水仙素、EMS、$NaN_3$ 等诱导文心兰类原球茎所发生的变异，但最终真正鉴定出突变体尚有许多工作要做，特别是植株在田间栽培性状表现，还需要进一步经过形态学、细胞学等的鉴定和评价，尤其是能否获得花色、花型、产量等优良变异性状还需进一步系统研究。

# 参考文献

曹云英，侯海涛，刘宇杰，等，2014.文心兰的组织培养及生理特性的初步研究［J］.北方园艺（21）：114-118.

曹孜义，刘国民，1996.实用植物组织培养技术教程［M］.兰州：甘肃科学技术出版社.

陈兴贻，1989.文心兰的组织培养［J］.植物生理通讯（2）：49.

崔广荣，2010a.文心兰组织培养及转基因研究进展［J］.草业学报，19（4）：220-229.

崔广荣，刘士勋，刘敏，等，2004.文心兰茎尖组织培养的研究［J］.种子，23（12）：16-19.

崔广荣，刘云兵，张俊长，等，2004.文心兰组织培养的研究［J］.园艺学报，31（2）：253-255.

崔广荣，张子学，张从宇，等，2010b.文心兰多倍体诱导及其鉴定［J］.草叶学报，19（1）：184-190.

崔广荣，张子学，张从宇，等，2011a.文心兰EMS离体诱变及再生苗RAPD检测［J］.热带作物学报，32（2）：261-268.

崔广荣，张子学，张从宇，等，2011b.文心兰$NaN_3$离体化学诱变及RAPD检测［J］.广西植物，31（6）：836-843.

邓小果，黎维诗，柯海丽，等，2010.文心兰的组织培养和移栽管理技术［J］.热带农业科学，30（7）：48-52.

龚志云，于恒秀，裔传灯，2008.植物体细胞无性系变异的研究进展［J］.中国农学通报，24（7）：65-68.

谷凤，候卓捷，张志平，等，2007.文心兰丛生芽组培快繁研究初报［J］.中国农学通报，23（2）：85-88.

何松林，十鸟三和子，孔德政，等，2001.基本培养基及凝固剂对文心兰试管苗生长发育的影响［J］.北京林业大学学报，23（1）：29-31.

何永，张伟，2005.文心兰的组织培养与快速繁殖［J］.信阳农业高等专科学校学报，15（4）：69-71.

黄丽云，范海阔，周焕起，等，2010.碳源浓度对文心兰组培生长的影响研究［J］.江西农业学报，22（3）：64-66.

黄萍萍，潘伟彬，廖福琴，等，2003.文心兰组织培养与快速繁殖［J］.闽西职业大学学报，11（4）：67-68.

霍合强，郝玉金，邓秀新，1999.宽皮柑橘品种的胚性愈伤组织诱导［J］.实验生物学报，32（3）：289-249.

孔庆彪，满若君，朝阳，2009.文心兰组织培养初步研究［J］.广西农业科学，40（1）：

11–13.

李江渝，2011. 文心兰工厂化育苗变异规律的研究［D］. 海口：海南大学.

李莉，官春云，刘忠松，2004. 植物体细胞无性系变异及其突变体的 RAPD 鉴定分析［J］. 作物研究，5：376–379.

李文玲，翟林邵，刘艺平，2004. 文心兰原球茎诱导技术的研究［J］. 河南科学，22（3）：360–362.

廖飞雄，张孟锦，邹春萍，等，2007. 蜜糖文心兰的组织培养与工厂化生产技术创新［J］. 广东农业科学，10：35–38.

刘燕，祁翔，向立容，等，2013. 文心兰切花品种南茜的组培生根诱导技术优化［J］. 贵州农业科学，41（2）：39–41.

陆柳英，莫饶，李开棉，2007. 植物体细胞无性系变异技术的研究进展［J］. 广西农业科学，38（3）：238–242.

罗远华，莫饶，蔡林宏，等，2009. 文心兰品种变异 RAPD 分子检测技术的建立及应用［J］. 热带农业学科，29（7）：28–32.

潘学锋，王日暖，莫海，2001. 文心兰茎尖离体培养研究［J］. 热带林业，29（4）：145–152.

彭晓明，曾宋君，张京丽，等，2000. 文心兰的茎尖及花梗组织培养和快速繁殖［J］. 园艺学报，27（2）：127–129.

唐翠，尤海波，2007. 文心兰组织培养研究［J］. 中古林副特产（3）：37–38.

田韦韦，王彩霞，田敏，等，2017. 文心兰体细胞无性系变异的倍性检测和 CE-AFLP 分析［J］. 核农学报，31（2）：241–247.

王安石，林明光，刘福秀，2009. 文心兰切花品种组织培养快速繁殖技术研究［J］. 广西农业科学，40（7）：801–806.

王伯诚，赖小芳，陈银龙，2006. 卡特兰、文心兰和大花蕙兰组培快繁及移栽技术研究［J］. 上海农业科技（1）：29.

王卜琼，李枝林，余朝秀，2005. 兰花育种研究进展［J］. 园艺学报，32（3）：551–556.

王亚平，王燕君，谭志勇，等，2016. 迷你文心兰组培快繁技术研究［J］. 现代农业科技（3）：181–183.

谢光明，李秀梅，邓聪平，等，2012. 利用组培快繁技术大规模生产文心兰种苗［J］. 中国热带农业（1）：72–73.

徐志刚，崔瑾，邸秀茹，2009. 不同光谱能量分布对文心兰组织培养的影响［J］. 北京林业大学学报，31（4）：45–50.

杨俊霞，丁春元，2011. 文心兰的茎尖及花梗组培快繁及养护［J］. 中国园艺文摘（3）：103–104.

杨玉珍，雷呈，胡如善，等，2003. 文心兰的组织培养和快速繁殖技术［J］. 江苏农业科学（6）：77–79.

杨玉珍，雷呈，孙天洲，等，2004. 文心兰组织培养基激素选择及组培苗的移植管理技术［J］. 西部林业科学，33（1）：55–58.

姚丽娟，徐晓薇，林绍生，等，2004.文心兰茎尖及花梗离体培养研究[J].福建热作科技，29（2）：5-6.

叶炜，江金兰，李永清，2014.文心兰原球茎继代培养及无性系变异植株的初步鉴定[J].三明农业科技（2）：19-22.

叶秀仙，黄敏玲，樊荣辉，等，2014. 秋水仙素对文心兰离体诱变的影响[J]. 福建农业学报，29（11）：1083-1087.

叶秀仙，黄敏玲，罗远华，等，2016.盆花文心兰丛生芽组培快繁技术研究[J].福建农业学报，31（11）：1198-1203.

叶秀仙，黄敏玲，吴建设，等，2009.文心兰茎尖诱导丛生芽高频率植株再生[J].福建农业学报，24（2）：126-131.

郑维全，潘学峰，王祚锐，2009.蜜糖文心兰的组培快繁技术[J].热带作物学报，30（2）：186-190.

钟士传，曹善东，2002.文心兰微体快速繁殖技术的研究[J].临沂师范学院学报，24（6）：34-36.

钟士传，牟洪香，曹帮华，2003.文心兰离体快速繁殖技术研究[J].林业实用技术（6）：4-5.

CHEN J T，CHANG C，CHANG W C，1999. Direct somatic embryogenesis on leaf explants of *Oncidium* Gower ramsey and subsequent plant regeneration [J]. Plant Cell Reports，19：143-149.

CHEN J T，CHANG W C，2000. Efficient plant regeneration through somatic embryogenesis from callus cultures of *Oncidium*（Orchidaceae）[J]. Plant Science，160：87-93.

CHEN J T，CHANG W C，2000. Plant regeneration via embryo and shoot bud formation from flower-stalk explants of *Oncidium* sweet sugar [J]. Plant Cell，Tissue and Organ Culture，62：95-100.

CHEN J T，CHANG W C，2001. Effects of auxins and cytokinins on direct somatic embryogenesis on leaf explants of *Oncidium* Gower Ramsey [J]. Plant Growth Regulation，34：229-232.

CHEN J T，CHANG W C，2006. Direct somatic embryogenesis and plant regeneration from leaf explants of *Phalaenopsis* amabilis [J]. Biologia Plantarum，（6）：169-173.

FAST G，1973. Uber einige methoden zur vermehrung von orchideen [J]. Jahresbericht der Fachh-ochschule Weihenstephan，2：1-5.

HONG P I，CHEN J T，CHANG W C，2008. Promotion of directsomatic embryogenesis of *Oncidium* by adjusting carbon sources [J]. Biologia Plantarum，（52）：597-600.

JHENG F Y，DO Y Y，LIAUH Y W，et al. ，2006. Enhancement of growth and regeneration efficiency from embryogenic callus cultures of *Oncidium* Gower Ramsey by adjusting carbohydrate sources [J]. Plant Science，170：1133-1140.

KERBAUY G B，1984. Plant regeneration of *Oncidium* varicosum（Orchidaceae）by means of root tip culture [J]. Plant Cell Reports，3：28-29.

KHAW C H, ONG H T, NAIR H, 1978. Hormones in the nutrition of orchid tissue in mericloning [J]. Malay Orchid Review, 13: 60-65.

KIM H H, GOINS G D, WHEELER R M, et al., 2004.Green-light supplementation for enhanced lettuce growth under red-and blue-light-emitting diodes [J]. Hort Science, 39(7): 1617-1622.

LIM-HO C L, LEE G C, 1987. Clonal propagation of *Oncidium* from dormant buds on flower stalk [J].Malay Orchid Review, 22: 48-52.

MURASHIGE T, SKOOG F, 1962. A revised medium for rapid growth and bioassays with tobacco tissue culture [J]. Plant Physiology, 15: 437-497.

SANTANA G E, CHAPARRO K, 1987. Clonal of *Oncidium* through the culture of floral buds [J]. Acta Horticulture, 482: 315-320.

WU I F, CHEN J T, CHANG W C, 2004. Effects of auxins and cytokinins on embryo formation from root-derived callus of *Oncidium* Gower Ramsey [J]. Plant Cell, Tissue and Organ Culture, 77: 107-109.

# 第九章 文心兰种苗工厂化繁育

## 第一节 快繁工厂设计的总体原则

文心兰同其他兰科植物一样，繁殖方式主要有传统的分株繁殖和组织培养繁殖两种。传统的分株繁殖不仅繁殖效率低，且易受病毒感染等造成种性退化，很难在较短时间内获得大量优质种苗满足市场需求。基于植物组织培养技术的种苗工厂化快繁，能在较短的时间内获得大量优质种苗，是目前文心兰种苗繁育的主要途径。

文心兰快繁工厂可根据工作性质和生产规模来设计，面积可大可小，主要用于科研和小规模生产的，面积较小；进行大规模工厂化生产的，面积较大。快繁工厂设计的总体原则主要包括以下几个方面。

一是快繁工厂选址在交通便利、水电供应充足、排灌水方便、远离污染源以及环境清洁的近郊区。

二是快繁工厂各车间布局合理、大小适中、功能适用。植物组织培养的全过程要求严格的无菌条件和无菌操作，房间入口处设置封闭的走廊或过道，主要入口设置双层滑道门，中间设衣帽间。接种车间和培养车间装备紫外线灭菌灯，要求密闭、保温性能良好、能够充分利用自然光源，以减少污染及能耗。为了节省用地，也可以采用楼层设计，但必须增加电梯吊装设备，并考虑各作业之间的便捷。

三是清洗车间、培养基配制车间以及灭菌车间等的建筑与装修材料要经得起消毒和清洁；厂房应经高标准防水处理，不能有渗漏现象；地基要高于地面30 cm以上，周边沟渠排水畅通。

四是整体净化，减少污染、温度变化等对快繁生产的制约。

五是配备消防火栓、报警装置等，以保证工厂运行过程的安全。

## 第二节 快繁工厂的设置与设备

植物组培快繁一般程序包括培养器皿的清洗、培养基的配制与灭菌、外植体的消毒与接种、离体培养以及移栽等多个环节，因此，文心兰快繁工厂主要包括贮存室、清洗室、培养基配置与鉴定室、灭菌室、接种室、培养室、温室等（刘进平和莫饶，2006）。

### 一、贮存室

贮存室主要用于各类器皿和用具的存放和保管，要求干燥、通风、相对无尘，并保持清洁干净。离体培养时需要大量的培养瓶等培养器皿，而且生产中如培养瓶等使用具有一定的周期性，因此需要专门场所进行贮存，以免破损、弄脏培养器皿。贮存室也可以隔离出相对独立空间，配备相应的货架、货柜等，可用于贮存试剂、药品及其他物资等。

### 二、清洗室

清洗室主要用于培养器皿、塑料器皿以及操作器具的清洗，要求通风、无尘，并保持清洁干净。清洗室地面要求耐磨、光滑，利于清理和冲洗；排水设施完备，并利于冲洗。清洗室一般可设置清洗区、放置区以及干燥区等。清洗区配备自来水管、清洗水槽、工作台以及各种清洗器具和洗涤试剂。放置区主要用于放置清洗好的培养器皿等，要求有较好的沥水性、通风性。干燥区配备干燥设备，如干燥箱等，用于特殊器皿的快速干燥。

### 三、培养基配置与鉴定室

培养基配置与鉴定室主要用于母液的配制与保存、培养基的配制与分装、溶剂的配制与保存以及对培养材料和培养结果进行观察、鉴定、记录和分析等，要求清洁、明亮。培养基配制与鉴定室要求有较大的水平工作台或实验台，配备低温和超低温冰箱或冰柜用于保存各种母液、外植体和其他需要低温保存的试剂和药品等。还可配备照相设备、显微镜、生理生化分析用仪器，以及各种器皿架、药品柜、电子天平、配制器皿、蒸馏水机、去离子水机、酸碱度（pH）计、pH试纸、电磁炉、搅拌器以及培养基灌装机等。

### 四、灭菌室

灭菌室用于培养基、接种器皿及接种器具等的灭菌。灭菌室要求通风性好，耐高温、高湿。灭菌室耗电量较大，电路最好设计成380V专线。灭菌设备根据生产需要而定，一般采用立式或卧式高压蒸气灭菌锅。

灭菌室应建立严格的管理制度，使操作达到标准化、规范化。灭菌前应细致检查灭菌设备，灭菌操作时严格按照操作规范进行，不得随意更改，及时填写灭菌记录。灭菌工作时，如发现灭菌设备运转异常，应立即切断电源，按操作说明降低锅内压力，并填写异常情况报告并交给技术负责人及时处理。培养基要及时灭菌，最好在12 h内完成灭菌工作，灭过菌的培养基及其他器具，待冷却后及时转运至无菌材料贮存室备用。

## 五、接种室

接种室用于外植体的灭菌、分离、接种及培养物的转移等无菌操作。接种室应配备空调、超净工作台、解剖镜、酒精灯、灭菌器械、接种工具（镊子、解剖刀、解剖刀片、剪刀、接种针等）、载物台、手推车及污物桶等。接种室也称为无菌操作室，其无菌条件的好坏对组培快繁的成功与否起着重要的作用。

接种室要求密闭、干爽安静、清洁明亮。地面、天花板及四壁尽可能密闭光洁，便于清洁和灭菌；天花板可选用塑钢板或防菌漆材质，墙面可选用塑钢板或白瓷砖，地面可铺地板砖或水磨石，这些材料光滑平整、易于灭菌、不易积染灰尘。在适当的位置吊装1~2盏紫外线灭菌灯，以便照射灭菌，尽量使环境保持无菌状态。为了防止带菌空气直接进入接种室应设计缓冲室，并设计滑道门，以减少开关门时的空气流动。工作人员在进入接种室前在缓冲室更衣、换鞋、戴口罩等，以防止杂菌被带入接种室。

接种室应建立严格的管理制度。非工作人员禁止进入接种室，接种人员进入接种室前，需做好个人卫生，清洗双手，更换工作鞋和工作服；接种人员在接种室禁止随意走动，禁止聊天和喧哗。超净工作台使用前要做好消毒工作，使用后做台面清洁；接种室每天使用后及时清理垃圾和废弃物，清洁地板后及时消毒。定期对接种室超净工作台外部四壁及手推车等进行擦拭消毒。

## 六、培养室

培养室主要用于离体培养。培养室面积根据生产规模和培养架规格、数目及其他附属设备而定。培养室内不仅要求清洁卫生，更要求密闭保温和隔热；天花板和墙壁光滑平整、绝热防火，最好用塑钢板或瓷砖装修；地面用水磨石或地板砖铺设，方便室内灭菌，并能提供室内的亮度；培养室内应配备空调、排气扇、培养架、组培灯、光照时控器、加湿器、除湿器、干湿温度器、温度自动记录仪等。

培养室最重要的环境因子是温度，一般保持20~28 ℃。培养室湿度要求恒定，相对湿度应保持60%~70%为宜。湿度可通过除湿器和加湿器来控制。培养架上装置日光灯或LED灯时，可安装定时开关控制照明时间。文心兰组织培养的光照强度一般在0~4 000 lx，每天照明10~16 h。可部分采用自然太阳光作为能源，这样不但可以节省能源，而且组培苗接受太阳光照，生长粗壮，驯化也易成活。培养架要求使用方便、节能、充分利用空间和安全可靠。培养架大多由金属制成，一般设6层，高2 m，最下一层距地面0.2 m，层间距为0.3 m，架宽0.6 m；培养架长度一般以1.3 m为宜；多个组培架可以用1个时控器控制光照时间，以灵活控制为原则。培养室内用电量大，应设置供电专线和配电设备，并且配电板置于培养室外，保证用电安全和控制方便。

## 七、温室

温室用于组培苗的炼苗和移栽。文心兰组培苗炼苗移栽用温室可采用玻璃温室或薄膜温室，多以薄膜温室为主。薄膜温室多采用热镀锌钢管构架，一般跨度6~12 m，檐高≥3 m，单栋或连栋，长效农用无色薄膜覆盖，设顶开窗、侧开窗。大棚顶上约0.5 m处及东、西两侧设外遮光设施，覆盖遮光率为50%~60%的遮光网，外遮光设施宜采用可控制遮光网。四周加装防虫网，配备风机和水帘。

温室应配备栽培床，栽培床应通风、不积水，离地高0.5~0.6 m，床宽1.5~1.7 m，床间距0.6~0.8 m。栽培床地面宜用碎石或黑色地膜覆盖。宜配备自动喷灌系统、肥药池、搅拌器、增压泵等。此外，还需要配备育苗杯、育苗托盘或穴盘、水苔、肥料等。

# 第三节 文心兰工厂化繁育技术流程

文心兰种苗组培工厂化繁育体系已较为成熟。其主要步骤和关键环节包括母本园的管理、母本材料的选择与预处理、外植体消毒与接种、诱导培养、增殖培养、分化培养、壮苗培养、生根培养、炼苗与移栽、出苗等。

## 一、母本园的管理

母本园是提供良种繁育材料的种质圃。母本园的基本要求：①自然条件适宜，设施条件完善，能在人工控制条件下提供适宜的温度、光照、湿度等；②采用适宜的栽培技术和严格的管理制度；③隔离保护，无病毒、无检疫性病虫害。

种苗工厂化繁育前，将待繁育的品种种植于母本园内，加强肥水管理与病虫害防治，确保植株健壮。并且于花期时，对品种生物学特征与观赏性状等进行调查，为母本材料的选择奠定基础。

## 二、母本材料的选择与预处理

在母本材料的选择时，进一步优选出品种性状典型、无变异、至少不携带建兰花叶病毒（CyMV）和齿兰环斑病毒（ORSV）的健壮个体作为母本材料（韩松 等，2016）。选出的母本材料，可进一步隔离，并用多菌灵、百菌清等杀菌，然后进行套袋养护，待新的侧芽或花梗长出后，再切取外植体。

## 三、外植体消毒与接种

文心兰一般可选择幼嫩花梗或侧芽作为外植体。花梗和侧芽的表面消毒成功率略有差异，比较而言，选择幼嫩花梗为外植体时，表面消毒成功率较高。

（1）幼嫩花梗的表面消毒：选取长度≤10 cm的幼嫩花梗作为外植体，用自来水冲洗后移至超净工作台上。先用手术刀剥除苞片，用75%（$V/V$）的酒精浸湿的脱脂棉擦洗表面后置入无菌水中清洗1～2次，然后取出置入0.1% $HgCl_2$水溶液中振荡消毒8～10 min，无菌水冲洗4～5次后，用无菌吸水纸吸干表面水分后备用。

（2）侧芽的表面消毒：选取叶片未展开的幼芽侧芽，先用手术刀剥除外部1～2片鞘叶，自来水冲洗30～60 min。接着在超净工作台上将外植体用75%酒精浸泡轻摇20～30 s，用无菌水冲洗外植体3～4次后，在加了3～4滴吐温-80的0.1% $HgCl_2$水溶液中振荡消毒8～10 min，无菌水冲洗1～2次后，用手术刀再次剥除1～2片鞘叶后，再次在加了3～4滴吐温-80的0.1% $HgCl_2$水溶液中振荡消毒3～5 min，无菌水浸泡振荡清洗4～5次后，用无菌吸水纸吸干表面水分后备用。

将消毒好的幼嫩花梗切割成带1～2个节的切段，侧芽切割后成边长约0.5 cm带茎尖的小立方块，转接在诱导培养基中进行培养。

## 四、诱导培养

诱导培养是在人工培养条件下，将文心兰幼嫩花梗或侧芽诱导出芽或类原球茎（protocorm-like bodies，PLBs）的过程。文心兰诱导培养通用诱导固体培养基可采用1/2MS+花宝1号1.5 g/L+6-BA 2.0～3.0 mg/L+椰子汁100～150 g/L+蔗糖25～30 g/L，pH值5.4～5.6；培养温度为（25±2）℃，光照强度500～1 500 lx、光照时间12～14 h/d。未污染的外植体经过40～60 d的培养可诱导出芽或类原球茎。诱导出的芽或类原球茎将作为无菌材料进行增殖培养（图9-1、图9-2）。

图9-1　花梗直接诱导出芽和类原球茎

图9-2　侧芽诱导出（丛生）芽

## 五、增殖培养

根据增殖材料的不同，文心兰增殖途径主要有丛生芽增殖途径和类原球茎增殖途径两种：①丛生芽增殖是将诱导培养获得的芽进一步诱导出丛生芽，再将丛生芽切割成带有 2～3 个小芽的芽丛，在增殖培养基中进行快速增殖；②类原球茎增殖是将诱导获得的类原球茎作为增殖材料，在增殖的过程中一直维持类原球茎的状态。丛生芽增殖率较类原球茎增殖率低，但丛生芽增殖过程是通过芽生芽的方式，遗传相对稳定，种苗变异率较低，且不需要分化培养过程。类原球茎增殖率虽较高，但需要经过类原球茎分化成苗的培养过程，操作相对烦琐，且容易发生较高频率的变异。

丛生芽或类原球茎增殖时所用培养基基本一致，通用固体培养基可采用 1/2 MS+花宝 1 号 1.5 g/L+6-BA 2.0～4.0 mg/L+椰子汁 100～150 g/L+蔗糖 30 g/L，pH 值 5.4～5.6。一般可通过调整 6-BA 用量来调整增殖率和长势。无论采用何种增殖途径，增殖率不宜过高，一般增殖培养 50～60 d 增殖率宜控制在 3.5～4.5 为宜；继代次数一般控制在≤10 次；培养温度为（25±2）℃，光照强度 1 000～1 500 lx、光照时间 12～14 h/d。

## 六、分化培养

分化培养是类原球茎增殖途径中不可缺少的培养环节，是将类原球茎分化成芽苗的过程（图 9-3）。通用固体培养基可采用 MS+6-BA 0.5～1.0 mg/L+椰子汁 50～100 g/L+香蕉泥或土豆泥 50～100 g/L+蔗糖 30 g/L，pH 值 5.4～5.6；培养温度为（25±2）℃，光照强度 1 000～1 500 lx、光照时间 12～14 h/d。将分化出的芽苗及时转接到壮苗培养基上进行壮苗培养，未完全分化的类原球茎可再次进行分化培养。

## 七、壮苗培养

将丛生芽增殖出的小芽丛以及类原球茎分化出的小芽切割成单芽，接种到壮苗培养基上进行培养，促进小芽长高长壮的过程即壮苗培养。通用壮苗培养基可用 MS+椰子汁 50～100 g/L+香蕉泥或马铃薯泥 50～100 g/L+蔗糖 30 g/L，pH 值 5.4～5.6；培养温度为（25±2）℃，光照强度 1 500～2 000 lx、光照时间 12～14 h/d。当芽苗株高长至 3～5 cm 时，可进行生根培养。

丛生芽增殖途径中壮苗培养环节不是必须的。在生根培养前适当调整增殖培养基 6-BA 浓度水平及培养条件，并适当延长培养时间，在特定条件下可以不进行壮苗培养，可直接将增殖出的芽苗切割成单芽后进行生根培养（图 9-4）。但类原球茎分化出的芽苗一般要进行壮苗培养。

图 9-3 类原球茎分化出芽苗

图 9-4 丛生芽

## 八、生根培养

将壮苗培养后的无根幼苗，取生长健壮、叶色正常、叶片舒展、无明显形态异常的植株，接种在生根培养基中培养（图 9-5）。生根培养基为 1/2 MS + NAA $0.2 \sim 0.3$ mg/L + 香蕉泥或马铃薯泥 $100 \sim 150$ g/L + 蔗糖 20 g/L + AC $0.5 \sim 1.0$ g/L 的固体培养基，pH 值 $5.4 \sim 5.6$；培养温度为 $(25\pm2)$℃，光照强度 $2\,000 \sim 2\,500$ lx、光照时间 $14 \sim 16$ h/d。培养 $40 \sim 60$ d 后植株基部能长出数条新根，苗高一般 $\geq 6$ m。

图 9-5 生根苗

## 九、炼苗与移栽

组培瓶苗的生理特征决定了在移栽前必须进行炼苗来逐渐适应外部环境条件，从而提高移栽成活率。工厂化繁育中炼苗与移栽过程主要包括瓶内炼苗、洗苗与消毒、瓶外炼苗、基质处理、试管苗移栽定植以及移栽后的管理等步骤。

**1. 瓶内炼苗**

文心兰组培苗经生根培养，待根系基本发育后，将组培瓶苗移到遮光率为60%～80%，温度22～28℃的环境中进行闭瓶炼苗10～15 d，然后开瓶炼苗2～3 d（图9-6）。

**2. 洗苗与消毒**

炼苗后，将组培苗从瓶中小心取出，先用清水将附在根系上的培养基冲洗干净，洗苗过程应减少机械损伤。清洗后将组培苗中的畸形苗、残苗等进行剔除，并将大苗和小苗进行分级，将分级好的组培苗置入800～1 000倍多菌灵或百菌清等杀菌剂水溶液中消毒3～5 min捞出。

**3. 瓶外炼苗**

将消过毒的组培苗放进小的塑料筐中，然后放在温室苗床上进行瓶外炼苗1～2 d，也可以将苗直接放在铺有遮光网的苗床上进行炼苗。期间温室遮光率为70%～90%，温度22～28℃，避免阳光直射（图9-7）。

图9-6　瓶内炼苗

图9-7　瓶外炼苗

**4. 基质处理**

一般用水苔作为基质。首先将水苔置入清水中浸泡8～12 h，捞出，挤出明水后再用清水冲洗1～2遍，最后挤出明水备用。挤水操作也可以用脱水机进行。

**5. 试管苗移栽定植**

将瓶外炼苗后的组培苗，用适量的水苔包裹住根部，生长点的位置露出水苔面，塞入5 cm白色透明育苗杯中，水苔面要低于杯沿0.5～1.0 cm，松紧适中。移栽好的组培苗放入育苗托盘中，整齐摆放在育苗架上（图9-8）。移栽一般在春季和秋季进行，尽量避免夏季高温天气移栽，因为高温高湿极易引起烂苗。

图9-8　移栽定植

## 6. 移栽后的管理

组培苗移栽后,温度控制在22～28℃;遮光率控制在60%～80%,且光照均匀;空气相对湿度控制在80%～90%,并保持适当通风。移栽前7～10 d浇淋,可喷雾保持湿度;移栽10 d后可根据天气进行浇水。浇水时要浇透,做到整个水苔湿润;水苔干透时及时浇水。移栽30 d以内,每3～4 d喷施2 000倍叶面肥1次,循环喷施N:P:K=20:20:20、N:P:K=30:10:10、N:P:K=10:30:20,薄肥勤施,以促进根系和叶片恢复生长。30 d后叶面肥浓度可提高到1 500倍;90 d后可提高至1 000倍。

及时清理死亡植株,每15 d喷洒1次800～1 000倍多菌灵、百菌清或甲基托布津等杀菌剂,各种农药要交替使用。虫害主要有斜纹夜蛾和蛞蝓。斜纹夜蛾可用20%辛硫磷乳油或4.5%高效氯氰菊酯乳油1 500倍液等喷洒,7～10 d喷洒1次,共2～3次能有效防治。蛞蝓可用80%四聚乙醛可湿性粉剂800～1 000倍液喷洒植株及基质,7～10 d喷洒1次,连续2次。

移栽90 d后,逐一检查种苗的外观,及时剔除畸形种苗(图9-9)。移栽180 d后再进行1次检查和剔除。期间,可按0.3%抽样检测CyMV和ORSV携带情况。

**图9-9 组培移栽苗**

## 十、出苗

出苗包括瓶苗出苗和组培移栽苗出苗,应注意出苗标准、包装与运输等环节。

### 1. 出苗标准

瓶苗出苗标准:①文心兰组培苗生根培养40～60 d后,植株生长健壮、挺直,叶片舒展、有层次感,无或有假鳞茎,无玻璃化;②苗高≥6 cm,具叶1～2片,鞘叶2～3片,叶色鲜亮;③根系≥2条,健壮,根色灰白或银白;④同一批次整齐度≥95%,即≥95%的苗高达到要求;⑤变异率≤5%;⑥不携带CyMV和ORSV;⑦培养基及组培苗无真菌和细菌污染(图9-10)。

组培移栽苗出苗标准:①文心兰组培苗移栽苗育苗210～270 d后,植株生长健壮、挺拔、具有1～2个饱满假鳞茎,苗高≥8 cm;②假鳞茎具叶1～2片,鞘叶2～3片,叶色浓绿、鲜亮;③根系发达,根数3～5条,根色灰白或银白,根系缠绕基质性好;④同一批次整齐度≥90%,即≥90%以上的苗高达到要求;⑤变异率≤5%;⑥不携带CyMV和ORSV,无其他病虫害危害。

### 2. 包装与运输

组培苗包装时,将合格的组培瓶苗(或袋苗)叠加整齐装进纸箱并固定后打包。组培移栽苗包装时,将杯苗横放装在侧面有打孔的纸箱内,并用胶带固定后打包。包装箱应贴上标签,注明品种、规格、数量、出苗日期等。装车时切勿倒置,避免日晒、雨淋,应在

3 d 内到达目的地。

## 第四节　工厂化繁育质量控制

文心兰种苗组培工厂化繁育质量控制主要包括生产污染控制和种苗变异控制两个方面。

### 一、生产污染控制

近年来组织培养技术发展迅猛，但其中的一些技术环节仍然存在不少问题，污染、褐化、玻璃化被认为是组织培养中的世界性三大难题。污染是影响植物种苗工厂化繁育的最大障碍之一，污染率直接影响生产成本。研究表明，污染率每升高5%，试管苗繁殖速度降低40%，室内生产成本递增10%，污染率越高，成本越高（秦廷豪和卓明，2015）。因此，采取有效的污染防控措施，降低污染发生的概率，是保证文心兰组培苗工厂化繁育成功的关键。

**1. 接种操作污染控制**

接种操作污染控制不当，很容易引起接种材料的交叉感染。接种操作的控制主要有以下5个方面：①培养基及接种器具灭菌要彻底，如需临时贮存，要做好保护；②接种前对接种器械进行严格的高温灭菌，接种时严格遵守操作规程使用超净工作台、灭菌器等；③接种操作人员要做好个人卫生，接种前先用肥皂洗手，在缓冲间更换已消毒好的衣、帽、鞋并戴上口罩，接种时避免说话或咳嗽；④需要转接的材料，在转接前要细致检查是否被污染，确保材料无污染后才可进行转接操作；⑤转接好的材料，要做好瓶内或袋内密封，并及时转入培养室进行培养。

**2. 室内环境污染控制**

室内环境污染控制主要针对接种室和培养室。接种室要保持干燥，除定期用紫外线灯消毒，每次接种前用紫外线灯照射接种室、缓冲间及超净台20～30 min，对紫外线灯不能照到的死角要用流动紫外线灯进行杀菌；使用后用75%（V/V）酒精喷雾降尘、消毒，并用消毒水擦拭地面、超净工作台等。培养室用于培养物的生长，除了保持适宜的光照、温度和湿度外，培养室的清洁、卫生对于防止污染物的生长极其重要。及时清除培养室中的污染苗，并集中进行高温灭菌处理。此外，还需要定期对工厂进行全面清洁和消毒，并保持周边环境卫生和沟渠畅通。

### 二、种苗变异控制

文心兰变异苗的产生属体细胞无性系变异，主要与外植体类型、培养类型（丛生芽、类原球茎）、生长调节物质、继代次数以及遗传组成或基因型有关。文心兰变异的控制主要有以下措施：①选择形态典型、生长健壮、无变异的植株作为母本材料，必要时可用分子标记手段辅助鉴定是否发生变异；②类原球茎增殖及分化过程容易产生突变，因此应尽量避免采用类原球茎的形式进行大量增殖；③使用相对均衡、低浓度的生长调节物质组合；④严格控制增殖率和继代次数，文心兰一般不超过10代；⑤在分化、壮苗、生根及炼苗移栽等环节，及时剔除畸形苗（图9-11）。

图9-10 文心兰健康具鳞茎（左）及无鳞茎（右）生根苗

图9-11 文心兰畸形苗

# 参考文献

韩松，王安石，陈施明，等，2016.文心兰切花无病毒种苗组培快繁生产技术［J］.农业研究与应用，1（162）：7-12.
刘进平，莫饶，2006.热带植物组织培养［M］.北京：科学出版社，5-8.
秦廷豪，卓明，2015.植物组织培养之污染控制［M］.北京：中国农业出版社，1-2.

# 第十章 文心兰栽培生理研究

## 第一节 文心兰不同生育期茎叶生理指标的动态变化

文心兰是多年生常绿草本植物（吴容仪 等，2007），假鳞茎和叶片是文心兰重要的营养器官。目前有学者对文心兰不同品种叶片光合作用特征（王燕君 等，2015）、不同开花阶段花被生理生化变化（勾昕 等，2016）、突变体生理生化（田韦韦 等，2015）以及矿质营养（郑妍 等，2014）等方面均有研究。文心兰叶片是光合作用的主要器官，假鳞茎则将光合产物进行贮藏，具有在植株生长及开花过程中实现养料供给和调节生理平衡的功能。通过对文心兰不同生育期的叶片和假鳞茎中叶绿素（叶绿素 a+ 叶绿素 b）、可溶性糖、还原糖、淀粉、脯氨酸（Pro）等含量及相对电导率、过氧化物酶（POD）活性等生理指标进行分析，探究文心兰不同生育期茎叶生理指标的动态变化规律，为了解文心兰不同生育期茎叶生理功能及建立合理的栽培技术等提供理论。

### 一、分析材料与测定方法

以切花品种'金辉'为对象，以组培苗移栽后株龄为 3 年且生长一致的植株为实验材料。以 4 个不同生育期（图 10-1）的假鳞茎顶部向上的第 1 片叶（下文中称为"顶叶"）和假鳞茎分别测定各项生理指标。4 个生育期分别为：膨大期、成熟期、侧芽期和子茎期。

Ⅰ：膨大期；Ⅱ：成熟期；Ⅲ：侧芽期；Ⅳ：子茎期

**图 10-1 文心兰茎叶不同生育期**

Ⅰ膨大期：顶叶定型，假鳞茎发育膨大；
Ⅱ成熟期：顶叶定型，假鳞茎发育成熟；
Ⅲ侧芽期：子代侧芽长出，但子代假鳞茎未膨大，以母代植株顶叶及假鳞茎为材料；
Ⅳ子茎期：子代假鳞茎发育成熟，以母代植株顶叶及假鳞茎为材料。

每个时期选取10株，取10个假鳞茎及10片顶叶。顶叶用去离子水清洗，然后用脱脂棉擦干，先将顶叶用打孔器打出小圆片以测定相对电导率，然后剪碎混匀用于样品制备；假鳞茎削去表皮后剪碎混匀用于样品制备。各生理指标测定方法参考王学奎（2006）、史树德等（2011）及蔡永萍（2014）的方法并适当改进，分别测定鲜重中叶绿素、可溶性糖、还原糖、淀粉、Pro等的含量以及POD活性。

## 二、各生理指标的动态变化

### 1. 顶叶叶绿素含量与电导率的变化

在Ⅰ期时，顶叶中叶绿素（叶绿素a+叶绿素b）含量显著较低，为0.604 mg/g；Ⅱ期时叶绿素含量显著升高，达0.877 mg/g；Ⅲ、Ⅳ期时母代顶叶中叶绿素含量（0.838～0.866 mg/g）略微下降，但与Ⅱ期时差异不显著（表10-1）。说明文心兰顶叶在生长定型后至子代假鳞茎发育成熟期间，顶叶中叶绿素含量较高。

表10-1 文心兰顶叶叶绿素含量的变化

| 时期 | 叶绿素含量（mg/g） | | |
| --- | --- | --- | --- |
| | 叶绿素a | 叶绿素b | 叶绿素（叶绿素a+b） |
| Ⅰ膨大期 | 0.458 ± 0.012 5 | 0.146 ± 0.003 8 | 0.604 ± 0.016 2 a |
| Ⅱ成熟期 | 0.674 ± 0.033 3 | 0.203 ± 0.006 1 | 0.877 ± 0.039 3 b |
| Ⅲ侧芽期 | 0.644 ± 0.015 8 | 0.194 ± 0.005 4 | 0.838 ± 0.021 2 b |
| Ⅳ子茎期 | 0.644 ± 0.045 2 | 0.222 ± 0.015 3 | 0.866 ± 0.060 4 b |

注：不同字母表示差异达显著水平（$P<0.05$）。

在Ⅰ期时顶叶中相对电导率显著最高，为29.590%，Ⅱ、Ⅲ、Ⅳ期时相对电导率（22.503%～23.678%）显著降低，且相对稳定（表10-2）。说明顶叶较为幼嫩的Ⅰ期时相对电导率较高；当叶片定型成熟后相对电导率显著减小并趋于稳定。

表10-2 文心兰顶叶相对电导率的变化

| 时期 | 相对电导率（%） |
| --- | --- |
| Ⅰ膨大期 | 29.590 ± 1.604 7 a |
| Ⅱ成熟期 | 23.678 ± 2.427 7 b |
| Ⅲ侧芽期 | 22.503 ± 1.764 2 b |
| Ⅳ子茎期 | 23.660 ± 2.241 5 b |

注：不同字母表示差异达显著水平（$P<0.05$）。

## 2. 可溶性糖含量的变化

可溶性糖是植物重要的化合物，其含量反映了植物体内可利用液态物质和能量的供应基础。文心兰各时期假鳞茎中可溶性糖含量均高于顶叶，假鳞茎与顶叶在Ⅰ、Ⅱ期时可溶性糖含量不断上升，其中在Ⅱ期时可溶性糖含量均显著最高，分别为0.878%、0.435%；Ⅲ、Ⅳ期时子代假鳞茎生长发育需要大量营养物质，因此，母代植株假鳞茎与顶叶中可溶性糖含量逐渐下降（图10-2）。

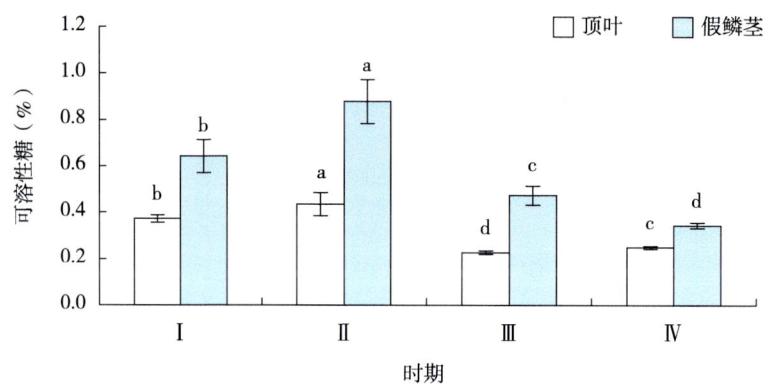

图10-2 文心兰茎叶可溶性糖含量的变化

注：图中不同小写字母表示差异达显著水平（$P<0.05$）。

## 3. 还原糖含量的变化

文心兰顶叶中还原糖含量呈先下降后升高的变化趋势（图10-3），其中在Ⅰ期时含量最高，为0.726%，在Ⅲ期时含量最低，为0.060%；假鳞茎中还原糖含量呈先升高后降低再升高的变化趋势，其中在Ⅱ期时含量最高，达1.629%。结果表明还原糖含量在Ⅰ、Ⅱ期时较高，且主要贮存在假鳞茎中；在4个时期中，假鳞茎中还原糖含量均高于顶叶。

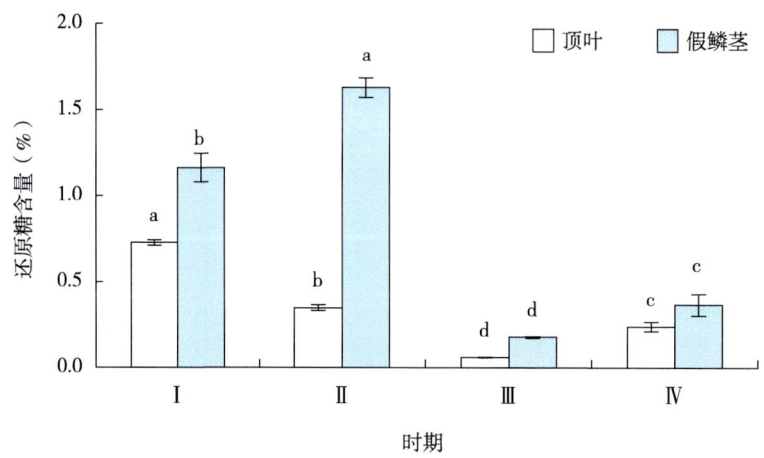

图10-3 文心兰茎叶还原糖含量的变化

## 4. 淀粉含量的变化

淀粉是植物重要的能量物质。在Ⅰ、Ⅱ期时顶叶和假鳞茎中淀粉含量较低（图10-4），且变化较平缓；在Ⅲ期时淀粉含量骤升至最高，分别为0.482%和1.241%；在Ⅳ期时淀粉含量均大幅降低，说明在侧芽期和子茎期时淀粉被转化并消耗。

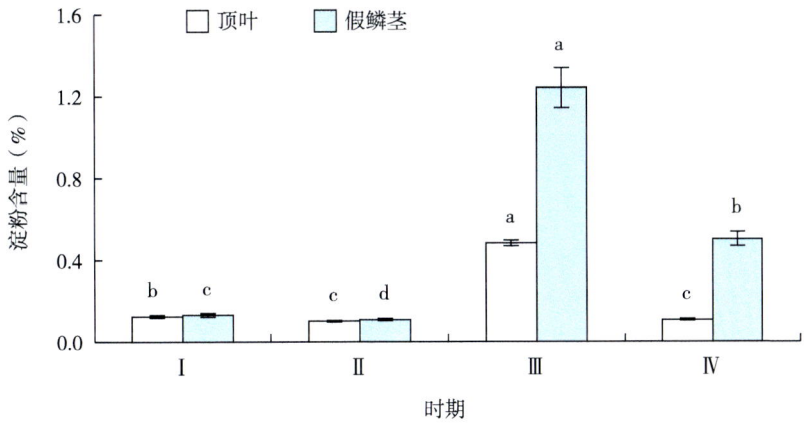

图10-4 文心兰茎叶淀粉含量的变化

## 5. Pro 含量的变化

不同时期文心兰顶叶与假鳞茎中Pro含量均呈现先降后升的变化趋势（图10-5）。顶叶中Ⅰ期时Pro含量最高，为56.459 μg/g，Ⅱ期时显著下降，Ⅲ期时下降至最低的22.332 μg/g；假鳞茎中Ⅱ期时Pro含量下降至最低，为28.522 μg/g，Ⅲ、Ⅳ期时Pro含量又逐渐升高，至Ⅳ期时显著最高，达91.196 μg/g。

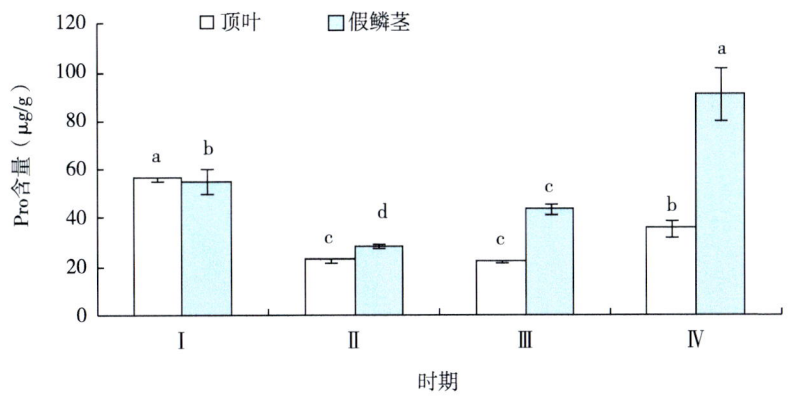

图10-5 文心兰茎叶Pro含量的变化

## 6. POD 活性的变化

POD是酶促防御系统的重要保护酶。研究表明，文心兰顶叶和假鳞茎中POD活性均呈先降后升的变化趋势（图10-6）。Ⅰ期时顶叶和假鳞茎中POD活性均较高，分别为5.984 U/(g·min)和0.826 U/(g·min)；Ⅲ期和Ⅱ期时顶叶和假鳞茎中POD活性均最低，分别为 2.828 U/（g·min）和 0.179 U/（g·min），到Ⅳ期时母代顶叶和假鳞茎中 POD 活性又升高，分别为 6.777 U/（g·min）和 0.605 U/（g·min）。不同时期顶叶中 POD 活性及变化幅度均高于假鳞茎。

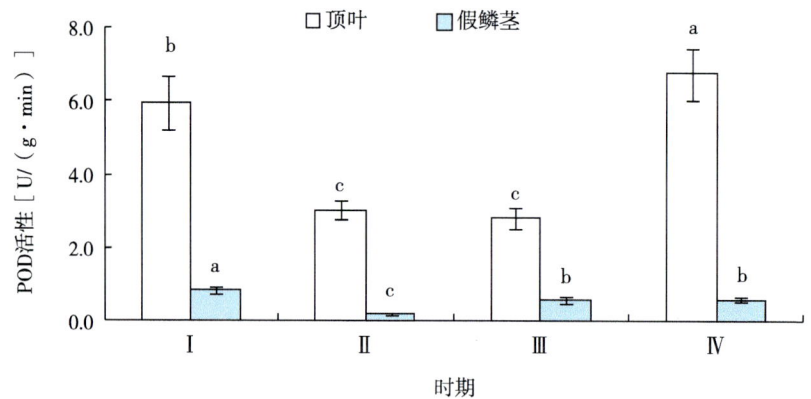

图 10-6　文心兰茎叶 POD 活性的变化

## 三、讨论与小结

文心兰顶叶是进行光合作用的主要器官，因此顶叶的生理状态直接影响到植株的生长和开花品质。叶绿素是光合色素的重要种类，是植物光合蓄能和形成有机物不可缺少的物质（潘瑞炽，2001），同时叶绿素含量的变化可作为叶片黄化程度的判断依据（王晓立 等，2010）。本研究发现文心兰Ⅱ期时顶叶叶绿素含量最高，此时可溶性糖含量也最高，说明叶绿素的含量直接影响有机物的合成，这与龙船花（Ixora chinensis）（林金水 等，2010）、杜鹃花（Rhododendron）（张艳红 等，2007）的研究结果一致。随侧芽长出且子代假鳞茎成熟，母代顶叶中叶绿素含量略有降低，但差异不显著，说明文心兰顶叶的衰老较缓慢。膜蛋白受伤害导致细胞膜透性增加，细胞液外渗而使相对电导率增大（陈爱葵 等，2010），通常植物的抗旱性越强则相对电导率越低，且较稳定（赵欣欣 等，2000），研究表明文心兰耐旱性强，相对电导率较低（孙映波 等，2011），但本研究中不同时期顶叶的相对电导率均较高，是否与试验期间植株受到如高温胁迫有关还需进一步研究。

可溶性糖为植物生长发育提供碳源，参与渗透调节，还可作为信号分子在植物的生长发育、花转变、衰老等过程中发挥调控作用（赵江涛 等，2006）。本研究结果显示Ⅱ期顶叶和假鳞茎中可溶性糖含量均达峰值，为侧芽生长或花芽分化储备了较多的碳水化合物，同时较高的可溶性糖含量能提高植株的渗透调节能力，增强了植株的抗性。还原糖反映了植物体内碳水化合物的供应与转换，淀粉、蔗糖等碳水化合物也可分解产生还原糖（梁悦萍和唐道城，2013），本研究中Ⅰ期和Ⅱ期时顶叶和假鳞茎中还原糖的含量高于Ⅲ期和Ⅳ期，其中Ⅱ期时假鳞茎中还原糖的含量最高，当侧芽长出后还原糖含量骤降，而此时顶叶与假鳞茎中淀粉含量大幅度升高，这可能与还原糖转化成淀粉有关，这与马铃薯的研究结果类似（刘锋 等，2007）。

Pro作为渗透调节物质具有较好的水合作用，对原生质体起到保护作用。本研究显示在Ⅱ期时Pro含量最低，表明该时期碳水化合物的大量积累能增加植株的抗性；随子代假鳞茎长出，母代假鳞茎及顶叶中碳水化合物及水分的大量消耗易出现水分等胁迫，因此Pro含量逐渐升高。POD分布广泛，是细胞内防御酶系统中重要的清除酶之一，主要与叶绿素降解及膜脂过氧化有关，对逆境反应较为敏感（王冬雪 等，2007），常作为抗性指标。本研究中顶叶POD活性远高于假鳞茎，说明文心兰顶叶膜脂过氧化程度高，也说明假鳞茎对逆境具有较强的耐受性。顶叶中POD活性变化为先下降后升高，在Ⅱ期及Ⅲ期时活性较低，说明该时期顶叶膜脂过氧化较轻。在Ⅰ期时顶叶较幼嫩易受逆境胁迫，在Ⅳ期时顶叶逐渐衰老叶绿素开始降解，因此POD活性较高（罗远华 等，2017a）。

## 第二节　温度对文心兰生长特性和生理指标的影响

温度过高或过低均对文心兰的生长不利，温度成为影响其应用推广的重要因素（李孟惠，1998；蔡佩芬，2000）。叶绿素是光合作用的重要色素，其自身的合成与降解都与温度密切相关。可溶性糖、还原糖及淀粉等碳水化合物既是植物生长发育必需的能量物质，也是重要的抗逆性调节物质（樊金萍 等，2007）。在逆境胁迫下Pro的累积能提高细胞的渗透势，保护细胞膜的结构，是最重要的渗透调节物质（江南 等，2012）。通过对不同温度水平下文心兰叶绿素、碳水化合物及Pro等累积与变化的研究，探讨在人工模拟不同昼/夜温度处理下叶绿素、可溶性糖、还原糖、淀粉、Pro含量及茎叶形态等变化，能为筛选出适宜文心兰规模化种植的温度条件提供依据。

### 一、分析材料与测定方法

以文心兰切花品种'金辉'组培移栽苗为供试材料。选择植株状态一致，具有1个成熟假鳞茎带1个开始膨大但未成熟的假鳞茎的植株作为供试材料。在光照培养箱中设定光照12 h，黑暗12 h，光强12 000 lx，相对湿度（RH）65%。在昼/夜温度25 ℃/20 ℃条件下预处理3 d后进行昼/夜温度为12 ℃/4 ℃、20 ℃/12 ℃、28 ℃/20 ℃、36 ℃/28 ℃的处理，各处理每隔7 d时取新假鳞茎及新假鳞茎顶端向上第1片叶（顶叶），测定鲜重中叶绿素、可溶性糖、还原糖、淀粉及Pro等的含量，连续测5次。

处理前及处理35 d后观测新假鳞茎叶的长、宽，新假鳞茎长、茎围，新芽萌发率及新芽长等指标。各处理均130株，其中100株用于生理指标测定，30株用于形态指标测定。生理指标测定时每次随机选取20株混合制样，取样后的植株不重复取样，测定时均重复3次。处理期间每周浇1次1 000倍平衡水肥，同时通过调节浇水次数保持基质湿润。

## 二、温度对文心兰形态指标的影响

不同的昼/夜温度对文心兰茎叶发育有重要影响。20℃/12℃、12℃/4℃处理的叶长显著高于处理前,各处理的叶宽差异不显著。温度对假鳞茎的茎长和茎围的影响明显,12℃/4℃时茎长与茎围比处理前略增,但差异不显著,且显著低于其他处理;随处理温度的升高,茎长与茎围呈先升后降趋势,其中20℃/12℃处理的茎长与茎围均最大(表10-3)。

经过35 d的处理,12℃/4℃的处理无新芽萌发,随处理温度的上升,新芽萌发率不断升高,28℃/20℃的处理长出的新芽长且壮,36℃/28℃处理的新芽虽最多但较细弱。结果说明12℃/4℃的低温和36℃/28℃的高温均不利于文心兰假鳞茎的生长,28℃/20℃利于假鳞茎及其子代侧芽萌发与生长。

表10-3 温度对文心兰茎叶形态的影响 (单位:cm)

| 处理 | | 叶长 | 叶宽 | 茎长 | 茎围 | 新芽萌发率(%) | 新芽长 |
|---|---|---|---|---|---|---|---|
| 处理前 | | 29.65±1.14C | 2.61±0.04A | 5.34±0.24C | 3.56±0.31C | 0 | - |
| 处理35 d | 12℃/4℃ | 31.85±0.73AB | 2.71±0.06A | 5.68±0.22C | 3.77±0.19C | 0 | - |
| | 20℃/12℃ | 32.29±0.36A | 2.63±0.13A | 9.03±0.50A | 7.71±0.30A | 14.29 | 2.75 |
| | 28℃/20℃ | 30.17±1.11BC | 2.59±0.04A | 8.35±0.28AB | 7.15±0.24A | 88.89 | 7.23 |
| | 36℃/28℃ | 29.94±1.07C | 2.57±0.09A | 8.05±0.52B | 5.51±0.56B | 94.44 | 5.61 |

注:同列不同字母表示不同温度处理间差异显著($P<0.05$)。

## 三、温度对文心兰生理指标的影响

### 1. 温度对叶绿素含量的影响

温度对文心兰叶片中叶绿素含量有影响。处理相同时间,28℃/20℃的叶绿素含量最高,36℃/28℃次之,20℃/12℃、12℃/4℃较低。随处理时间的延长,不同处理叶绿素含量的变化不同。12℃/4℃、20℃/12℃和28℃/20℃总体表现呈先上升后下降的趋势,分别在14 d、21 d和28 d达到峰值,且处理至35 d时叶绿素的含量与处理7 d时差异不显著。36℃/28℃的处理在7~28 d叶绿素含量无显著变化,但至35 d后显著降低(表10-4)。

表10-4 温度对文心兰叶片叶绿素含量的影响 (单位:mg/g)

| 处理 | 处理天数(d) | | | | |
|---|---|---|---|---|---|
| | 7 | 14 | 21 | 28 | 35 |
| 12℃/4℃ | 0.64±0.03Bab | 0.68±0.04Ba | 0.62±0.01Cb | 0.62±0.01Cb | 0.61±0.02Bb |
| 20℃/12℃ | 0.68±0.03Bb | 0.67±0.01Bbc | 0.72±0.01Ba | 0.64±0.01Cc | 0.65±0.03Bbc |

续表

| 处理 | 处理天数（d） | | | | |
|---|---|---|---|---|---|
| | 7 | 14 | 21 | 28 | 35 |
| 28℃/20℃ | 0.80 ± 0.02Acd | 0.77 ± 0.02Ad | 0.86 ± 0.01Ab | 0.94 ± 0.02Aa | 0.84 ± 0.06Abc |
| 36℃/28℃ | 0.76 ± 0.01Aa | 0.73 ± 0.01Aa | 0.75 ± 0.03Ba | 0.73 ± 0.03Ba | 0.65 ± 0.04Bb |

注：同列不同大写字母表示不同温度处理间差异显著($P<0.05$)，同行不同小写字母表示不同处理时间差异显著($P<0.05$)。

### 2. 温度对可溶性糖含量的影响

由表10-5可知，12℃/4℃在处理初期的7 d时叶片中可溶性糖含量低于假鳞茎中的含量，但处理至14 d以后叶片中可溶性糖含量高于假鳞茎；而20℃/12℃、28℃/20℃和36℃/28℃在整个处理过程假鳞茎中可溶性糖的含量均高于叶片。同一时间随处理温度的升高，叶片中可溶性糖含量呈不断降低的趋势。同一温度随处理时间的延长，叶片中可溶性糖含量呈先升后降趋势，均在28 d达到峰值，其中12℃/4℃的可溶性糖含量显著最高，分别为20℃/12℃、28℃/20℃和36℃/28℃的1.64倍、2.29倍和3.52倍。12℃/4℃、20℃/12℃和28℃/20℃随处理时间的延长，假鳞茎中可溶性糖含量呈先升后降趋势，分别在21 d、28 d及14 d达到峰值，其中20℃/12℃的最高，分别为12℃/4℃、28℃/20℃峰值的1.13倍和1.32倍。36℃/28℃则随处理时间的延长，假鳞茎中可溶性糖含量呈不断下降趋势，35 d时降至7 d时的58.53%。

表10-5　温度对文心兰可溶性糖含量的影响　　　　　　　　　（单位：mg/g）

| 材料 | 处理 | 处理天数（d） | | | | |
|---|---|---|---|---|---|---|
| | | 7 | 14 | 21 | 28 | 35 |
| 叶片 | 12℃/4℃ | 4.58 ± 0.32Ac | 6.76 ± 0.26Ab | 7.17 ± 0.45Ab | 9.34 ± 0.08Aa | 8.66 ± 0.44Aa |
| | 20℃/12℃ | 3.85 ± 0.16Bc | 4.21 ± 0.18Bc | 4.80 ± 0.24Bb | 5.71 ± 0.53Ba | 5.24 ± 0.20Bab |
| | 28℃/20℃ | 2.18 ± 0.05Ce | 3.16 ± 0.16Cc | 3.44 ± 0.06Cb | 4.08 ± 0.15Ca | 2.45 ± 0.09Cd |
| | 36℃/28℃ | 2.24 ± 0.05Cb | 2.14 ± 0.23Db | 2.26 ± 0.10Cb | 2.65 ± 0.10Da | 2.27 ± 0.09Cb |
| 假鳞茎 | 12℃/4℃ | 5.23 ± 0.85Ab | 5.81 ± 0.11ABab | 6.53 ± 0.18Aa | 5.64 ± 0.41Bb | 5.50 ± 0.28Bb |
| | 20℃/12℃ | 4.86 ± 0.23ABc | 6.19 ± 0.49Ab | 6.22 ± 0.02Bb | 7.38 ± 0.16Aa | 6.65 ± 0.50Ab |
| | 28℃/20℃ | 4.27 ± 0.13Bc | 5.57 ± 0.29Ba | 5.47 ± 0.10Cab | 5.15 ± 0.33Bb | 5.23 ± 0.11Bb |
| | 36℃/28℃ | 4.34 ± 0.05Ba | 3.27 ± 0.22Cb | 3.10 ± 0.22Db | 2.94 ± 0.15Cbc | 2.54 ± 0.27Cd |

注：同列不同大写字母表示不同温度处理间差异显著（$P<0.05$），同行不同小写字母表示不同处理时间差异显著（$P<0.05$）。

**3. 温度对还原糖含量的影响**

由表 10-6 可知，12 ℃ /4 ℃处理 7 d、14 d、21 d、28 d 时假鳞茎中还原糖含量均高于叶片，但至 35 d 时假鳞茎低于叶片，而 20 ℃ /12 ℃、28 ℃ /20 ℃和 36 ℃ /28 ℃在整个处理过程中假鳞茎中还原糖含量均高于叶片。随时间的延长，不同处理叶片中还原糖含量的变化不同。12 ℃ /4 ℃呈不断上升趋势，20 ℃ /12 ℃趋于稳定，28 ℃ /20 ℃呈升降升的变化趋势，36 ℃ /28 ℃则呈降升后趋于稳定的变化。12 ℃ /4 ℃、20 ℃ /12 ℃的处理叶片中还原糖含量显著高于 28 ℃ /20 ℃、36 ℃ /28 ℃的处理。在处理 7 d、14 d 时，20 ℃ /12 ℃处理叶片中还原糖含量高于 12 ℃ /4 ℃，但在 21 d 后低于 12 ℃ /4 ℃的处理，且差异显著。

相同时间不同温度处理假鳞茎中还原糖含量不同，20 ℃ /12 ℃显著最高，12 ℃ /4 ℃次之，36 ℃ /28 ℃最低。同一温度随处理时间的延长，12 ℃ /4 ℃表现升降的变化趋势，20 ℃ /12 ℃表现先上升后稳定的变化趋势，28 ℃ /20 ℃趋于稳定，36 ℃ /28 ℃表现为下降后趋于稳定。

表 10-6 温度对文心兰还原糖含量的影响　　　　　　　　（单位：mg/g）

| 材料 | 处理 | 处理天数（d） | | | | |
|---|---|---|---|---|---|---|
| | | 7 | 14 | 21 | 28 | 35 |
| 叶片 | 12 ℃ /4 ℃ | 6.67 ± 0.05Bc | 6.74 ± 0.45Ac | 10.43 ± 02Ab | 10.41 ± 0.20Ab | 12.88 ± 0.72Aa |
| | 20 ℃ /12 ℃ | 7.06 ± 0.35Aa | 7.07 ± 0.81Aa | 6.86 ± 0.16Ba | 7.30 ± 0.23Ba | 7.31 ± 0.40Ba |
| | 28 ℃ /20 ℃ | 5.15 ± 0.13Ca | 4.64 ± 0.24Bb | 3.21 ± 0.18Cd | 4.26 ± 0.21Cc | 2.61 ± 0.17Ce |
| | 36 ℃ /28 ℃ | 3.60 ± 0.05Da | 2.95 ± 0.07Cc | 3.21 ± 0.03Cb | 3.33 ± 0.04Db | 3.26 ± 0.12Cb |
| 假鳞茎 | 12 ℃ /4 ℃ | 10.07 ± 0.48Bc | 9.85 ± 0.03Bc | 12.35 ± 0.47Ba | 10.96 ± 0.14Bb | 10.73 ± 0.09Bb |
| | 20 ℃ /12 ℃ | 11.97 ± 0.19Ab | 12.50 ± 0.75Ab | 13.24 ± 0.46Aa | 13.34 ± 0.13Aa | 13.62 ± 0.37Aa |
| | 28 ℃ /20 ℃ | 9.13 ± 0.41Ca | 9.42 ± 0.27Ba | 9.46 ± 0.47Ca | 9.45 ± 0.16Ca | 9.03 ± 0.24Ca |
| | 36 ℃ /28 ℃ | 5.56 ± 0.38Dab | 5.83 ± 0.02Ca | 5.17 ± 0.23Db | 3.39 ± 0.11Dc | 3.77 ± 0.17Dc |

注：同列不同大写字母表示不同温度处理间差异显著（$P<0.05$），同行不同小写字母表示不同处理时间差异显著（$P<0.05$）。

**4. 温度对淀粉含量的影响**

由表 10-7 可知，不同处理叶片中淀粉含量均明显高于假鳞茎中的含量。同一温度随处理时间的延长，叶片与假鳞茎中淀粉含量总体均呈先下降后升高趋势；处理时间相同时，12 ℃ /4 ℃的处理叶片、假鳞茎中淀粉含量均最高，36 ℃ /28 ℃较低。12 ℃ /4 ℃、20 ℃ /12 ℃、28 ℃ /20 ℃的处理至 35 d 时，叶片中淀粉含量高于处理初期 7 d 时的含量，但 36 ℃ /28 ℃的处理显著降低；不同处理至 35 d 时假鳞茎中淀粉含量均低于处理 7 d 时的含量。

表 10-7　温度对文心兰淀粉含量的影响　　　　　　　　（单位：mg/g）

| 材料 | 处理 | 处理天数（d） | | | | |
|---|---|---|---|---|---|---|
| | | 7 | 14 | 21 | 28 | 35 |
| 叶片 | 12 ℃ /4 ℃ | 10.36 ± 0.46Ac | 9.79 ± 0.91Ac | 8.38 ± 0.45Ad | 13.47 ± 0.63Aa | 11.87 ± 0.92Ab |
| | 20 ℃ /12 ℃ | 8.81 ± 0.29Ba | 6.45 ± 0.36BCc | 9.01 ± 0.45Aa | 7.78 ± 0.42Bb | 9.23 ± 0.17Ba |
| | 28 ℃ /20 ℃ | 7.76 ± 0.22Cab | 7.29 ± 0.31Bb | 6.41 ± 0.44Bc | 7.69 ± 0.26Bab | 8.01 ± 0.05Ca |
| | 36 ℃ /28 ℃ | 8.00 ± 0.23Ca | 5.93 ± 0.19Cc | 5.68 ± 0.26Bc | 5.67 ± 0.59Cc | 6.92 ± 0.65Db |
| 假鳞茎 | 12 ℃ /4 ℃ | 5.49 ± 0.17Aa | 4.85 ± 0.21Ab | 4.87 ± 0.01Ab | 4.26 ± 0.27Ac | 5.22 ± 0.36Aab |
| | 20 ℃ /12 ℃ | 5.11 ± 0.30Aa | 4.12 ± 0.23Bc | 4.64 ± 0.19Ab | 3.86 ± 0.11Ac | 4.17 ± 0.09Bc |
| | 28 ℃ /20 ℃ | 4.51 ± 0.03Ba | 3.73 ± 0.09Cb | 3.39 ± 0.21Bb | 2.42 ± 0.24Cd | 2.91 ± 0.30Cc |
| | 36 ℃ /28 ℃ | 4.20 ± 0.23Ba | 4.07 ± 0.05Ba | 3.28 ± 0.12Bb | 2.83 ± 0.05Bc | 2.96 ± 0.08Cc |

注：同列不同大写字母表示不同温度处理间差异显著（$P<0.05$），同行不同小写字母表示不同处理时间差异显著（$P<0.05$）。

### 5. 温度对 Pro 含量的影响

随时间的延长，不同处理下叶片中 Pro 含量变化趋势有差异。12 ℃ /4 ℃时 Pro 含量表现为先升后降后趋于稳定，其中在 21 d 时达到峰值；20 ℃ /12 ℃时 Pro 含量基本稳定，变化差异不显著；28 ℃ /20 ℃时 Pro 含量呈不断下降趋势；36 ℃ /28 ℃时 Pro 含量呈不断上升趋势，在 35 d 时达到峰值，且在不同的处理时间其 Pro 含量均高于其他处理。

不同处理温度下文心兰假鳞茎中 Pro 含量有差异。随时间的延长，12 ℃ /4 ℃时 Pro 含量表现为先降后升趋势，其中在 28 d 时达到峰值；20 ℃ /12 ℃处理在 7～14 d 时保持稳定，随后不断上升；28 ℃ /20 ℃处理表现先升后降趋势，其中在 21 d 时达到峰值；36 ℃ /28 ℃处理在 7～21 d 时 Pro 含量不断上升，随后基本保持较高的水平。总体上 36 ℃ /28 ℃处理假鳞茎中 Pro 含量最高，12 ℃ /4 ℃次之，20 ℃ /12 ℃及 28 ℃ /20 ℃较低（表 10-8）。

表 10-8　温度对文心兰 Pro 含量的影响　　　　　　　　（单位：μg/g）

| 材料 | 处理 | 处理天数（d） | | | | |
|---|---|---|---|---|---|---|
| | | 7 | 14 | 21 | 28 | 35 |
| 叶片 | 12 ℃ /4 ℃ | 22.44 ± 2.15Ab | 27.28 ± 2.16Ba | 29.66 ± 1.29Ba | 17.74 ± 0.54Bc | 18.58 ± 2.39Bc |
| | 20 ℃ /12 ℃ | 17.56 ± 2.34Ba | 16.46 ± 0.98Da | 17.82 ± 1.06Ca | 18.26 ± 0.88Ba | 18.01 ± 0.86Ba |
| | 28 ℃ /20 ℃ | 22.97 ± 1.62Aa | 22.07 ± 0.64Ca | 19.49 ± 0.29Cb | 18.79 ± 1.05Bb | 14.58 ± 1.54Cc |
| | 36 ℃ /28 ℃ | 22.62 ± 1.16Ad | 30.25 ± 1.08Ac | 38.00 ± 0.61Ab | 39.70 ± 2.83Ab | 57.61 ± 2.16Aa |
| 假鳞茎 | 12 ℃ /4 ℃ | 29.31 ± 1.49Ac | 26.34 ± 1.76Bc | 34.51 ± 3.10Bb | 39.25 ± 0.37Ba | 21.46 ± 2.88Bd |
| | 20 ℃ /12 ℃ | 19.02 ± 1.76Ba | 18.84 ± 1.01Ca | 20.67 ± 0.33Ca | 13.17 ± 1.00Cb | 11.04 ± 1.00Dc |
| | 28 ℃ /20 ℃ | 18.65 ± 1.31Bb | 17.19 ± 1.00Cb | 21.45 ± 1.14Ca | 14.67 ± 0.69Cc | 13.58 ± 1.18Cc |
| | 36 ℃ /28 ℃ | 27.19 ± 1.02Ad | 49.27 ± 2.36Abc | 53.60 ± 2.98Aab | 46.11 ± 1.95Ac | 54.43 ± 3.25Aa |

注：同列不同大写字母表示不同温度处理间差异显著（$P<0.05$），同行不同小写字母表示不同处理时间差异显著（$P<0.05$）。

## 四、讨论与小结

叶绿素的生物合成过程与酶有关，而温度影响酶的活动从而影响叶绿素的合成（潘瑞炽，2001）。本研究中，12 ℃/4 ℃的处理温度降低了参与叶绿素合成相关酶的活性，从而叶绿素含量较低；而36 ℃/28 ℃的高温处理时，前期提高了叶绿素合成相关酶的活性，加快了叶绿素的合成（郑军 等，2008；王丽娜 等，2013）；但后期持续的高温下活性氧氧化加速了叶绿素的降解（张哲 等，2010），因此，叶绿素含量又降低。

植物在抗寒锻炼或越冬期间遭受低温时呼吸减弱，淀粉降解转化成糖，因此糖浓度提高（王丽娜 等，2013；姚远 等，2010），这与逆境时可溶性糖与Pro含量增加与温度胁迫的应激有关（王孝宣 等，1998；何兵 等，2004）。本研究中，12 ℃/4 ℃的低温处理叶片中可溶性糖、还原糖及Pro含量升高，有利于细胞的渗透调节。但低温处理时叶片中淀粉含量升高，这与狗牙根（*Cynodon dactylon*）低温胁迫处理后淀粉含量变化类似（杨勇 等，2016），这与低温影响了光合产物淀粉粒的运输有关（张静 等，2012），也是叶片中淀粉含量远高于假鳞茎的原因。但植株在适应了持续的低温条件后光合速率上升（孟焕文 等，2006），碳水化合物累积并转移贮藏在假鳞茎中未被消耗，因此假鳞茎中淀粉含量也高于其他温度处理。随温度的升高至20 ℃/12 ℃、28 ℃/20 ℃时，叶片中光合产物累积并向假鳞茎中转移，因此假鳞茎中可溶性糖和还原糖含量高于叶片，可溶性糖、还原糖含量由升转降的变化，是处理后期侧芽萌发生长对营养物质消耗的表现（罗远华 等，2017b；梁悦萍和唐道城，2013）。温度进一步升高至36 ℃/28 ℃时，Pro含量显著提高，说明植株受到高温胁迫（江南 等，2012），叶片与假鳞茎中可溶性糖、还原糖的含量均较低，与高温胁迫时呼吸消耗大于光合积累有关（夏永恒，2013），同时较高的温度可能提高了生长发育相关酶的活性，加快了侧芽的萌发，但由于高温胁迫时总碳水化合物累积不足，假鳞茎及侧芽生长量小于28 ℃/20 ℃的处理。

通过对文心兰品种'金辉'在光照培养箱模拟不同温度条件下茎叶形态、叶绿素、可溶性糖、还原糖、淀粉及Pro含量的测定分析，结果表明，低温胁迫下（12 ℃/4 ℃）抑制叶绿素的合成，降低光合效率，可溶性糖、还原糖及Pro含量的积累有助于文心兰细胞内渗透平衡和维持细胞膜的稳定性；高温胁迫下（36 ℃/28 ℃）易破坏叶绿素结构，虽利于侧芽萌发，但呼吸消耗大于光合积累，可溶性糖、还原糖及淀粉含量降低，不利于假鳞茎及侧芽生长；28 ℃/20 ℃利于假鳞茎及其子代侧芽萌发与生长（罗远华 等，2018）。

## 第三节 光照对文心兰生长特性和生理指标的影响

光照不仅影响植物的光合作用，还以环境信号的形式调节植物生长发育、生理代谢及形态建成（吕晋慧 等，2013）。文心兰喜阳，但忌阳光直射，栽培生产中主要通过遮光的方式来调节。柯海丽等（2011）的研究表明，75%遮光率有利于文心兰'黄金2号'中小苗的生长发育，而60%遮光率提高花穗的直立性，缩短花枝节间长度，提升切花品质；徐怀恩（1997）和李孟惠（1998）研究指出，遮阴30%～50%（遮光率50%～70%）适宜文心兰'南茜'的生长与开花，叶片净光合作用值会随光照强度的增加而增加，但不同株龄、叶位和生育周期对净光合作用值没有显著影响（蔡佩芬，2000）。综上分析可以得出，不同研究得出的适宜文心兰切花栽培的光照条件不同，除品种本身特性外，可能还与栽培地日照强度和日照天数等有关。

福建地处我国东南沿海，年平均气温15～22℃，文心兰切花栽培时从新芽萌发到假鳞茎成熟一般需要3～4个月时间，假鳞茎发育成熟时如果光照、温度等条件适宜即可抽生花梗，否则继续生长新的侧芽。因此，分析不同光照条件下切花文心兰形态指标与生理指标的变化，明确适宜福建省气候的文心兰生长和开花的最佳遮光条件，为加快文心兰新品种的推广应用提供科学依据。

## 一、分析材料与测定方法

'金辉'品种组培移栽苗（5 cm育苗杯）植入口径17 cm、高度17 cm的营养杯中，于温度22～28℃、光照10 000～15 000 lx的温室中种植12个月，植株成熟即将进入花期。采用60%、70%、80%、90%遮光率的黑色遮光网，人工搭设进行顶部和四周覆盖，顶部高度3.5 m。各处理种植生长一致的植株300盆，分3组，每组100盆，按常规切花栽培管理。各处理每隔3个月取新长出的成熟单苗（假鳞茎成熟，但未抽生花芽和侧芽）的假鳞茎和假鳞茎顶端向上第1片叶（顶叶）进行茎叶形态指标和鲜重生理指标的测定，测定时间分别为10月15日（Ⅰ期）、1月15日（Ⅱ期）、4月15日（Ⅲ期）、7月15日（Ⅳ期）共4个时期。测定时每组随机选取20株，3组对应3次重复，取样后的植株不再取样。其间整年采收的切花统计花序梗长、花序长、分叉数、花朵数及开花率等。

## 二、光照对文心兰形态指标的影响

### 1. 不同遮光处理对茎叶生长的影响

从表10-9中可以看出，第Ⅰ、第Ⅱ、第Ⅲ期时不同处理假鳞茎长差异不显著，第Ⅳ期时90%遮光处理假鳞茎长则显著低于60%、70%和80%遮光处理。假鳞茎茎围在第Ⅰ期时60%遮光处理最高，70%、80%遮光处理差异不显著，但均显著高于90%遮光处理；第Ⅱ期时各处理差异不显著；第Ⅲ、Ⅳ期时60%、70%和80%遮光处理差异不显著，但均显著高于90%遮光处理。结果表明，持续90%遮光处理能显著降低假鳞茎的长和茎围。

从表10-10中可以看出，不同遮光处理对顶叶长和宽的影响显著。不同时期90%遮光处理的叶长均最大，而叶宽均最小；60%遮光处理叶长均最小，但叶宽均最大；90%和60%处理的叶长和叶宽差异显著。结果表明，90%遮光处理增加了叶长，但减小了叶宽；60%遮光处理减小了叶长，但增加了叶宽。

表 10-9　不同遮光处理对假鳞茎的影响　　　　　　　　　　　　（单位：cm）

| 处理(%) | 假鳞茎长 | | | | 假鳞茎茎围 | | | |
|---|---|---|---|---|---|---|---|---|
| | Ⅰ | Ⅱ | Ⅲ | Ⅳ | Ⅰ | Ⅱ | Ⅲ | Ⅳ |
| 60 | 12.48 ± 1.25 | 10.94 ± 0.99 | 10.68 ± 0.63 | 11.22 ± 0.67a | 11.27 ± 0.97a | 10.70 ± 0.60 | 12.44 ± 1.12a | 7.23 ± 0.55a |
| 70 | 12.32 ± 1.35 | 10.91 ± 1.04 | 11.03 ± 0.67 | 11.00 ± 0.63a | 10.03 ± 0.50b | 10.92 ± 1.06 | 12.34 ± 0.77a | 7.73 ± 0.61a |
| 80 | 12.40 ± 0.55 | 11.06 ± 1.02 | 11.09 ± 0.84 | 11.09 ± 0.89a | 10.11 ± 0.86b | 10.26 ± 0.75 | 12.07 ± 0.87a | 7.39 ± 0.91a |
| 90 | 11.89 ± 1.02 | 10.49 ± 1.03 | 10.57 ± 0.81 | 10.04 ± 0.65b | 9.21 ± 0.62c | 10.36 ± 1.06 | 11.12 ± 0.87b | 6.02 ± 0.68b |

注：同列中不同字母表示差异显著（$P<0.05$）。

表 10-10　不同遮光处理对叶片的影响　　　　　　　　　　　　（单位：cm）

| 处理(%) | 叶长 | | | | 叶宽 | | | |
|---|---|---|---|---|---|---|---|---|
| | Ⅰ | Ⅱ | Ⅲ | Ⅳ | Ⅰ | Ⅱ | Ⅲ | Ⅳ |
| 60 | 31.19 ± 1.73c | 31.60 ± 2.62c | 32.16 ± 3.00b | 43.89 ± 3.37b | 3.71 ± 0.24a | 3.40 ± 0.27ab | 3.41 ± 0.15a | 3.77 ± 0.21a |
| 70 | 32.24 ± 2.80bc | 33.80 ± 1.65b | 35.81 ± 1.77a | 45.54 ± 1.72ab | 3.52 ± 0.36ab | 3.36 ± 0.39a | 3.31 ± 0.20a | 3.74 ± 0.24ab |
| 80 | 33.48 ± 1.85ab | 35.23 ± 1.88a | 36.13 ± 2.24a | 45.76 ± 2.81ab | 3.36 ± 0.18bc | 3.43 ± 0.19a | 3.33 ± 0.25a | 3.67 ± 0.20ab |
| 90 | 34.93 ± 3.57a | 35.88 ± 2.54a | 36.84 ± 3.32a | 46.68 ± 2.50a | 3.16 ± 0.33c | 3.07 ± 0.30b | 3.06 ± 0.32b | 3.53 ± 0.22b |

注：同列中不同字母表示差异显著（$P<0.05$）。

### 2. 不同遮光处理对花枝性状的影响

由表 10-11 可知，60% 遮光率处理的其花序梗长最短，90% 处理最长，而 70% 和 80% 处理的差异不显著。不同遮光处理对花序长有差异，90% 遮光率处理花序最短，70% 处理最长，而 60% 和 80% 处理的差异不显著。70% 和 80% 遮光率处理花枝分叉数显著高于 60% 和 90% 处理，最高 70% 处理的分叉数分别是 60%、90% 的 1.36 倍和 4.57 倍。从花朵数来看，70% 遮光率处理最多，80% 和 60% 处理的次之，90% 处理最少。从开花率来看，60% 和 70% 遮光率处理的开花率最高，80% 处理次之，90% 处理最低，仅为 39.51%。60% 遮光率处理切花等级总体为 C 级，70% 和 80% 处理总体为 B 级，90% 处理切花未达级。

表 10-11　不同遮光处理对花枝的影响

| 处理（%） | 花序梗长（cm） | 花序长（cm） | 分叉数（个） | 花朵数（朵） | 开花率（%） | 切花等级 |
|---|---|---|---|---|---|---|
| 60 | 36.32 ± 2.51c | 53.71 ± 2.07b | 4.88 ± 0.14b | 50.67 ± 1.90b | 94.38 ± 1.02a | C |
| 70 | 40.84 ± 0.17b | 62.43 ± 3.42a | 6.62 ± 0.33a | 59.94 ± 7.20a | 98.21 ± 0.89a | B |
| 80 | 41.25 ± 0.27b | 57.10 ± 4.66ab | 6.25 ± 1.64a | 51.31 ± 2.51b | 78.15 ± 0.66b | B |
| 90 | 49.54 ± 2.36a | 47.03 ± 1.56c | 1.45 ± 0.27c | 21.97 ± 0.16c | 39.51 ± 1.62c | — |

注：同列中不同字母表示差异显著（$P<0.05$）。

## 三、光照对文心兰生理指标的影响

### 1. 不同遮光处理对叶绿素含量的影响

光照是影响叶绿素形成的主要因素。不同遮光率对文心兰叶绿素含量的影响有差异。第Ⅰ期时，90% 遮光处理叶绿素含量显著最低，60%、70% 及 80% 遮光处理差异不显著；至第Ⅱ期时，各处理差异不显著；处理至Ⅲ期时，90% 遮光处理的叶绿素含量显著低于 70% 和 80% 遮光处理；处理至第Ⅳ期时，90% 遮光处理叶绿素含量又显著最高，分别为 80%、70% 及 60% 遮光处理的 1.12 倍、1.15 倍和 1.37 倍（表 10-12）。

相同处理叶绿素含量的变化随鳞茎和顶叶不同生长时期的变化而变化。60% 处理呈不断下降的变化趋势，70% 和 80% 遮光处理均呈降升降的变化趋势，而 90% 遮光处理则保持平稳。结果说明持续 60% 遮光处理，在夏季时光照过强，易破坏叶绿素结构，导致叶绿素含量显著降低；持续 90% 遮光处理能提高叶绿素含量。

表 10-12　不同遮光处理对叶绿素含量的影响

| 处理（%） | 叶绿素含量（mg/g） | | | |
| --- | --- | --- | --- | --- |
| | Ⅰ | Ⅱ | Ⅲ | Ⅳ |
| 60 | 0.743 ± 0.057a | 0.649 ± 0.012 | 0.638 ± 0.018ab | 0.486 ± 0.006c |
| 70 | 0.729 ± 0.028a | 0.645 ± 0.012 | 0.667 ± 0.014a | 0.576 ± 0.011b |
| 80 | 0.763 ± 0.037a | 0.634 ± 0.016 | 0.672 ± 0.030a | 0.592 ± 0.020b |
| 90 | 0.656 ± 0.041b | 0.637 ± 0.037 | 0.611 ± 0.024b | 0.665 ± 0.058a |

注：同列中不同字母表示差异显著（$P<0.05$）。

### 2. 不同遮光处理对茎叶可溶性糖含量的影响

从表 10-13 可以看出，不同遮光处理叶片中可溶性糖含量在Ⅰ期时差异不显著；处理至第Ⅱ、第Ⅲ期时，可溶性糖含量随遮光增加而下降，其中 60% 遮光处理最高，70% 和 80% 遮光处理次之，90% 遮光处理最低；处理至第Ⅳ期时，70% 遮光处理叶片中可溶性糖含量最高，显著高于 80% 和 90% 处理，分别是 80% 和 90% 处理的 1.19 倍和 1.56 倍。

假鳞茎中可溶性糖含量在处理的Ⅰ、Ⅱ期时差异不显著；处理至Ⅲ期时，60% 和 70% 遮光处理假鳞茎中可溶性糖含量显著高于 80% 和 90% 遮光处理，其中 60% 遮光处理最高，是最低 90% 遮光处理的 2.14 倍。处理至Ⅳ期时，60%、70% 和 80% 遮光处理差异不显著，而 90% 遮光处理则显著降低，其中 70% 遮光处理含量最高，是最低 90% 遮光处理的 1.37 倍。结果表明，持续 90% 遮光处理不利于文心兰假鳞茎中可溶性糖的累积。

表 10-13　不同遮光处理对茎叶可溶性糖含量的影响

| 材料 | 处理（%） | 可溶性糖含量（mg/g） | | | |
| --- | --- | --- | --- | --- | --- |
| | | Ⅰ | Ⅱ | Ⅲ | Ⅳ |
| 叶片 | 60 | 3.494 ± 0.466 | 5.483 ± 0.172a | 6.540 ± 0.46 a | 5.301 ± 0.072a |
| | 70 | 3.630 ± 0.410 | 3.533 ± 0.220b | 5.060 ± 0.605b | 5.688 ± 0.094a |
| | 80 | 3.264 ± 0.306 | 3.130 ± 0.251bc | 3.637 ± 0.341c | 4.766 ± 0.413b |
| | 90 | 3.673 ± 0.632 | 2.818 ± 0.278c | 1.930 ± 0.299d | 3.648 ± 0.168c |
| 假鳞茎 | 60 | 7.901 ± 0.530 | 7.978 ± 0.599 | 8.399 ± 0.361a | 6.818 ± 0.203a |
| | 70 | 7.684 ± 0.620 | 8.187 ± 0.270 | 7.598 ± 0.203a | 7.109 ± 0.170a |
| | 80 | 7.583 ± 0.017 | 8.590 ± 0.210 | 5.296 ± 0.752b | 6.837 ± 0.225a |
| | 90 | 6.970 ± 0.662 | 8.101 ± 0.699 | 3.930 ± 0.947c | 5.176 ± 0.205b |

注：同列中不同字母表示差异显著（$P<0.05$）。

### 3. 不同遮光处理对茎叶还原糖含量的影响

从表 10-14 中可以看出，处理至Ⅰ期时，不同遮光处理叶片中还原糖含量差异不显著；处理至Ⅱ期时，随遮光率的提高叶片中还原糖含量不断降低，其中 60% 遮光处理显著最高，是最低 90% 遮光处理的 1.70 倍；处理至Ⅲ期时，60%、70% 和 80% 遮光处理叶片中可溶性糖含量差异不显著，但均显著高于 90% 遮光处理；处理至Ⅳ期时，60% 和 70% 遮光处理显著高于 80% 和 90% 遮光处理。结果表明，持续 80% 和 90% 遮光处理，会显著降低叶片中还原糖的含量。

不同遮光率及不同时期对文心兰假鳞茎中还原糖含量的影响不同。处理至Ⅰ、Ⅲ期时假鳞茎中还原糖含量差异不显著，处理至Ⅱ、Ⅳ期时，90% 遮光处理还原糖含量显著低于 60%、70% 和 80% 遮光处理。结果表明，持续 90% 遮光处理会显著降低文心兰假鳞茎中还原糖的含量，同时这种影响也会随季节的变化而变化。

表 10-14　不同遮光处理对茎叶还原糖含量的影响

| 材料 | 处理（%） | 还原糖含量（mg/g） | | | |
| --- | --- | --- | --- | --- | --- |
| | | Ⅰ | Ⅱ | Ⅲ | Ⅳ |
| 叶片 | 60 | 4.664 ± 0.156 | 5.143 ± 0.202a | 6.700 ± 0.248a | 6.475 ± 0.296a |
| | 70 | 4.471 ± 0.266 | 4.356 ± 0.258b | 7.342 ± 0.377a | 6.563 ± 1.095a |
| | 80 | 4.542 ± 0.164 | 3.920 ± 0.177c | 6.637 ± 0.549a | 4.916 ± 0.315b |
| | 90 | 4.333 ± 0.268 | 3.034 ± 0.142d | 4.098 ± 0.342b | 4.690 ± 0.325b |
| 假鳞茎 | 60 | 13.334 ± 0.908 | 14.303 ± 0.605a | 15.308 ± 0.210 | 12.599 ± 0.545ab |
| | 70 | 13.320 ± 0.617 | 14.154 ± 0.736a | 15.164 ± 0.834 | 12.892 ± 1.042a |
| | 80 | 13.956 ± 0.677 | 13.945 ± 0.299 | 14.826 ± 1.141 | 11.468 ± 0.725b |
| | 90 | 13.614 ± 0.171 | 12.246 ± 0.121b | 14.998 ± 0.605 | 9.580 ± 0.414c |

注：同列中不同字母表示差异显著（$P<0.05$）。

### 4. 不同遮光处理对茎叶 Pro 含量的影响

从表 10-15 中可以看出，相同时期不同遮光处理下的文心兰叶片中 Pro 含量虽有差异，但无明显变化规律。假鳞茎中 Pro 含量在 Ⅰ 期时差异不显著，在 Ⅱ、Ⅲ 期时 80% 和 90% 遮光处理均显著高于 60% 和 70% 遮光处理，其中 90% 遮光处理 Pro 含量均最高；处理 Ⅳ 期时，60% 和 90% 遮光处理显著较高，70% 遮光处理次之，80% 遮光处理最低。此外，在 Ⅳ 期时，不同遮光处理叶片及假鳞茎中 Pro 含量远高于其他时期，这可能与夏季高温有关。

表 10-15　不同遮光处理对茎叶 Pro 含量的影响

| 材料 | 处理（%） | Pro 含量（nmol/g） | | | |
|---|---|---|---|---|---|
| | | Ⅰ | Ⅱ | Ⅲ | Ⅳ |
| 叶片 | 60 | 16.65 ± 2.27b | 13.51 ± 0.41b | 27.21 ± 2.95a | 51.74 ± 4.69a |
| | 70 | 21.26 ± 0.95a | 17.20 ± 1.96a | 20.94 ± 1.63b | 50.61 ± 4.82a |
| | 80 | 15.21 ± 1.10b | 13.96 ± 0.90b | 21.76 ± 0.78b | 43.04 ± 2.03b |
| | 90 | 14.16 ± 0.34b | 13.33 ± 0.55b | 13.71 ± 0.56c | 50.54 ± 7.30a |
| 假鳞茎 | 60 | 2.54 ± 1.21 | 1.28 ± 0.43b | 3.43 ± 0.17b | 34.27 ± 1.95a |
| | 70 | 2.15 ± 0.55 | 1.03 ± 0.17b | 3.46 ± 0.73b | 26.35 ± 2.24b |
| | 80 | 2.04 ± 0.46 | 2.52 ± 0.09a | 4.48 ± 0.86a | 22.48 ± 0.82c |
| | 90 | 2.11 ± 0.40 | 2.62 ± 0.34a | 4.96 ± 0.84a | 34.39 ± 5.37a |

注：同列中不同字母表示差异显著（$P<0.05$）。

### 5. 不同遮光处理对叶片相对电导率的影响

从表 10-16 中可以看出，不同遮光处理文心兰叶片相对电导率随不同处理时期的变化。处理至第 Ⅰ、第 Ⅱ、第 Ⅲ 期时不同遮光处理相对电导率差异不显著；处理至第 Ⅳ 期时，60% 遮光处理最高，70% 和 80% 处理次之，90% 处理最低。相对电导率是植物重要的抗性指标，能反映植物叶片逆境下受伤害程度。结果说明，在夏季强光照时 60% 遮光处理下叶片易受到伤害，因此相对电导率较高，而在 90% 遮光处理下叶片受到的伤害最小。

表 10-16　不同遮光处理对叶片相对电导率的影响　　　　　　　　（单位：%）

| 处理 | 相对电导率 | | | |
|---|---|---|---|---|
| | Ⅰ | Ⅱ | Ⅲ | Ⅳ |
| 60 | 30.43 ± 0.81 | 36.90 ± 2.02 | 29.58 ± 0.36 | 30.94 ± 1.95 a |
| 70 | 30.50 ± 0.91 | 36.94 ± 1.19 | 29.42 ± 0.36 | 28.32 ± 1.21 b |
| 80 | 31.51 ± 1.29 | 35.68 ± 1.39 | 30.42 ± 1.30 | 26.07 ± 1.22 b |
| 90 | 31.58 ± 0.96 | 34.80 ± 1.04 | 31.81 ± 0.66 | 21.77 ± 0.71 c |

注：同列中不同字母表示差异显著（$P<0.05$）。

## 四、讨论与小结

光照是影响植物光合作用、生长发育最重要的因素。光照不仅可以为植物的光合作用提供能量，还能为植物的形态建成提供信号，导致植物做出适应性反应（宋晓蕾等，2009）。研究结果表明，不同遮光处理对文心兰假鳞茎、叶片以及花枝等性状的影响显著。持续1年90%遮光处理，其新生植株的叶长、花序梗长增加，但叶宽、假鳞茎长、假鳞茎茎围、花序长、花枝分叉数及花朵数降低，同时开花率也显著降低；持续60%遮光处理增加了叶宽，但降低了花序梗长；60%及90%遮光处理均降低切花品质。

叶绿素是植物的光合色素，在光合作用过程中起到吸收和传递光量子的功能，其含量是衡量植物利用光能能力的重要指标（吴艳艳等，2014）。研究表明，地被菊（*Chrysanthemum morifolium*）叶绿素总量随遮光程度的增加而逐渐增加（雷燕等，2015），适度遮光能提高野扇花（*Sarcococca ruscifolia* Stapf）（陈菊艳和杨远庆，2010）、番茄（*Lycopersicon esculentum*）（王丽娟 等，2006）叶绿素总量，提高红叶桃（*Prunus persica* 'Tsukuba-6'）净光合速率（张斌斌 等，2010）。本研究表明，文心兰新生植株叶绿素、可溶性糖及还原糖等含量的变化与遮光率及处理时期有关。90%遮光处理在第Ⅰ期时新生植株叶绿素含量最低，处理至第Ⅳ期时叶绿素含量最高，而60%遮光处理在第Ⅳ期时叶绿素含量显著最低。短期内不同遮光处理对文心兰新生茎叶中可溶性糖、还原糖含量的影响不明显，随处理时间的增加茎叶中可溶性糖、还原糖含量整体随遮光率的提高而降低，说明持续的高遮光率降低了文心兰新生植株叶片光合速率，抑制了糖的合成与积累，这与在野扇花、加工番茄穴盘苗（杨生保 等，2011）的研究结果一致。

植物在遭受逆境胁迫时会诱导参与渗透调节基因的表达，通过提高渗透调节物质的累积来保护细胞膜结构，从而抵御逆境的伤害。Pro是最有效的渗透调节物质之一，不同植物在遮光时Pro含量的变化不同，孔雀草（*Tagetes patula*）叶片在遮光时Pro含量显著增加（周志凯 等，2011），而加工番茄穴盘苗则降低。本研究中，不同遮光率处理下文心兰新生植株茎叶中Pro含量呈无规律变化，但在处理第Ⅳ期时，茎叶中Pro含量远高于其他时期，原因在于第Ⅳ期时为夏季，可能与高温胁迫提高文心兰Pro含量有关（罗远华 等，2017b）。研究表明膜蛋白受伤害导致细胞膜透性增加，胞液外渗而使相对电导率增大（陈爱葵 等，2010）。本研究中，不同遮光处理叶片相对电导率仅在第Ⅳ期时随遮光降低而提高，60%遮光处理叶片相对电导率最高，原因是遮光率较低时叶片不仅受到夏季强光照的影响，同时也易受高温胁迫，因此新生植株叶片细胞膜易受到伤害，从而相对电导率较高。

综上所述，若文心兰以切花生产为主，则适宜的遮光条件对其光合效率、切花产量和品质等具有重要影响。在福建部分地区，持续60%遮光处理显著降低花序长度，且在夏季强光照时易破坏叶绿素和细胞膜结构，导致叶绿素含量降低，相对电导率上升；持续90%遮光处理降低假鳞茎长、假鳞茎茎围、开花率、花序长、分叉数及花朵数等，同时也降低茎叶可溶性糖、还原糖含量；持续70%遮光处理开花率、花序长、分叉数及花朵数显著最高，且在夏季强光照时利于可溶性糖、还原糖累积，适宜文心兰切花栽培（罗远华 等，2019）。

# 参考文献

蔡佩芬，2000. 温度、光照、栽培基质对文心兰苗生育之影响台湾大学 [D]. 台北：台湾大学.

蔡永萍，2014. 植物生理学实验指导 [M]. 北京：中国农业大学出版社.

陈爱葵，韩瑞宏，李东洋，等，2010. 植物叶片相对电导率测定方法比较研究 [J]. 广东教育学院学报，30（5）：88-91.

陈菊艳，杨远庆，2010. 遮光对野扇花生长特性和生理指标的影响 [J]. 西北植物学报，30（8）：1664-1652.

樊金萍，张兴，董云波，等，2007. 百合碳水化合物含量与抗寒性的关系 [J]. 东北农业大学学报，38（5）：609-613.

勾昕，胡薇薇，范亚飞，等，2016. 文心兰切花不同开放阶段花被的生理生化变化 [J]. 热带生物学报，7（1）：70-75.

何兵，陈其兵，潘远智，2004. 几个一品红品种低温胁迫的生理胁迫反应 [J]. 四川农业大学学报，22（4）：332-335.

江南，朱根发，张玉冰，等，2012. 高温胁迫下不同大花蕙兰品种叶片游离脯氨酸累积的差异与耐热性的关系 [J]. 中国园艺文摘（3）：5-7.

柯海丽，龙建勇，黎维诗，等，2011. 不同的遮光率对文心兰切花生长及品质的影响 [J]. 热带生物学报，2（3）：264-266.

雷燕，李庆卫，李文广，等，2015. 2个地被菊品种对不同遮光处理的生理适应性 [J]. 浙江农林大学学报，32（5）：708-715.

李孟惠，1998. 温度、光度及肥料浓度对文心兰花序发育之影响 [D]. 台北：台湾大学园艺学研究所.

梁悦萍，唐道城，2013. 栽培基质对郁金香鳞茎形态发育及还原糖含量的影响 [J]. 北方园艺（11）：59-61.

林金水，陆銮眉，蔡锦玲，等，2010. 龙船花花蕾发育过程中部分生理指标的变化 [J]. 中国农学通报，26（24）：217-220.

刘锋，张晓艳，刘延忠，等，2007. 马铃薯块茎还原糖含量与钾代谢关系的研究 [J]. 中国马铃薯，25（5）：257-260.

罗远华，王振波，黄敏玲，等，2017a. 文心兰不同生育期茎叶生理指标的动态变化 [J]. 福建农业学报，32（7）：719-723.

罗远华，王振波，黄敏玲，等，2017b. 高温胁迫对文心兰顶叶若干生理指标的影响 [J]. 福建农业学报，32（6）：625-629.

罗远华，方能炎，林榕燕，等，2018. 温度对文心兰生长特性和生理指标的影响 [J]. 福建农业学报，33（7）：702-707.

罗远华，方能炎，林榕燕，等，2019.遮光处理对文心兰生长发育和生理指标的影响[J].北方园艺（1）：91-96.

吕晋慧，李艳锋，王玄，等，2013.遮阴处理对金莲花生长发育和生理响应的影响[J].中国农业科学，46（9）：1772-1780.

孟焕文，程智慧，吴洋，等，2006.温度胁迫对番茄转化酶表达和光合特性的影响[J].西北农林科技大学学报，34（12）：41-46.

潘瑞炽，2001.植物生理学：第四版[M].北京：高等教育出版社.

史树德，孙亚卿，魏磊，2011.植物生理学实验指导[M].北京：中国林业出版社.

宋晓蕾，杨红玉，曾黎琼，等，2009．植物遮荫效应的研究进展[J].北方园艺（5）：129-133.

孙映波，尤毅，朱根发，等，2011.干旱胁迫对文心兰抗氧化酶活性和渗透调节物质含量的影响[J].生态环境学报，20（11）：1675-1680.

田韦韦，王彩霞，田敏，等，2015.文心兰浅绿条纹突变体的生理生化及叶绿素荧光特性研究[J].西北植物学报，35（10）：2012-2017.

王冬雪，张丽莉，石瑛，2014.不同熟性马铃薯各生育时期功能叶生理指标变化的研究[J]，中国农学通报，30（3）：124-128.

王丽娟，顾青海，孙世海，等，2006.遮光对番茄生理特性的影响[J].天津农学院学报，13（3）：17-22.

王丽娜，殷奎德，金勋，等，2010.低温锻炼对不同菊芋品种块茎内含物和细胞超微结构的影响[J].北方园艺（9）：19-22.

王晓立，韩浩章，江宇飞，2010.香樟黄化主要生理指标变化规律研究[J].湖北农业科学，49（3）：620-622.

王孝宣，李树德，东惠茹，等，1998.番茄品种耐寒性与ABA和可溶性糖含量的关系[J].园艺学报，25（1）：56-60.

王学奎，2006.植物生理生化实验原理和技术：第2版[M].北京：高等教育出版社.

王燕君，张乐萍，谭志勇，等，2015.4种文心兰的光合作用特征研究[J].现代农业科技，（16）：166-167.

吴容仪，戴廷恩，庄耿彰，等，2007.文心兰亚族之介绍及未来展望[J].台湾花卉园艺（11）：48-53.

吴艳艳，黄俊波，张海岚，2014.植物对遮荫响应的研究进展[J].南方农业，8（21）：159-161.

夏永恒，2013.$CO_2$加富条件下高温对温室黄瓜糖和淀粉代谢的影响[D].呼和浩特：内蒙古农业大学.

徐怀恩，1997.氮源肥料及花梗修剪对文心兰开花之影响[D].台中：台湾中兴大学.

杨生保，帕提古丽，王柏柯，等，2011.光照对加工番茄穴盘苗植株形态及生理的影响[J].新疆农业科学，48（9）：1617-1623.

杨勇，娄燕宏，杨知建，等，2016.低温胁迫对狗牙根激素和碳水化合物代谢的影响[J].草业学报，25（2）：205-215.

姚远，闵义，胡新文，等，2010.低温胁迫对木薯幼苗叶片转化酶及可溶性糖含量的影响[J].热带作物学报，31（4）：556-560.

张斌斌，姜卫兵，翁忙玲，等，2010.遮荫对红叶桃叶片光合生理的影响[J].园艺学报，37（8）：1287-1294.

张静，朱为民，2012.低温胁迫下番茄细胞超微结构的变化[J].河南农业科学，41（2）：108-110，114.

张艳红，杨东霞，孙学东，2007.杜鹃花花芽分化期可溶性糖和叶绿素含量的变化[J].辽东学院学报（自然科学版），14（2）：64-66.

张哲，闵红梅，夏关均，等，2010.高温胁迫对植物生理影响研究进展[J].安徽农业科学，38（16）：8338-8339.

赵江涛，李晓峰，李航，等，2006.可溶性糖在高等植物代谢调节中的生理作用[J].安徽农业科学，34（24）：6423-6425.

赵欣欣，贾恩吉，于运国，等，2000.玉米杂交种抗旱性鉴定与选择[J].吉林农业大学学报，22（2）：56-61.

郑军，曹福亮，汪贵斌，等，2008.高温对银杏品种主要生理指标的影响[J].林业科技开发，22（1）：13-16.

郑妍，左裕，白亭玉，等，2014.氮磷钾对文心兰养分含量及营养生长的影响[J].北方园艺（15）：85-88.

周志凯，任旭琴，沙颖，2011.叶面施肥和遮光对孔雀草生理特性的影响[J].湖北农业科学，50（10）：2041-2043.

# 第十一章 文心兰栽培逆境胁迫生理研究

## 第一节 低温胁迫

文心兰原产于中南美洲的热带和亚热带地区。文心兰花色艳丽、花型奇特、观赏期长，是世界重要的盆花和切花种类之一。文心兰切花品种多数为具假鳞茎薄叶种，性喜温暖，研究表明，15～30 ℃均能正常生长，温度过高或过低均对其生长不利（李孟惠，1998；蔡佩芬，2000）。福建虽属亚热带湿润气候，但闽西、闽北等高海拔地区冬季气温低，并伴有霜冻发生，文心兰切花栽培时易遭受寒害，造成减产甚至植株大量死亡。因此，研究文心兰在低温条件下植株的形态及生理变化，能为低温逆境调控、选育和鉴定耐低温品种以及建立冬季保护栽培技术等提供理论依据。

### 一、分析材料与测定方法

以自育文心兰切花新品种'金辉'为试验试材，选择生长一致、具有1个老假鳞茎带1个饱满新假鳞茎的组培移栽苗为分析材料。低温胁迫前组培移栽苗在育苗温室（温度22～28 ℃、光照强度10 000～15 000 lx）中常规育苗管理。

低温胁迫前，先将试验材料置入昼/夜温度为18 ℃/12 ℃、白昼光照强度为12 000 lx、光照时间12 h、相对湿度（RH）65%的光照培养箱中预处理7 d，然后其他条件不变，降低昼/夜温度为12 ℃/6 ℃继续预处理7 d，期间保持基质湿润。预处理结束后进行不同低温处理：①将植株放入2 ℃、1 ℃、0 ℃、-1 ℃、-2 ℃的光照培养箱中（黑暗、RH 65%）分别处理12 h后立即进行生理指标的测定；②将植株放入0 ℃光照培养箱中（白昼光照强度为12 000 lx、光照时间12 h、RH 65%）分别处理1 d、2 d、3 d、4 d后立即进行生理指标的测定。每个处理材料共90株（分3组，每组30株）。每组随机选取10株新假鳞茎顶部向上第1枚叶（顶叶）共10枚用于生理指标测定，3组对应3次重复。

各低温处理后均置入育苗温室中恢复培养 14 d 后观察植株生长情况，统计各处理组未取样完整植株的新假鳞茎坏死率、顶叶坏死率及植株存活率。测定相对电导率，鲜重可溶性糖、脯氨酸（Pro）及丙二醛（MDA）的含量。

## 二、低温胁迫对植株的影响

将不同低温处理 12 h 并恢复培养 14 d 的文心兰植株的伤害情况进行了统计（表 11-1）。结果表明，2 ℃、1 ℃、0 ℃处理 12 h 后新假鳞茎饱满、顶叶叶色绿，植株存活率均为 100%。-2 ℃的处理新假鳞茎及其顶叶的坏死率显著高于 -1 ℃处理，植株存活率显著低于 -1 ℃处理，存活植株的外观无明显差异，结果表明 12 h 的零下低温对文心兰植株造成明显的冻害，导致植株大量死亡。

表 11-1 不同低温处理对文心兰植株的影响 （单位：%）

| 12 h 处理温度（℃） | 统计总数（株） | 新假鳞茎坏死率 | 顶叶坏死率 | 植株存活率 |
|---|---|---|---|---|
| 2 | 45 | 0 | 0 | 100 a |
| 1 | 45 | 0 | 0 | 100 a |
| 0 | 45 | 0 | 0 | 100 a |
| -1 | 42 | 23.88 b | 28.49 b | 76.12 b |
| -2 | 43 | 83.81 a | 88.41 a | 16.19 c |

注：同列不同小写字母表示处理间差异显著（$P<0.05$）。

由表 11-2 可知，0 ℃处理 2 d 时新假鳞茎仍饱满、顶叶叶色绿，植株无死亡。处理至第 3 d 时新假鳞茎及其顶叶均出现较高的坏死率，植株存活率为 33.77%，存活植株叶色浅绿；处理至第 4 d 时坏死率进一步显著提高，植株存活率下降为 25.77%，且存活植株叶色泛黄。不同处理下虽顶叶的坏死率均高于假鳞茎，但顶叶伤害程度较轻时不会引起整株死亡，而假鳞茎一旦坏死植株均会死亡。

表 11-2 低温处理时间对文心兰植株的影响 （单位：%）

| 0 ℃处理时间（d） | 统计总数（株） | 新假鳞茎坏死率 | 顶叶坏死率 | 植株存活率 |
|---|---|---|---|---|
| 1 | 57 | 0 | 0 | 100 a |
| 2 | 69 | 0 | 0 | 100 a |
| 3 | 89 | 66.23 b | 70.76 b | 33.77 b |
| 4 | 87 | 74.23 a | 82.74 a | 25.77 c |

注：同列不同小写字母表示处理间差异显著（$P<0.05$）。

## 三、低温胁迫对生理指标的影响

**1. 低温胁迫对文心兰顶叶相对电导率的影响**

由图 11-1 可知，随温度的不断降低，处理 12 h 时文心兰顶叶相对电导率不断上升。2 ℃和 1 ℃差异不显著，至 0 ℃时明显升高，随后急剧上升，至 –2 ℃时相对电导率达 81.52%，比 2 ℃时提高 201.59%。由图 11-2 可知，0 ℃下随处理天数的增加，相对电导率也不断上升。处理 1～2 d 时，差异不显著，处理至 3～4 d 时显著升高，至 4 d 时相对电导率为 37.18%，比 1 d 时提高 41.10%。

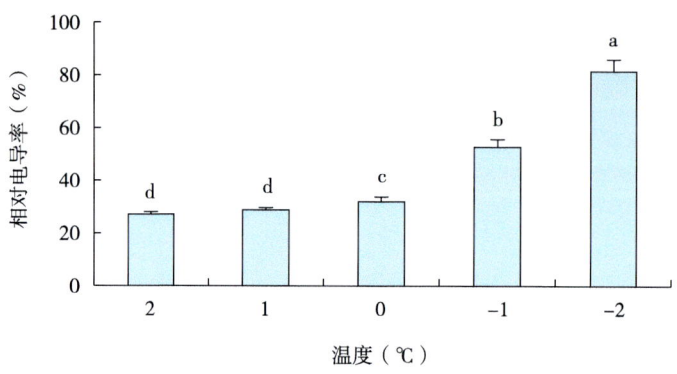

图 11-1　低温胁迫温度对文心兰顶叶相对电导率的影响

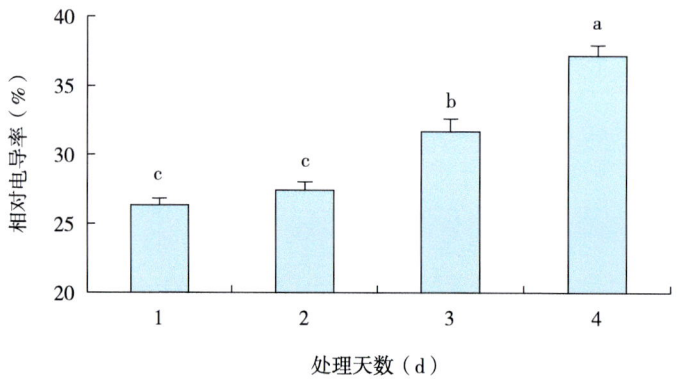

图 11-2　0 ℃下处理天数对文心兰顶叶相对电导率的影响

注：不同小写字母表示处理间差异显著（$P<0.05$）。

**2. 低温胁迫对文心兰顶叶可溶性糖含量的影响**

由图 11-3 可知，随着处理温度的降低，处理 12 h 时文心兰顶叶中可溶性糖含量呈先升后降的变化趋势。2 ℃降低到 1 ℃时可溶性糖含量略微升高，但差异不显著；随着处理温度进一步降低，可溶性糖含量急剧下降，至 –2 ℃时含量为 0.66%，比最高时降低 25.84%。由图 11-4 可知，0 ℃下随处理天数的增加，顶叶中可溶性糖含量也呈先升后降的变化趋势。处理 1～3 d 时可溶性糖含量不断升高，至 3 d 时最高，至 4 d 时又急剧降低，为 0.79%，比最高时降低 13.19%，差异显著。

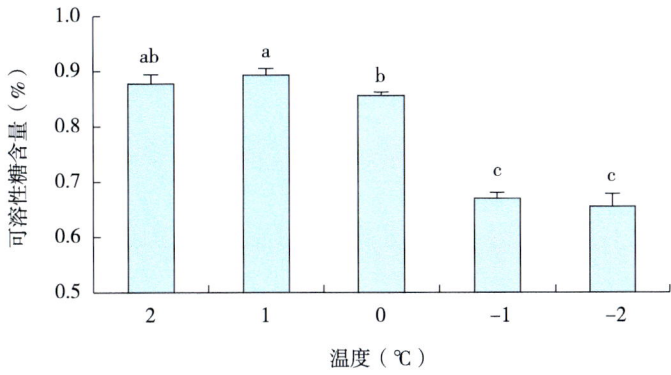

图 11-3　低温胁迫对文心兰顶叶可溶性糖含量的影响

注：不同小写字母表示处理间差异显著（$P<0.05$）。

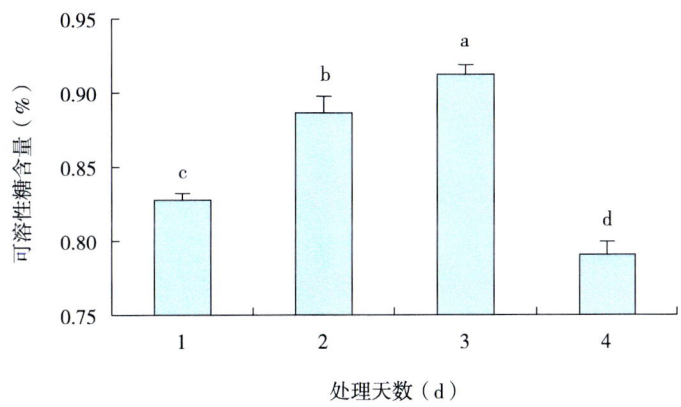

图 11-4　0℃下处理天数对文心兰顶叶可溶性糖含量的影响

注：不同小写字母表示处理间差异显著（$P<0.05$）。

### 3. 低温胁迫对文心兰顶叶游离脯氨酸（Pro）含量的影响

由图 11-5 可知，随温度的不断降低，处理 12 h 时文心兰顶叶 Pro 含量总体呈上升的变化趋势。2℃到 1℃时 Pro 含量略微下降，但差异不显著，0℃时显著上升，至 -2℃时达最大值，为 37.10 μg/g，比最低时提高 70.03%。由图 11-6 可知，0℃下随处理天数的延长，顶叶中 Pro 含量也呈不断上升的变化趋势。处理 1～2 d 时，Pro 含量显著升高，2～3 d 时变化趋于稳定，3～4 d 时又显著升高，至 4 d 时 Pro 含量为 31.94 μg/g，比 1 d 时提高 28.69%。

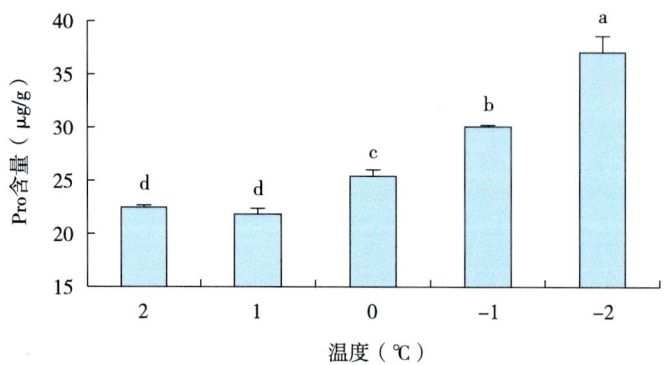

**图 11-5　低温胁迫对文心兰顶叶游离脯氨酸含量的影响**

注：不同小写字母表示处理间差异显著（$P<0.05$）。

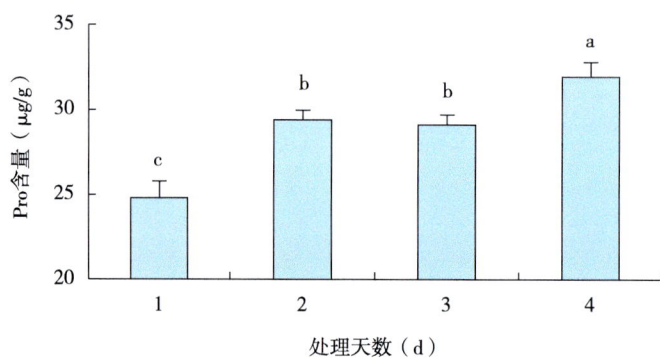

**图 11-6　0℃下处理天数对文心兰顶叶游离脯氨酸含量的影响**

注：不同小写字母表示处理间差异显著（$P<0.05$）。

### 4. 低温胁迫对文心兰顶叶丙二醛（MDA）含量的影响

由图 11-7 可知，随着处理温度的降低，处理 12 h 时文心兰顶叶 MDA 含量不断下降，由 2 ℃的 2.97 nmol/g 下降到 -2 ℃的 1.85 nmol/g，降幅为 37.71%。由图 11-8 可知，0 ℃下随处理天数的增加，顶叶中 MDA 含量也不断下降。由 1 d 的 1.58 nmol/g 下降到 4 d 的 0.89 nmol/g，降幅为 43.67%。MDA 含量不断降低可能与低温直接破坏了细胞膜系统，膜脂降解后膜脂过氧化途径紊乱有关。

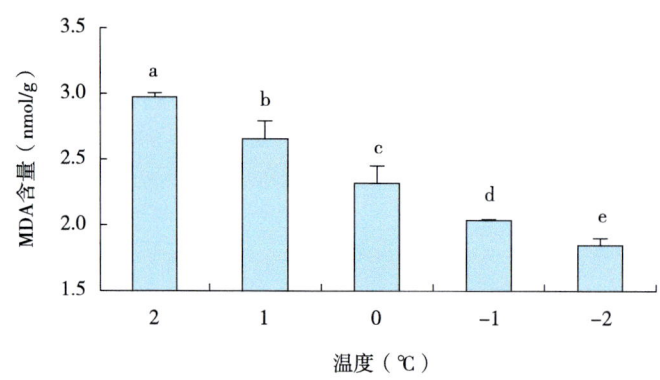

**图 11-7　低温胁迫对文心兰顶叶丙二醛含量的影响**

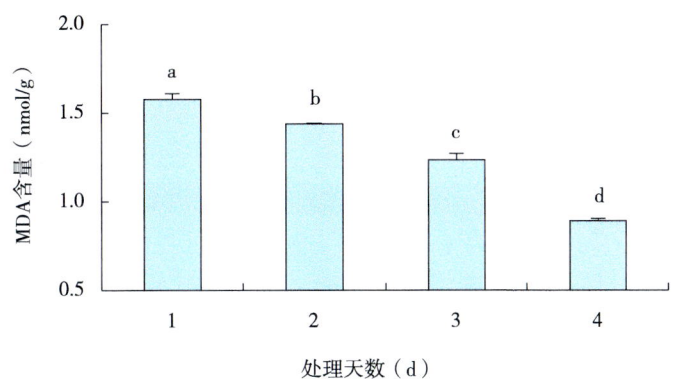

图 11-8　0℃下处理天数对文心兰顶叶丙二醛含量的影响

## 四、讨论与小结

研究表明，植物膜系统受到低温胁迫时相对电导率会升高（高冬冬 等，2011；蒋景龙 等，2016），且与冷害进程趋于一致（张大伟 等，2010）。本研究中寒害破坏了细胞膜导致胞质大量外渗，因此相对电导率急剧升高，与前人研究结果一致。可溶性糖和 Pro 是重要的细胞渗透调节物质，低温胁迫时可溶性糖和 Pro 含量的增加能提高细胞液浓度和防止细胞质脱水，从而降低细胞质的冰点，缓解对膜系统的伤害（刘学庆 等，2008），研究表明其含量与植物抗逆性有关（王孝宣 等，1998；何兵 等，2004）。本研究中随温度降低及处理时间的延长，可溶性糖含量呈先升后降的变化。低温处理前期文心兰植株通过提高可溶性糖含量来降低冰点从而保护细胞膜，但随寒害的加剧导致直接破坏了细胞膜体系，植株出现死亡，因此可溶性糖含量急剧下降，这与雅榕（*Ficus concinna*）（许月明 等，2014）、水稻秧苗（王春艳 等，2010）及狭叶四照花（*Dendrobenthamia angustata*）（彭诚和易咏梅，2007）中的研究结果一致。说明低温胁迫时可溶性糖含量由升转降的过程可辅助作为植物受低温伤害的重要信号。本研究中受持续的低温胁迫 Pro 含量不断上升，与铁皮石斛（*Dendrobium officinale*）（谭艳玲 等，2012）、柑橘（*Citrus reticulata*）（蒋景龙 等，2016）、矮牵牛（*Petunia hybrida*）（宁露云 等，2016）受低温胁迫时 Pro 含量呈先升后降的变化趋势不同，Pro 含量降低的过程与植物逆境减弱或结束后 Pro 被分解利用有关（Matysik et al.，1997），但本研究中低温胁迫的加剧导致植株死亡，植物细胞内 Pro 不断积累，因此其含量不断升高。

植物受逆境胁迫时细胞内代谢平衡被破坏，膜脂过氧化产物 MDA 含量的变化可作为植物在遭遇逆境胁迫时受伤害程度的重要标志（孙学成 等，2006）。本研究中随低温胁迫的加剧 MDA 含量不断降低，这可能是较低的温度超出了文心兰细胞抵御逆境的最大能力，而直接破坏了细胞膜体系（涂三思和秦天才，2004），膜脂发生降解紊乱了植物细胞的生化平衡（徐叶挺 等，2008），中断了膜脂过氧化的发生，这在雅榕、狭叶四照花及铁皮石斛的研究中也有类似的变化过程。

综上分析可以得出，文心兰切花品种'金辉'在 0 ℃时 2 d 后出现寒害，低于 0 ℃时

12 h 出现冻害，寒（冻）害发生时易导致植株死亡（图 11-9），这为预防冬季寒害尤其冻害的发生提供了重要的参考。相对电导率、Pro、MDA 在低温胁迫过程中呈规律性变化，可作为文心兰耐寒性鉴定的关键指标，可溶性糖可作为文心兰耐寒鉴定的辅助指标（罗远华 等，2017a）。

图 11-9 '金辉'种苗 -1 ℃低温胁迫 12 h（左）与 -2 ℃低温胁迫 12 h（右）的形态比较

## 第二节 高温胁迫

我国大陆地区从 20 世纪 90 年代开始引种文心兰，主要以切花栽培为主。文心兰切花品种是具假鳞茎型薄叶种，研究表明 15～20 ℃适宜营养生长，20～25 ℃适宜开花（李孟惠，1998；蔡佩芬，2000）。福建属亚热带湿润气候，温暖湿润为气候的显著特点，年平均气温 15～22 ℃，非常适宜文心兰切花栽培，但福州等地夏季持续的高温会严重影响文心兰植株的生长，导致假鳞茎易皱缩，从而影响秋、冬季开花产量和品质。

根据福建夏季气温自然变化规律，在光照培养箱中模拟高温胁迫，测定文心兰新芽顶叶叶绿素、可溶性糖、还原糖、Pro 等含量及相对电导率、过氧化物酶（POD）活性等多项生理指标，以探讨高温胁迫下文心兰生理变化规律和耐热机制，为筛选出文心兰耐热性鉴定生理指标及建立适宜夏季高温气候特点的栽培管理技术提供理论依据。

### 一、分析材料与测定方法

以文心兰切花新品种'金辉'为试验试材，选择 1 个饱满假鳞茎带 1 个新芽（新芽高度一致，新芽假鳞茎未膨大）的幼苗共 192 株为供试材料。

根据福州夏季日夜气温的自然变化规律，用光照培养箱（光照时强度为 12 000 lx，空气相对湿度 75%～80%）模拟高温胁迫。以夏季最高温时温室能调控的温度（黑暗 28 ℃ 10 h→光照 30 ℃ 5 h→光照 32 ℃ 4 h→光照 30 ℃ 5 h，以此循环）为对照（CK），高温处理（T）温度变化为黑暗 28 ℃ 10 h→光照 32 ℃ 2 h→光照 36 ℃ 3 h→光照

40 ℃ 4 h→光照 36 ℃ 3 h→光照 32 ℃ 2 h，以此循环。高温胁迫前在 CK 条件下预处理 7 d，CK 与高温胁迫各 96 株，处理过程中均保持栽培介质湿润。高温胁迫处理共 42 d，CK 与高温处理均每隔 7 d 随机选取 12 株新芽各 2 片顶叶共 24 片叶进行生理指标的测定。

测定鲜重叶绿素、可溶性糖、还原糖、Pro 等含量及相对电导率、POD 活性的变化，以期了解高温胁迫下文心兰顶叶若干生理指标的变化。

## 二、高温胁迫对生理指标的影响

### 1. 高温胁迫对形态和叶绿素含量的影响

对照处理 42 d 后假鳞茎饱满，叶色浓绿无坏死，且新芽基部基本已膨大形成假鳞茎；而高温胁迫处理 42 d 后植株虽未死亡，但假鳞茎明显失水皱缩，叶尖出现焦枯，叶色由浓绿变为黄绿，部分鞘叶变黄甚至坏死，新芽基部极少能膨大发育形成假鳞茎（图 11-10）。高温胁迫处理后的植株转入温室中，能迅速恢复生长（图 11-11）。

图 11-10 '金辉'高温胁迫 42 d（左）与 CK（右）

图 11-11 '金辉'高温胁迫 42 d 状态（左）与恢复生长状态（右）

受高温胁迫后文心兰顶叶叶绿素（a+b）含量总体上呈现不断下降的变化趋势（图 11-12），而对照则呈平缓上升的变化趋势。高温胁迫 7 d 时，叶绿素含量略高于对照，至 14～21 d 时则低于对照，但差异不显著；当高温胁迫至 28 d 时叶绿素含量（0.698 mg/g）则显著低于对照（0.781 mg/g）；当高温胁迫至 42 d 时，叶绿素含量（0.676 mg/g）进一步降低，比对照下降 19.12%。

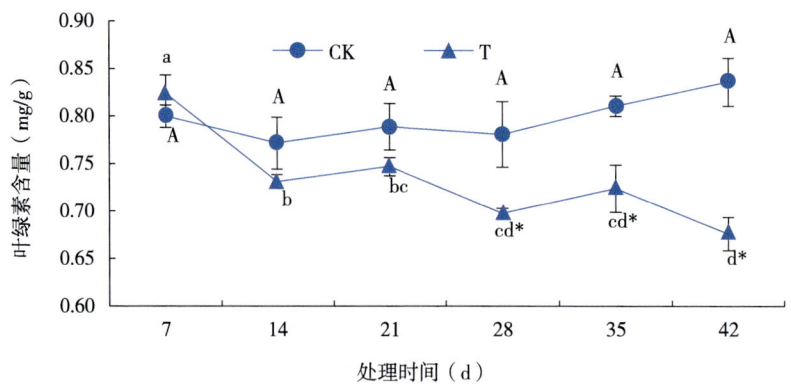

图 11-12　高温胁迫对新芽顶叶叶绿素含量的影响

注：不同大小写字母表示对照与高温胁迫处理不同时间差异显著（$P<0.05$），
＊表示相同处理时间高温胁迫与对照差异显著（$P<0.05$）。

### 2. 高温胁迫对可溶性糖含量的影响

从图 11-13 可知，对照中可溶性糖含量呈不断上升的变化趋势，由 7 d 的 0.189% 上升到 42 d 的 0.351%。高温胁迫 7～21 d 时可溶性糖含量分别为 0.222%、0.247% 和 0.317%，分别比对照提高 17.16%、19.32% 和 10.07%，差异均显著；28～35 d 时可溶性糖含量与对照差异不显著，且增幅均放缓；至 42 d 时高温胁迫下可溶性糖含量为 0.321%，比对照降低 8.55%，差异显著。

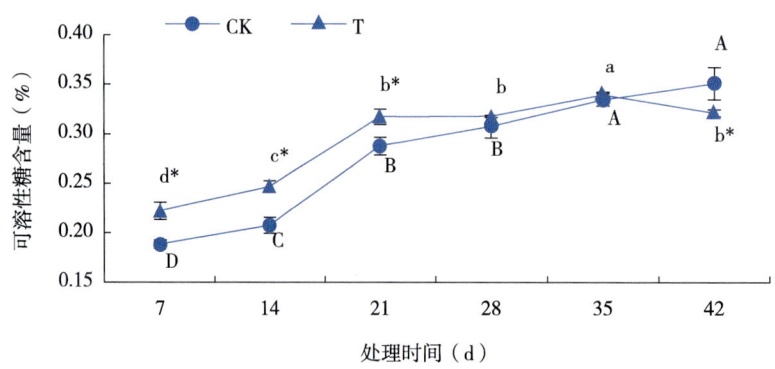

图 11-13　高温胁迫对新芽顶叶可溶性糖含量的影响

注：不同大小写字母表示对照与高温胁迫处理不同时间差异显著（$P<0.05$），
＊表示相同处理时间高温胁迫与对照差异显著（$P<0.05$）。

### 3. 高温胁迫对还原糖含量的影响

从图 11-14 可知，对照与高温胁迫处理还原糖含量的变化趋势基本一致，总体上均持续增加，但在不同的时期增幅和含量有显著差异。高温胁迫 7 d 时还原糖含量为 2.512%，比对照高 18.83%，差异显著；随后高温胁迫下还原糖含量增幅放缓，至 28 d 时与对照差异不显著，至 35 d、42 d 时高温胁迫下还原糖含量分别为 2.750%、2.958%，与对照相比降低了 11.66% 和 11.36%。

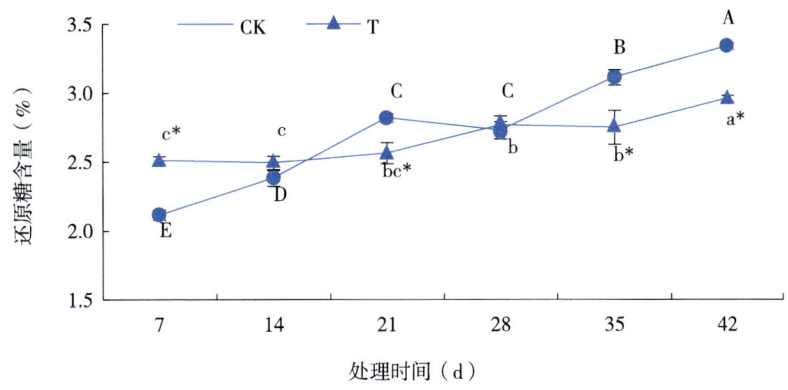

图 11-14　高温胁迫对新芽顶叶还原糖含量的影响

注：不同大小写字母表示对照与高温胁迫处理不同时间差异显著（$P<0.05$），
＊表示相同处理时间高温胁迫与对照差异显著（$P<0.05$）。

#### 4. 高温胁迫对相对电导率的影响

从图 11-15 可知，对照相对电导率呈现升降升降的变化趋势，而高温胁迫下相对电导率先升后趋于稳定的变化趋势，高温胁迫下相对电导率显著高于对照，提高幅度为 8.49%～20.66%。高温胁迫 7～35 d 时相对电导率持续上升，由 21.48% 上升到 24.80%；35～42 d 时下降，但差异不显著。

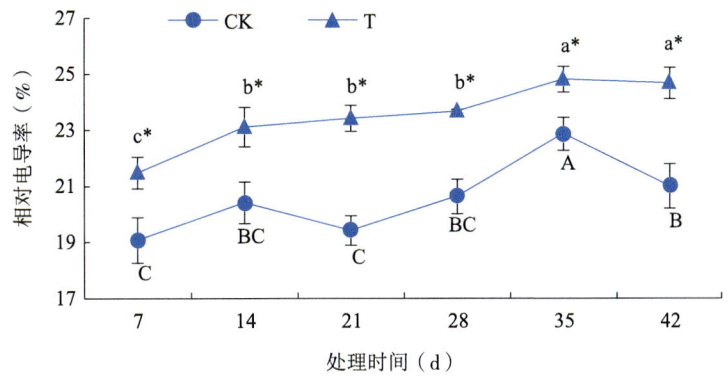

图 11-15　高温胁迫对新芽顶叶相对电导率的影响

注：不同大小写字母表示对照与高温胁迫处理不同时间差异显著（$P<0.05$），
＊表示相同处理时间高温胁迫与对照差异显著（$P<0.05$）。

#### 5. 高温胁迫对 Pro 含量的影响

从图 11-16 可知，对照与高温胁迫处理下文心兰顶叶 Pro 含量的变化趋势基本一致，均呈升降升的变化趋势，但高温胁迫下 Pro 含量均显著高于对照。7～14 d 时 Pro 含量均持续上升，至 14 d 时高温胁迫下 Pro 含量为 25.69 μg/g，比对照高 51.30%；14～28 d 时

Pro 含量均缓慢下降；高温胁迫 28～42 d 时 Pro 含量急剧上升，至 42 d 时 Pro 含量高达 28.38 μg/g，比对照提高了 56.11%。

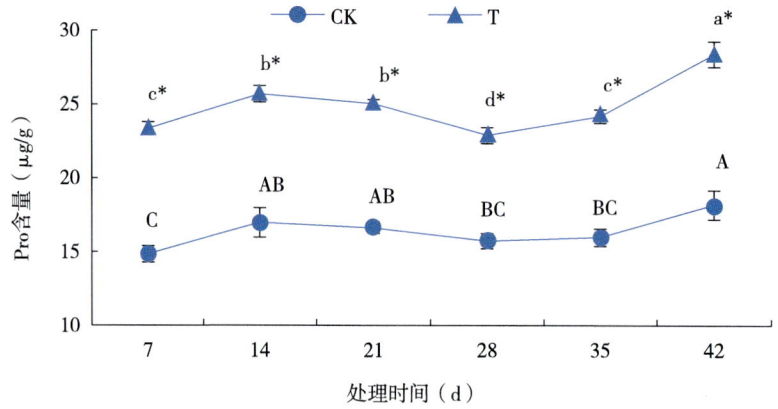

图 11-16　高温胁迫对新芽顶叶 Pro 含量的变化

注：不同大小写字母表示对照与高温胁迫处理不同时间差异显著（$P<0.05$），

＊表示相同处理时间高温胁迫与对照差异显著（$P<0.05$）。

### 6. 高温胁迫对 POD 活性的影响

从图 11-17 可知，随高温胁迫时间的增加，文心兰顶叶中 POD 活性呈不断上升的变化趋势。处理 7～21 d 时 POD 活性上升较缓，且低于对照，但差异不显著；高温胁迫 28 d 以后 POD 活性具有较大幅度的增强，且高于对照；至 35 d、42 d 时 POD 活性显著提高，分别为 0.046 4 U/（g·min）和 0.049 6 U/（g·min），分别比对照提高 8.47% 和 11.58%。

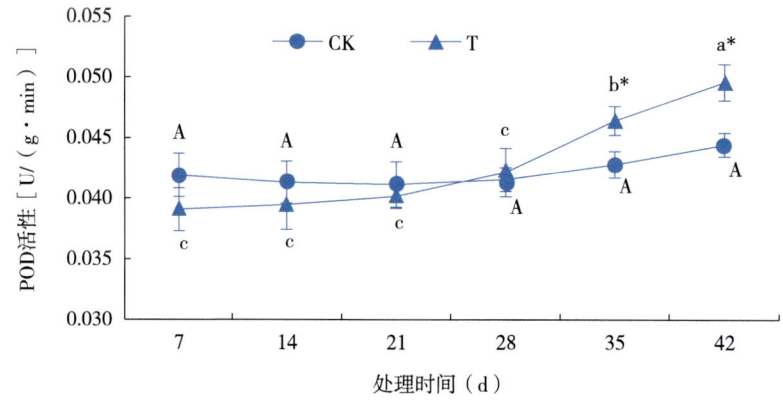

图 11-17　高温胁迫对新芽顶叶 POD 活性的影响

注：不同大小写字母表示对照与高温胁迫处理不同时间差异显著（$P<0.05$），

＊表示相同处理时间高温胁迫与对照差异显著（$P<0.05$）。

## 三、讨论与小结

叶绿素是光合作用不可缺少的物质，叶绿素含量多少与光合机能大小密切相关。本研究中受持续高温胁迫后文心兰顶叶叶绿素含量呈不断下降的变化趋势，这与在春兰（*Cymbidium goeringii*）（黄闽敏 等，2013）、蝴蝶兰（*Phalaenopsis aphrodite*）（杨华庚和陈慧娟，2009；贺嘉 等，2011）中的研究结果一致。本研究中高温胁迫 7 d 时叶绿素含量略高于对照，这与短暂的高温提高了叶绿素合成相关酶的活性，从而加快了叶绿素的合成有关（潘瑞炽，2001），这在银杏（*Ginkgo biloba*）中也有类似的报道（郑军 等，2008）；随高温胁迫时间的延长，持续高温降低了叶绿素的合成，同时高温胁迫下活性氧氧化加速了叶绿素的降解（张哲 等，2010），因此叶绿素含量显著降低。

Pro、可溶性糖是重要的渗透调节物质。当植物处于逆境胁迫下，Pro 合成酶类对 Pro 的反馈抑制的敏感性降低，导致体内游离 Pro 含量增加（欧祖兰和曹福亮，2008），且增长的百分率大小与耐热性有关（江南 等，2012），但胁迫温度过高时又会导致 Pro 含量降低（Can van toan et al.，2016）。本研究中受高温胁迫文心兰顶叶中 Pro 含量显著提高，且与对照保持一致的动态变化趋势，说明文心兰具有较好的耐热性。可溶性糖是重要的光合产物，本研究发现高温胁迫初期能显著提高可溶性糖的积累，但随高温胁迫时间的进一步延长，可溶性糖的积累显著下降，可能是高温胁迫后期叶绿素降解导致光合效率降低引起的，这与金线兰（*Anoectochilus roxburghii*）的研究结果一致（周伟香 等，2007）。本研究中高温胁迫初期还原糖含量显著提高，这可能与高温胁迫下植株体内碳水化合物转换以提高抗性有关（梁悦萍和唐道城，2013），随高温胁迫时间的延长，还原糖含量显著低于对照，这可能与光合作用减弱而呼吸作用加强有关，这与在黄瓜（*Cucumis sativus*）中的研究结果一致（夏永恒，2013）。

高温胁迫下膜蛋白受伤害导致细胞膜透性增加，胞液外渗而使相对电导率增大（陈爱葵 等，2010），因此叶片相对电导率是耐热性鉴定的重要生理指标。本研究中高温胁迫下顶叶相对电导率显著高于对照，高温胁迫前期相对电导率增幅较大，后期趋于稳定，表明高温胁迫初期一定程度上破坏了细胞膜，后期相对电导率的下降说明植株抗逆性增强，提高了对高温环境的适应能力。本研究中相对电导率的变化与甜椒（*Capsicum annuum* var. *grossum*）（刘凯歌 等，2015）、辣椒（*Capsicum annuum*）（马宝鹏 等，2013）的研究结果一致。

POD 是氧化酶系统中的保护酶，是细胞内防御酶系统中重要的清除酶之一。高温胁迫下 POD 活性变化主要与品种耐热性、处理温度及处理时间有关（刘祖棋，1993），POD 含量越高，其耐热性越好，适应性越强（刘大林 等，2013）。本研究中高温胁迫初期 POD 活性低于对照，但后期活性急剧增加且显著高于对照，这种变化规律与小苍兰（*Freesia hybrida*）类似（袁媛 等，2011），这可能与叶绿素降解和膜脂过氧化有关（王冬雪 等，2014）。不断升高的 POD 活性能分解膜脂过氧化产生的 $H_2O_2$，从而防止细胞膜的伤害，表明文心兰具有很好的耐热性。

综上所述，高温胁迫下文心兰顶叶的相对电导率及 Pro 含量均显著高于对照，而叶绿素含量则不断降低，说明以上指标可作为鉴定文心兰耐热性的关键指标；可溶性糖含量、还原糖含量、POD 活性的变化趋势则与高温胁迫的时间有关，可作为辅助指标（罗远华 等，2017b）。

## 第三节　干旱胁迫

植物光合作用对水分条件的变化较为敏感。在干旱胁迫下，植物碳同化能力降低，吸收的光能无法有效利用，过剩的光能会导致光合电子传递中间产物的积累和氧化胁迫，损害光合机构，产生非气孔限制（Zivcak et al., 2013）。干旱胁迫下会导致叶片气孔关闭，引起叶肉和气孔导度降低，使光合同化底物 $CO_2$ 减少（Lawlor et al., 2002）；可使叶片角质层增厚、叶肉层变薄、叶脉及气孔密度增加、气孔长度和宽度减小（李芳兰等，2005）。

水分对植物的产量和品质具有重要影响，但针对兰科植物在这方面的研究还不够深入。权雪等（2018）通过水分控制实验，研究了不同土壤水分条件对白及 [*Bletilla striata* (Thunb. ex Murray) Rchb. f.] 光合作用、叶片解剖结构、生物量和多糖含量的影响后发现，低水分处理不仅使白及的最大光合速率、气孔导度、光反应中心Ⅱ活性及叶绿素含量等参数降低，也使叶肉层变薄、上表皮增厚、生物量和多糖含量下降。气孔导度降低是白及在低水分条件下光合能力下降的主要原因。低水分条件可引起白及光合碳同化能力下降，导致生物量和多糖积累减少，进而影响白及的产量和品质。

栽培基质中水分含量会引起植株根冠比的变化，在干旱的条件下，植物根冠比增大。尤毅等（2011）以文心兰切花品种'黄金2号'为研究对象，分别以株高约10 cm的幼苗，以及假鳞茎肥厚饱满、株高约30 cm的大苗为试验材料，以等体积比的木炭和碎石的混合基质为栽培基质，于遮光网大棚中种植（遮光率70%，平均气温为22.5 ℃，年平均相对湿度77%），研究了持续2个月的半干旱和干旱胁迫对其生长及光合生理特征的影响。研究结果表明，正常浇水的文心兰幼苗及成熟苗的生长势良好，株高、叶面积、叶干重及茎干重均达到最大值，显著优于干旱胁迫的植株。半干旱及重干旱处理的文心兰的生长减缓、植株矮小、叶面积缩小、地上部干物质积累量减少、地下部增加、根冠比增大。同时，半干旱和干旱成熟苗假鳞茎茎周长比正常浇水的小，表现为假鳞茎皱缩。结果说明，随土壤水分的降低，文心兰的生物量分配发生变化，地上部比重降低，根比重增加，这有利于缓解植物与水分的供求矛盾。该结果表明干旱胁迫下植株长势明显削弱，文心兰的生长需要充足的水分。

干旱胁迫下文心兰幼苗及成熟苗的叶绿素含量均减少，叶绿素含量随干旱程度的加大而降低，但成苗期文心兰的叶绿素含量对干旱的反应要比幼苗期敏感。水分缺乏显著影响文心兰的光合能力，尤其在水分严重不足时，文心兰的光合能力大大降低。文心兰叶片胞间 $CO_2$ 的变化趋势与净光合速率、气孔导度及蒸腾速率的变化趋势呈负相关（尤毅 等，2011）。

# 参考文献

蔡佩芬, 2000. 温度、光度、栽培介质对文心兰苗生育之影响 [D]. 台北: 台湾大学园艺学研究所.

陈爱葵, 韩瑞宏, 李东洋, 等, 2010. 植物叶片相对电导率测定方法比较研究 [J]. 广东教育学院学报, 30 (5): 88-91.

陈丹, 王丹, 孙丽, 等, 2014. 外源水杨酸对低温胁迫下蝴蝶兰的缓解效应及其抗氧化生理特征变化 [J]. 浙江大学学报: 农业与生命科学版, 40 (30): 266-274.

高冬冬, 谭艳玲, 马关喜, 等, 2011. 蝴蝶兰叶片对低温胁迫的生理响应 [J]. 浙江大学学报: 农业与生命科学版, 37 (5): 509-515.

何兵, 陈其兵, 潘远智, 2004. 几个一品红品种低温胁迫的生理胁迫反应 [J]. 四川农业大学学报, 22 (4): 332-335.

贺嘉, 王广东, 吴震, 2011. 高温胁迫对蝴蝶兰试管苗形态及叶片抗氧化特性的影响 [J]. 江苏农业科学 (1): 192-196.

黄闽敏, 张强, 刘晓芳, 2013. 高温胁迫对春兰耐热性相关生理指标的影响 [J]. 山西农业科学, 41 (12): 1330-1332.

江南, 朱根发, 张玉冰, 等, 2012. 高温胁迫下不同大花蕙兰品种叶片游离脯氨酸累积的差异与耐热性的关系 [J]. 中国园艺文摘 (3): 5-7.

蒋景龙, 李丽, 赵桦, 等, 2016. 低温胁迫对三种柑橘叶片抗性生理特性影响 [J]. 广西植物, 36 (2): 208-215.

李芳兰, 包维楷, 2005. 植物叶片形态解剖结构对环境变化的响应与适应 [J]. 植物学通报, 22 (增刊): 118-127.

李孟惠, 1998. 温度、光度及肥料浓度对文心兰花序发育之影响 [D]. 台北: 台湾大学.

李亚军, 龚宁, 周伟香, 等, 2007. 金线兰无菌种子苗对低温胁迫的反应 [J]. 种子, 26 (8): 61-62.

梁悦萍, 唐道城, 2013. 栽培基质对郁金香鳞茎形态发育及还原糖含量的影响 [J]. 北方园艺 (11): 59-61.

刘大林, 张华, 曹喜春, 等, 2013. 夏季高温胁迫对紫花苜蓿部分生理生化指标的影响 [J]. 草地学报, 21 (5): 937-933.

刘凯歌, 宋云鹏, 龚繁荣, 等, 2015. 高温胁迫对甜椒幼苗生长和生理生化指标的影响 [J]. 上海农业学报, 31 (3): 63-67.

刘学庆, 宋来庆, 杨永杰, 等, 2008. 低温胁迫对不同蝴蝶兰品种生理特性的影响 [J]. 山东科学, 21 (5): 31-35.

刘学庆, 王秀峰, 朴永吉, 2007. 蝴蝶兰不同品种耐冷特性的研究 [J]. 园艺学报, 34 (2): 425-430.

刘祖棋，张石城，1993．植物抗性生理学［M］．北京：中国农业出版社．

罗远华，黄敏玲，林榕燕，等，2017a.文心兰顶叶对低温胁迫的生理响应［J］.福建农业学报，32（10）：1101-1105.

罗远华，王振波，黄敏玲，等，2017b.高温胁迫对文心兰顶叶若干生理指标的影响［J］.福建农业学报，32（6）：625-629.

马宝鹏，逯明辉，巩振辉，等，2013．辣椒幼苗对高温胁迫的生长生理响应［J］．西北农林科技大学学报：自然科学版，41（10）：112-116.

宁露云，包满珠，张蔚，2016.低温胁迫对矮牵牛H株系花青素、游离脯氨酸及可溶性糖含量的影响［J］.湖北农业科学，55（6）：1500-1503.

欧祖兰，曹福亮，2008.植物耐热性研究进展［J］.林业科技开发，22（1）：1-5.

潘瑞炽，2001.植物生理学：第四版［M］.北京：高等教育出版社．

彭诚，易咏梅，2007.低温胁迫对狭叶四照花苗木的生理影响［J］.湖北农业科学，46（5）：777-778.

孙学成，谭启玲，胡承孝，等，2006.低温胁迫下钼对冬小麦抗氧化酶活性的影响［J］.中国农业科学，39（5）：952-959.

谭艳嫣，张艳嫣，高冬冬，等，2012.低温胁迫对铁皮石斛抗坏血酸过氧化物酶活性及丙二醛和脯氨酸含量的影响［J］.浙江大学学报：农业与生命科学版，38（4）：400-406.

涂三思，秦天才，2004.高温胁迫对黄姜叶片脯氨酸、可溶性糖和丙二醛含量的影响［J］.湖北农业科学（4）：98-100.

王春艳，王立志，李锐，等，2010.黑龙江水稻冷害Ⅶ苗期低温对水稻秧苗电导率及可溶性糖含量的影响［J］.黑龙江农业科学（5）：21-22.

王冬雪，张丽莉，石瑛，2014.不同熟性马铃薯各生育时期功能叶生理指标变化的研究［J］.中国农学通报，30（3）：124-128.

王孝宣，李树德，东惠茹，等，1998.番茄品种耐寒性与ABA和可溶性糖含量的关系［J］.园艺学报，25（1）：56-60.

王园园，叶志琴，刘容，等，2014.二倍体和四倍体杂交兰幼苗对低温胁迫的生理响应差异分析［J］.植物资源与环境学报，23（4）：68-74.

夏永恒，2013.$CO_2$加富条件下高温对温室黄瓜糖和淀粉代谢的影响［D］.呼和浩特：内蒙古农业大学．

徐叶挺，李疆，罗淑萍，2008.低温胁迫下野生巴旦杏抗寒生理指标的测定［J］.新疆农业大学学报，31（4）：1-4.

许月明，张晓勉，高智慧，等，2014.低温胁迫对近无柄雅榕叶片丙二醛和可溶性糖含量的影响［J］.浙江林业科技，34（4）：1-4.

杨华庚，陈慧娟，2009.高温胁迫对蝴蝶兰幼苗叶片形态和生理特性的影响［J］.中国农学通报，25（11）：123-127.

尤毅，孙映波，吕复兵，等，2011.干旱胁迫对文心兰生长及光合特性的影响［J］.热带作

物学报，32（7）：1245-1248.

袁媛，唐东芹，史益敏，2011.小苍兰幼苗对高温胁迫的生理响应［J］.上海交通大学学报：农业科学版，10（5）：30-36.

张大伟，杜翔宇，刘春燕，等，2010.低温胁迫对大豆萌发期生理指标的影响［J］.大豆科学，29（2）：228-232.

张哲，闵红梅，夏关均，等，2010.高温胁迫对植物生理影响研究进展［J］.安徽农业科学，38（16）：8338-8339.

郑军，曹福亮，汪贵斌，等，2008．高温对银杏品种主要生理指标的影响［J］.林业科技开发，22（1）：13-16.

周伟香，龚宁，李凯，等，2007.高温胁迫对金线兰生理特性影响的研究［J］.贵州师范大学学报：自然科学版，25（3）：25-28.

CAN VAN TOAN，罗聪，何新华，等，2016.高温胁迫对杧果幼苗生理生化指标的影响［J］.热带作物学报，37（1）：53-58.

LAWLOR D W，CORNIC G，2002．Photosynthetic carbon assimilation and associated metabolism in relation to water deficits in higher plants［J］. Plant Cell Environ，25（2）：275-294.

MATTIUZ C F M，RODRIGUES T D D，MATTIUZ B，et al.，2010. Cold storage of cut inflorescences of *Oncidium varicosum* 'Samurai'［J］. Ciencia Rural，40（11）：2288-2293.

MATYSIK J，ALIA BHALU B，MOHANTY P，1997．Molecular mechanisms of quenching of reaction oxygen species by proline under stress in plants［J］. Plant Growth Regulation，（21）：79-102.

ZIVCAK M，BRESTIC M，BALATOVA Z，et al.，2013.Photosynthetic electron transport and specific photoprotective responses in wheat leaves under drought stress［J］. Photosynth Res，117（1-3）：529-546.

# 第十二章　文心兰病毒病研究进展

## 第一节　兰科植物病毒病的种类

文心兰花序排列整齐，花形优美，花期长，可作盆花或切花，是目前极具竞争力和发展潜力的一种高经济价值的花卉作物。随着文心种植面积的日益扩大，病毒病对文心兰的危害日益严重，文心兰感染病毒后，常表现为叶片坏死、花叶、畸形、花瓣变色、花色杂、花序短小，严重时甚至失去观赏价值（Wong et al., 1994；肖火根等，1996；Nash, 1997，图12-1）。病毒病已成为制约文心兰规模化种植的重要因素。

图 12-1　文心兰叶片感染病毒症状

据报道，目前有20多种病毒侵染兰花（Zheng et al., 2008）。主要有建兰花叶病毒（*Cymbidium mosaic virus*, CyMV)、齿兰环斑病毒（*Odontoglossum ringspot virus*, ORSV）、黄瓜嵌纹病毒（*Cucumber mosaic virus*, CMV)、建兰环斑病毒（*Cymbidium ringspot*

Tombusvirus，CyRSV）、菜豆黄花叶病毒（*Bean yellow mosaic virus*，BYMV）、兰花斑点病毒（*Ovrchid fleck rhabdovirus*，OFRV）、烟草脆裂病毒（*Tobacco rattle virus*，TRV）、石斛兰花叶病毒（*Dendrobium mosaic virus*，DMV）、番茄环斑病毒（*Tomato ringspot virus*，TRV）、番茄斑萎病毒（*Tomato spotted wilt virus*，TSWV）、石斛兰叶脉坏疽病毒（*Dendrobium vein necrosis closterovirus*，DVNV）、凤仙花坏死斑病毒（*Impatiens necrotic spot virus*，INSV）等（Zettler et al.，1990；Chang et al.，1991；Hu et al.，1993；范成明 等，2004；Chang et al.，2005；张巧萍 等，2008）。

主要病毒性质与分子生物学特性如下。

### 一、建兰花叶病毒（CyMV）

CyMV 隶属线形病毒科（*Flexiviridae*）、马铃薯 X 病毒属（*Potexvirus*），外形长丝状。该病毒 RNA 基因组全序列约 6 200 nt，整个基因组由 5 个开放阅读框（ORF）组成，分别编码 160 kD、26 kD、13 kD、10 kD 和 24 kD 蛋白。系统进化分析表明，该病毒与同属的其他成员的同源性很高，与马铃薯奥古巴花叶病毒（*Potato aucuba mosaic virus*，PAMV）、水仙花花叶病毒（*Narcissus mosaic virus*，NMV）、白红花草花叶病毒（*White clover mosaic virus*，WClMV）和草莓温性黄边病毒（*Strawberry mild yellow edgeassociated virus*，SMYEaV）亲源较近（Wong et al.，1997）。CyMV 是迄今从兰花上分离到的分布最广、为害最严重的病毒之一，能使文心兰产生褪绿斑点及坏死斑。CyMV 的传播途径主要有汁液、昆虫和接触。

### 二、齿兰环斑病毒（ORSV）

ORSV 隶属烟草花叶病毒属（*Tobamovirus*），为单链 RNA 病毒，基因组全序列约 5 800 nt，含有 4 个 ORF，分别编码 126 kD、54 kD、34 kD 和 17 kD 蛋白。其中 ORF1 和 ORF2 为通读序列，编码复制酶基因；*MP* 基因是完整的 ORF3，编码 34 kD 蛋白；*CP* 基因是完整的 ORF4，长约 600 nt，编码 17 kD 的外壳蛋白包被核酸形成长 300～310 nm 的杆状病毒粒子（Ryu 和 Park，1994）。

ORSV 主要为病株汁液凭借机械性伤口传染，截至目前尚未证实种子以及任何昆虫可媒介 ORSV。由于 ORSV 性质稳定，体外存活期长，此病毒可以经由与兰花植株的直接接触，以及被病株汁液污染过的工具、盆钵、灌溉水传播。虽然 ORSV 不会经由种子带毒而传至后代，但是在进行杂交授粉或播种时，若母本是感病植株，则隐藏于病株果荚内的病毒有可能在后续的离体培养操作时污染部分实生苗（郑平，1999）。

CyMV 和 ORSV 是侵染文心兰的两种主要病毒，其中 CyMV 为优势种，有时出现 ORSV 和 CyMV 二者复合侵染（樊荣辉等，2015）。

### 三、黄瓜嵌纹病毒（CMV）

CMV 隶属雀麦花叶病毒科（*Bromoviridae*）、黄瓜花叶病毒属（*Cucunovirus*），是世

界性分布的植物病毒。CMV 的病毒粒子是等轴对称的二十面体（$T=3$）的球状结构，无包膜，直径 29～30 nm。CMV 为单链、正义 RNA 病毒，含有 RNA1、RNA2 和 RNA3 这 3 个 RNA 片断，每个 RNA 片段的 5′端为甲基化帽子结构（m7G5′ppp5′Gp），3′端无 poly（A），序列保守，有一个约 200 nt 的保守区，可以折叠成 tRNA 结构，能结合络氨酸（Roossinck，2001）。

CMV 可通过多种方式传播，可由 60 多种蚜虫以非持久性方式传播，可经汁液接触而机械传播（Brunt et al.，1996），有些 CMV 分离物可通过种子传播，也有少数可由土壤、基质带毒传播。其寄主范围广泛，能侵染 1 000 多种单、双子叶植物，已发现受为害的种类达 85 科 365 个属 775 种植物，这可能与基因组中存在 2b 基因有密切关系（庄木 等，2003）。

### 四、建兰环斑病毒（CyRSV）

CyRSV 隶属于番茄丛矮病毒属（*Tombusvirus*），基因组包含了 5 个 ORF。其中 ORF1 编码 33 kD 蛋白，ORF2 编码 92 kD 蛋白，ORF1 和 ORF2 编码病毒复制酶；*CP* 基因是完整的 ORF3，编码 41 kD 蛋白；*MP* 基因是完整的 ORF4，编码 22 kD 蛋白；ORF5 编码 19 kD 蛋白，是一种调节蛋白。删除 ORF3，病毒 RNA 的复制和细胞间运动不受影响，但严重影响长距离的染色体易位（Hu et al.，1998）。

## 第二节  病毒检测技术

兰花病毒检测技术主要包括电镜检测、血清学方法及分子生物学方法等，近年来的研究注重快速检测技术。

### 一、电镜检测

电子显微镜技术经过半个多世纪的发展，已成为比较重要的病毒鉴定和检测手段。通过电子显微镜直接观察植物病毒的大小、形态及结构来鉴定病毒，结果直接、精准，对一些不确定的病毒和难以提纯的病毒材料也实用。通过电镜负染法和超薄切片法观察到兰花病叶中长 470～580 nm、柔软弯曲的线状 CyMV 粒子和长 300～370 nm、刚直杆状的 ORSV 粒子（施农农 等，2007）。应用电镜负染对文心兰、大花蕙兰（*Cymbidium hyhridum*）进行检测，观察到 CyMV 和 ORSV（戾守鑫 等，2008）。

电镜检测的优点是快速、简单和直接，可以直观地观察病毒形态结构及病毒侵染寄主后可引起的细胞微结构变化，可以较明确地显示超微结构水平的细胞病理变化。但也存在缺点，主要在于：①电镜操作需要一定的技能，操作人员要对病毒的形态和典型特点十分了解；②容易受到破碎细胞器的干扰而影响判断结果，不易被初学者掌握（杜琳 等，2007）；③电镜仪器昂贵不普及，这也在一定程度上制约了电镜技术在病毒检测中的广泛应用。

## 二、血清学方法

血清学方法是20世纪六七十年代发展起来，利用抗原抗体体外特异性免疫反应检测植物病毒的方法。由于不同病毒产生的抗血清各不相同，因此可以用已知病毒的抗血清来鉴定未知病毒的种类。

### （一）酶联免疫吸附（enzyme-linked immuno sorbent assay，ELISA）

ELISA是血清学方法中使用最广泛的一种方法。ELISA是通过化学方法，在酶的标记和高效催化下使抗原或抗体结合到某种固相载体表面发生免疫反应。这种酶标抗原或抗体不但保留了其免疫活性，也保留了酶的活性，保证了抗原和抗体结合的高特异性和高灵敏性。该方法操作简便、快速，无须特殊仪器设备，结果容易判断。随着科学的发展，这项技术已得到进一步发展，在兰花病毒病诊断领域广泛使用。

**1. 双抗体夹心法（DAS-ELISA）**

DAS-ELISA是通过形成"抗体—抗原—酶标抗体"和底物反应呈现不同颜色来指示抗原抗体反应。DAS-ELISA建立在ELISA的技术基础上，具有更高的灵敏性和更强的专化性。应用此法检测提纯的CyMV灵敏度为6.25 ng（Renu et al.，1998），检测提纯的ORSV灵敏度为0.048 ng/μL（魏梅生和黄冲，2000）。但该法也存在一些缺点，例如，检测每种病毒都需要制备相应的酶标记特异抗体，标记过程较复杂；购买试剂盒价格比较昂贵，且试剂盒中的多抗血清存在非特异性高、准确性和均质性差等不足。

**2. A蛋白双抗夹心法（PAS-ELISA）**

用A蛋白代替常规抗血清检测CyMV，灵敏度有很大的提高（Abdulsamad et al.，1993）。梁敏国等（2004）用此法对广东省兰花病毒进行了调查和病原检测。

**3. 间接酶联免疫吸附（ACP-ELISA）**

由于ELISA检测中常使用的多抗血清存在非特异性高、准确性差等不足，孟春梅等（2007）制备了CyMV的单克隆抗体，并借助A蛋白建立了抗原包被间接ELISA检测法，对田间兰花样品进行了检测应用。

**4. 斑点酶联免疫（Dot-ELISA）**

Dot-ELISA是利用硝酸纤维素膜或醋酸纤维素膜作为固相支持物，进行抗原抗体反应的免疫学检测方法。与常规ELISA相比，该方法灵敏度更高、特异性更强、方法更简便，检测最低可达1.32 ng病毒粒子（Hawkes，1982；明艳林 等，2006）。用Dot-ELISA方法检测ORSV和CyMV病毒的灵敏度分别为0.82 μg/mL和0.244 μg/mL（陈良华 等，2007）。此技术检测结果能直观显示病毒感染部位，且反应结果可长期保存，适用于样品大规模测定。目前，CyMV的单抗Dot-ELISA和Tissue blot-ELISA体系均已建立，适于兰花企业等基层组织检测应用（董晓辉 等，2009）。

**5. 三抗体夹心法（TAS-ELISA）**

早在20世纪70年代，就有学者成功应用TAS-ELISA检测病毒。TAS-ELISA被认为具有更高的灵敏度、准确性和特异性。应用此法检测 CyMV，为兰花病毒早期诊断提供技术支持（柳爱春 等，2009）。

## （二）免疫胶体金技术（immunecolloidal gold technique，GICT）

GICT 是通过用柠檬酸钠将氯金酸离子还原为胶体状金，胶体金颗粒在一定的条件下吸附抗体 IgG（或 A 蛋白）分子，形成稳定的 IgG（或 A 蛋白）—胶体金复合物。免疫胶体金技术可以与电镜技术、生物传感器技术等相结合，也可单独用于病毒病的快速诊断，如斑点免疫金渗滤法和胶体金免疫层析法；由于该检测方法快速简便，不需要特殊的实验仪器，并且有良好的敏感性和准确性，还可进行双重或多重标记用于高通量检测，在基层病毒病监测工作中有着广泛应用。目前这种技术常与电镜检测相结合运用于兰花病毒检测。此外还发展出 A 蛋白斑点免疫金染色法，此法利用 A 蛋白—胶体金复合物代替抗体—胶体金复合物，不用对不同的抗体进行胶体金的制备，只要有相应病毒的抗体或抗血清就能够检测不同的病毒。利用此法检测 CyMV 提纯病毒的灵敏度为 1.56 ng/μL，虽不及 DAS-ELISA，但具有所需时间短、加样量少、不需要底物、费用低等特点，适合于微量病毒的快速检测（魏梅生 等，2000）。

## 三、分子生物学方法

分子生物学检测技术近几年得到了广泛的应用。该方法比血清学方法具有更高的灵敏度，可以检测到皮克（pg）甚至飞克（fg）级以下的植物病毒，并且检测的植物 RNA 病毒更加广泛，特异性更强，同时能够进行批量样本的检测。主要包括核酸分子杂交技术、反转录聚合酶链式反应技术（RT-PCR）和环介导等温核酸扩增技术等。

### （一）核酸分子杂交技术（nucleic acid hybridization）

核酸分子杂交技术比 ELISA 技术更为灵敏可靠，容易操作，但灵敏度没有 RT-PCR 好。其原理是根据互补的核酸单链可以重新结合的原理，将待检测病毒的一段特定序列用同位素或非放射性地高辛（DIG）等加以标记制成探针，与目标病毒核酸杂交后便能指示病毒的存在。此杂交过程高度特异，被检测核酸可以是提纯的，在膜上印迹杂交或液相杂交，也可以是细胞原位杂交（Seoh et al.，1998）。Hu 和 Wong（1998）用 DIG 探针标记 cRNA 检测 CymMV 和 ORSV，建立了以叶片提取物或者感染植株的总 RNA 为检测对象的足迹斑点杂交分析。DIG 标记的 cRNA 探针可稳定超过 1 年的时间。此方法灵敏、准确度高，适合大量植物病毒的检测。

### （二）反转录聚合酶链式反应技术（reverse transcription-polymerase chain reaction，RT-PCR)

RT-PCR 技术是以 PCR 技术为基础，通常以病毒外壳蛋白基因为模板，合成一对寡核苷酸引物，对病毒核苷酸进行反转录扩增，并以是否产生预期长度的扩增产物来判断样品中是否有该病毒。该技术是近 10 年来发展和普及最迅速的方法，也是目前检测植物病毒最有效和最灵敏的方法。RT-PCR 技术主要有以下 3 种方法。

**1. 复合 RT-PCR（Multiplex RT-PCR，mRT-PCR）**

mRT-PCR 是近几年建立起来的一项新技术，与常规方法相比，此技术在一个 RT-PCR 反应中可同时检测多种病毒，操作更简便。mRT-PCR 检测技术与 RT-PCR 检测技术的主要区别在于：① mRT-PCR 检测技术以寡核苷酸 Oligo（dT）或随机引物作为多种病毒的公共引物进行反转录；② PCR 中使用了多种病毒特异性引物分别用于扩增该病毒的特异基因片段，不同病毒所扩增的基因片段间大小不同；③扩增片段的检测：一般扩增产物采用琼脂糖凝胶电泳进行检测，因不同病毒的 PCR 产物大小不同，因此可根据 PCR 产物片段的大小来判断被检测植株体内所带病毒的种类。樊荣辉等（2015）应用该方法，根据 GenBank 中已发表的 3 种病毒（CyMV、ORSV 和 BYMV）外壳蛋白（*CP*）基因序列保守区域分别设计特异性引物，通过优化多重 PCR 反应条件，建立了可同时检测文心兰 3 种病毒（CyMV、ORSV 和 BYMV）的检测体系，该体系能够一次扩增出 CyMV、ORSV 和 BYMV 的特异片段，其大小分别是 551 bp、325 bp 和 212 bp。测序结果表明，3 种病毒序列与相应的参考序列相似性均达 98% 以上。灵敏度测定结果表明，从相当于或大于 $10^{-2}$ mg 的感病植物组织中能够检测到这 3 种病毒（图 12-2）。利用该方法对田间样品进行检测，mRT-PCR 检测结果与已知各样品单一 RT-PCR 检测结果一致。该方法具有检测成本低、检测时间短、检测灵敏度高等优点（图 12-3）。

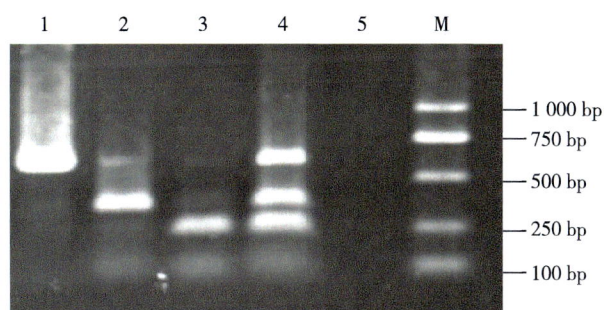

1: CyMV; 2: ORSV; 3: BYMV; 4: CyMV、ORSV 与 BYMV；5: 阴性对照；M: DNA 标准。

图 12-2　文心兰 3 个病毒的单重及多重 RT-PCR 检测电泳结果

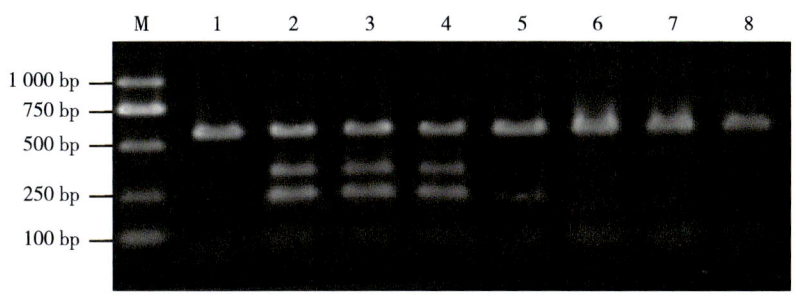

M：DNA 分子标准；1～8：文心兰田间发病样品检测结果。

图 12-3　文心兰田间发病样品的多重 RT-PCR 检测电泳结果

## 2. 实时荧光定量 RT-PCR（*TaqMan*® Real-time RT-PCR）

*TaqMan*® Real-time RT-PCR 将 RT-PCR 和荧光技术的优点相结合，利用荧光信号的积累实时监测整个 PCR 过程。Eun 等（2000）对 CyMV 和 ORSV 两种病毒合成了 4 种 *TaqMan* 探针，建立了敏感快捷的检测体系。荧光定量 RCR 技术不仅可以用于定性分析还可以用于定量检测，由于检测直接在反应管内进行，避免污染，具有更好的特异性，另外，自动化程度高，适用于大规模样品的检测。

## 3. 巢式 RT-PCR（Nested RT-PCR）

Nested RT-PCR 利用两套引物进行两轮扩增反应，从而降低了扩增多个靶位点的可能性，增加了检测的敏感性和可靠性。根据病毒外壳蛋白基因设计特异性引物，建立的 Nested RT-PCR 检测兰花病毒的灵敏度要比普通 RT-PCR 和 ELISA 法高出 104 倍（闻伟刚等，2008）。

## （三）环介导等温核酸扩增技术（loop-mediated isothermal amplification，LAMP）

LAMP 技术是一种于 21 世纪初建立的新型检测病毒的手段。在 60～65 ℃等温条件下，LAMP 应用 4～6 条特异性引物，通过 BstDNA 聚合酶，在水浴锅中对靶基因进行扩增（Notomi et al.，2000）。樊荣辉等（2019a；2019b）根据 CyMV 和 ORSV 的外壳蛋白基因序列设计了一组特异性引物，经过一系列条件优化，建立了 2 个病毒的 RT-LAMP 检测方法。结果显示该方法能特异扩增目的病毒，与其他几种侵染兰花的病毒不发生反应；灵敏度为 RT-PCR 的 10 倍。在产物中加入荧光染料 SYBR Green Ⅰ直接用肉眼观察就可判断样品是否感染 CyMV，可省去电泳分析的时间。该技术能一次性快速地反转录和扩增 RNA 病毒，所以在病毒检测中得到快速发展。该技术具有扩增特异性强、灵敏度高、操作快速简便、检测简单等特点，摆脱了对 PCR 仪等昂贵仪器的依赖，在基层的检测更加方便（图 12-4 至图 12-6）。

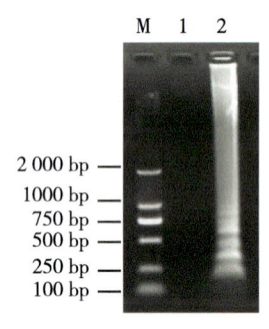

M: DL2000 DNA marker；
1：阴性对照；2：LAMP 产物。
图 12-4 RT-LAMP 检测 CyMV

图 12-5 LAMP 产物的 SYBR Green Ⅰ检测

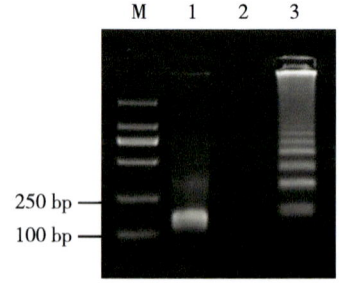

M:DL2000 DNA marker；1：酶切产物；
2：阴性对照；3：LAMP 产物。
图 12-6 LAMP 产物酶切结果

# 第三节 文心兰病毒病防治对策

文心兰花序排列整齐，花形优美，花期长，可作盆花或切花，是目前极具竞争力和发展潜力的一种高经济价值的花卉作物。随着文心种植面积的日益扩大，病毒病对文心兰的为害日益严重，文心兰花叶畸形、花瓣变色、花色杂、花序短小，严重时甚至失去观赏价值（Wong et al., 1994；Nash 感染病毒的文心兰会出现叶片黄化条斑或不规则凹陷黄化褪色斑块等症状，有些敏感的品种在花器上也会出现色泽不均、斑块、甚至畸形、提早凋萎等症状，对其商品价值影响甚大。然而不同品种文心兰对病毒感染的反应亦有差别，有些品种即使已感染，也不出现症状，有些品种在幼苗期时不产生严重病征，而到成株后才逐渐出现病征。这种特性往往会导致栽培者的疏忽而增加病毒的传播机会，使得病毒病日益严重。目前病毒病仍无有效的生物或化学药剂进行治疗，因此，对病毒病的预防显得尤为重要。目前，文心兰的病毒病防治主要包括以下 5 个方面。

### 1. 培育无毒种苗

使用通过严格监控的植物材料进行繁育、生产无毒种苗，大量种植无毒种苗并采取有效的防护措施保证这些种苗不被病毒侵染。

### 2. 加强检疫工作

文心兰的国际国内贸易频繁，这是病毒病远距离传播的主要原因。从云南栽培的兰花上分离到的 CyMV 和 ORSV，经基因序列分析发现，与荷兰、韩国、日本等地的分离物同源性很高（展守鑫 等，2008），因此加强口岸检疫意义重大。目前许多国家已推行种苗检疫证书制度，防止病苗扩散。从外地购买的文心兰入园前也应隔离种植一段时间，并对新入园的植株进行病毒检测，发现感病植株立即隔离毁灭，以防交叉感染。同时要加强自身的日常检疫工作，园内一旦发现感病植株，立即隔离毁灭，杜绝病原。

### 3. 减少传染源

定期清园，清除并烧毁杂草、枯枝、落叶、老叶、病叶，搞好园区的环境卫生，以减少和消除病毒潜在的寄主数量和种类。定期喷施有效的农药、杀虫剂，杀灭各种传毒介体、媒介昆虫，减少病毒扩散。减少外人入园，降低将外界病毒带入园内的风险。

### 4. 改善栽培环境

降低文心兰的种植密度，增加通风透气性，尽可能避免植株叶片间的相互重叠和摩擦损伤，以减少病毒通过叶片伤口交叉感染。

### 5. 加强抗病毒基因工程研究

CyMV 和 ORSV 是侵染兰花的两种重要病毒，随着世界兰花贸易额不断扩大，兰花病毒病也开始在不同植株中蔓延，抗病毒基因工程研究有利于种质资源保护。抗病毒基因工程主要有以下几种抗性策略：①利用病毒来源基因介导的抗性策略，如外壳蛋白基因、运动蛋白（movement protein）基因；②利用RNA介导的抗性策略，如反义RNA（antisense RNA）、卫星RNA（satellite RNA）、缺陷型干扰病毒RNA（defective interference RNA）等；③利用植物自身的抗病毒基因介导的抗性策略，近年来从植物本身分离抗病毒基因取得一些可喜的进展，包括病程相关蛋白基因、潜在自杀基因以及抗TMV的$N$基因等（明艳林 等，2010）；④用多基因介导以及利用抗体基因介导的抗性策略。总之，文心兰病毒病的防治工作，必须贯彻"预防为主，综合防治"的原则，并把这个原则贯穿到整个生产过程中，协调运用各种防治措施，才能达到最佳的防治效果。

综上所述，文心兰病毒病种类繁多、为害严重，是文心兰产业的一个大敌，严重影响该产业的发展。因此，对文心兰病毒病的研究是一个持久而重要的课题。随着科技的不断进步，检测技术也更加方便、快捷、准确，为文心兰病毒病的检疫提供了有力的技术支持，尤其是基因工程不断取得突破性进展，文心兰的抗病毒育种必将取得长足进步，这些都将有效地加强对文心兰病毒病的防治，促进文心兰产业持续、健康发展。

# 参考文献

陈良华，郑国华，明艳林，2007.检测兰花病毒的斑点酶联法的建立［J］.植物检疫，21（6）：347-348.

董晓辉，孟春梅，黎军英，等，2009.单抗免疫斑点法和组织印迹法检测侵染蝴蝶兰的建兰花叶病毒［J］.微生物学通报，36（10）：1614-1617.

杜琳，钟先锋，陈剑泓，等，2007.植物病毒检测技术研究进展［J］.农产品加工学刊（7）：48-51，58.

樊荣辉，黄敏玲，钟淮钦，等，2015.文心兰3种主要病毒多重RT-PCR检测体系的建立［J］.福建农业学报，30（7）：697-700.

樊荣辉，黄敏玲，钟淮钦，等，2019a.建兰花叶病毒RT-LAMP检测方法的建立，热带作物学报，40（3）：541-545.

樊荣辉，罗远华，钟淮钦，等，2019b.环介导等温扩增技术检测齿兰环斑病毒的研究［J］.福建农业学报，34（7）：824-828.

范成明，李枝林，何月秋，2004.兰花病害研究现状［J］.农业与技术，24（2）：61-63.

梁敏国，刘光华，2004.广东兰花病毒病调查和病原检测［J］.江西植保，27（3）：97-100.

柳爱春，刘超，赵芸，等，2009.利用ELISA检测两种兰花病毒的研究［J］.浙江农业学报，21（2）：91-95.

孟春梅，吴建祥，谢礼，等，2007.建兰花叶病毒单克隆抗体的制备及检测应用［J］.微生物学报，47（5）：928-931.

明艳林，郑国华，李梅，2006.齿兰环斑病毒的鉴定及其抗血清的制备与应用［J］.中国病毒学，21（1）：64-67.

明艳林，郑金龙，郑国华，等，2010. 兰花抗病毒基因工程研究进展［J］. 亚热带植物科学，39（1）：92-96.

施农农，徐莺，王慧中，等，2007. 复合感染建兰花叶病毒和齿兰环斑病毒的兰花超微结构观察及病原物快速鉴定［J］. 分子细胞生物学报，40（2）：153-163.

魏梅生，黄冲，2000. A 蛋白斑点免疫金染色和双抗体夹心酶联检测齿兰环斑病毒的比较［J］. 植物检疫，14（6）：344-346.

宸守鑫，谭冠林，李凡，等，2008. 云南部分兰花病毒病的病害调查及病原鉴定［J］. 云南农业大学学报，23（3）：325-328.

张巧萍，丁元明，李旻，等，2008. 盆栽文心兰上的凤仙花坏死斑病毒的检测与分子鉴定［J］. 植物检疫，26（6）：348-351.

郑平，1999. 热带兰亲代与子代病毒传播研究初报［J］. 热带作物科技（4）：40-41.

庄木，王晓武，谢丙炎，等，2003. 我国不同 CMV 分离物 2b 基因片段的 RT-PCR 扩增及其序列比较［J］. 植物病理学报，33（2）：146-150.

BRUNT A, CRABTREE K, DALLWITZ M, et al., 1996. Viruses of Plants: Descriptions and Lists from the VIDE Database［M］. C.A.B. International，U.K..

CHANG C, CHEN Y C, HSU Y H, et al., 2005. Transgenic resistance to *Cymbidium mosaic virus* in *Dendrobium* expressing the viral capsid protein gene［J］. Transgenic Research, 14(1): 41-46.

CHANG M U, CHUN H H, CHUNG J D, 1991. Studies on the viruses in orchids in Korea, Bean yellow mosaic virus, Cucumber mosaic virus, *Cymbidium* mild mosaic virus, and *Cymbidium mosaic virus*［J］. Korean Journal of Plant Pathology, 7（2）：108-117.

EUN A J, SEOH M, WONG S, 2000. Simultaneous quantitation of two orchid viruses by the TaqMan real time RT-PCR［J］. Virol Method, 87（1-2）：151- 160.

HAWKES R, 1982. A dot-immunobinding assay for monoclonal and other antibodies［J］. Analytical Biochemistry, 119（1）：142-147.

HU J S, FERREIRA S, WANG M, et al., 1993. Detection of *Cymbidium mosaic virus*, *Odontoglossum ringspot virus*, Tomato spotted wilt virus, and Potyviruses infecting orchids in Hawaii［J］. Plant disease, 77: 464-468.

HU W W, WONG S M, 1998. The use of DIG-labelled cRNA probes for the detection of *Cymbidium mosaic potexvirus*（CyMV）and *Odontoglossum ringspot tobamo virus*（ORSV）in orchids［J］. Virol Mehtods, 10（2）：193-199.

NASH N, 1997. Flavor of the month, *Cymbidium* ensifolium［D］. Orchids, 9: 972-974.

NOTOMI T, OKAYMA H, MASUBUCHI H, et al., 2000. Loop-mediated isothermal amplification of DNA［J］. Nucleic Acids Research, 28（12）：63.

RENU V, et al., 1998. Evaluation of enzyme-linked immunosorbent assays for the detection of *Cymbidium mosaic virus* in orchids［J］. Journal of Fermentation and Bioengineering, 86（1）：65-71.

ROOSSINCK M J, 2001. Cucumber mosaic virus, a model for RNA virus evolution [J]. Molecular Plant Pathology, 2（2）: 59-63.

RYU K H, PARK W M, 1994. Nucleotide sequence analysis of a cDNA clone encoding the 34K movement protein gene of Odontoglossum ringspot virus, ORSV-Cy, the Korean isolate [J]. Plant Mol Biol, 26（3）: 995-999.

WONG S M, CHENG C G, LEE Y H, et al. , 1994. Incidence of *Cymbidium* mosaic and *Odontoglossum ringspot viruses* and their significance in orchid cultivation in singapore [J]. Crop Protection, 13: 235-239.

WONG S M, MAHTANI P H, LEE K C, et al. , 1997.*Cymbidium* mosaic potexvirus RNA: complet e nucleotide sequence and phylogenetic analysis [J]. Arch Virol, 142（2）: 383-391.

ZHENG Y X, CHEN C C, CHEN Y K, et al. , 2008. Identification and characterization of a potyvirus causing chlorotic spots on *Phalaenopsis* orchids[J]. European Journal of Plant Path ology, 121: 87-95.

# 第十三章　文心兰相关分子研究进展

从1847年Schleiden和Schwann提出"细胞学说"到今天，虽然不过短短一百多年，但人类对细胞的化学组成有了深刻的认识。孟德尔的遗传学理论促使人们开始了解性状遗传，而Morgan的基因学说则进一步将"性状"与"基因"相偶联，成为现代遗传学的奠基石。随着核苷酸化学研究的不断进展，Watson和Crick又提出了脱氧核糖核酸的双螺旋模型，为充分揭示遗传信息的传递规律铺平了道路。聚合酶链式反应（Polymerase Chain Reaction，PCR）技术的发明，进一步促进了分子植物学研究的发展，例如，DNA分子标记如AFLP、SRAP、SSR等标记开发及应用，基因克隆、DNA测序、基因定量分析及重组DNA技术等。随着物种的基因组测序工作的不断推进，生物信息学的兴起，功能基因组学、转录组学、蛋白组学、代谢组学以及表型组学应用于植物研究，正在引起植物育种革命。如今，生物分子技术已经成为作物育种改良的重要工具，*Bt*棉花、玉米及其他作物已经商业种植。在模式作物中分子研究技术手段得到突破并发展成熟，也推动其他植物包括文心兰在内的深入研究，从染色体到组学、基因克隆到基因功能研究正逐步揭示文心兰如花色、花香、开花时间等调控机理，为文心兰分子育种打下坚实基础。

## 第一节　文心兰染色体

染色体（chromosome）是细胞在有丝分裂或减数分裂时DNA存在的特定形式，由DNA和蛋白质组成，其中DNA是保持物种稳定性和连续性的重要物质。不同物种间染色体的数量和大小差异很大，其携带的遗传信息千差万别。

### 一、文心兰的染色体数目

文心兰是兰科植物中的大属，文心兰各个种的染色体数目变化范围很大，这也说明文心兰形态的多样化（表13-1）。研究人员已经对大约110种文心兰进行了染色体计数，染色体数目为：$2n$=10、26、28、30、32、34、36、38、40、42、44、56、63、72、76、84、112、126、135和168，其中近半数分析材料的染色体数目为$2n$=56（表13-1）；即使是同一个种，其染色体数目也有可能存在差异，例如 *Oncidium. luridum* Ldl.、*Onc. sphacelatum* Ldl.、*Onc. sylvestre* Ldl.、*Onc. stramineum* Batem.、*Onc. varicosum* Ldl.、*Onc. velutinum* Ldl. & Paxt. 及 *Onc. Wilsonara Tropic Breeze* 'Everglades' 等。

有人推测文心兰的染色体基数为5和7，$2n$=10、30、40、60及135等文心兰染色体是以5为基数；$2n$=28、42、56、63、84、112、126、133及168等文心兰染色体是以7为基数（Félix and Guerra，2000；Sinoto，1962）。这就很好解释$2n$=26、32、36、37、38、72及76等文心兰的产生，它们的染色体可能是以5和7为基数的文心兰材料杂交获得。

表13-1 部分文心兰染色体数

（Dematteis and Davi, 1999; Félix and Guerra, 2000; Sinoto, 1962; 杨光穗 等, 2013; 赵羿鸾 等, 2013）

| 种名 | $n$ | $2n$ | 种名 | $n$ | $2n$ |
| --- | --- | --- | --- | --- | --- |
| *Onc. aff. Crispum* Lodd. | | 56 | *Onc. nanum* Ldl. | | 26 |
| *Onc. aff. flexuosum* Sims. | | ca.168 | *Onc. nebulosum* Ldl. | | 56 |
| *Onc. Alohi* 'Hawaii' | | 56 | *Onc. nigratum* Ldl. | | 56 |
| *Onc. altissimum* Sw. | | 56 | *Onc. nudum* Batem. | | 36 |
| *Onc. ampliatum* Ldl. | | 44 | *Onc. obryzatoides* Krzl. | | 56 |
| *Onc. ansiferum* Reichb. f. | | 56 | *Onc. obryzatum* Rchb. & Warsc. | | 56 |
| *Onc. anthocrene* Reichb. f. | | 56 | *Onc. obryzatum* Reichb. f. et Warsc. | | 56 |
| *Onc. barbatum* Lindl. | | 56 | *Onc. oestlundianum* | | 28 |
| *Onc. baueri* Ldl. | | 56 | *Onc. onustum* Ldl. | | 56 |
| *Onc. bifolium* Sims | | 108 | *Onc. ornithorrhynchum* H.B.K. | 28 | 56 |
| *Onc. blanchetii* Rchb. f. | | ca.112 | *Onc. panamense* Schltr. | | 56 |
| *Onc. brachyandrum* Ldl. | | 56 | *Onc. papilio* Ldl. | | 38 |
| *Onc. carchaginense* Swartz. | | 30 | *Onc. paranaense* Krzl. | | 56 |
| *Onc. carchaginense* var. *roseum* Hort. | | 30 | *Onc. paranaense* Krzl. | | 56 |
| *Onc. cebolleta* Sw. | | 36 | *Onc. parviflorum* | | 56 |
| *Onc. ceboretum* Sw. | | 34 | *Onc. pawellii* Schltr. | | 56 |
| *Onc. cheirophorum* Reichb. f. | | 56 | *Onc. pentadactylon* Lindl. | | 40~42 |
| *Onc. excavatum* Ldl. | | 56 | *Onc. phalaenopsis* Lind. & Rchb. f. | | 56 |

续表

| 种名 | $n$ | $2n$ | 种名 | $n$ | $2n$ |
|---|---|---|---|---|---|
| Onc. flexuosum Sims. | 28 | | Onc. phymatochilum Ldl. | | 56 |
| Onc. globuliferum H. B. et Kth. | | 56 | Onc. polyandenium Ldl. | | 56 |
| Onc. gravesianum Rolfe | | 56 | Onc. powellii Schltr. | | 56 |
| Onc. guttatum Reichb. f. var. olivaceum Hort. | | 32 | Onc. praetextum Rchb. f. | 28 | |
| Onc. haematochilum Ldl. | | 40 | Onc. pulchellum Hook. | | 42 |
| Onc. harrisonianum Ldl. | | 42 | Onc. pulchelum Hook. | | 42 |
| Onc. hastatum Ldl. | | 56 | Onc. pulvinatum Lindl. | | 42 |
| Onc. henekenii Sch. | | 40 | Onc. pumillum Ldl. | | 30 |
| Onc. hyphaemacticum Rchb. f. | | 56 | Onc. pusilla Reichb. f. | | 10 |
| Onc. incurvum Barker | | 56 | Onc. quadrilobum | | 40 |
| Onc. inouei Hashimoto | | 56 | Onc. RenlendⅡ | | 56 |
| Onc. intermedium "gigas" | | 40 | Onc. robustissimum Rchb. f. | | 44 |
| Onc. intermedium Knowl. & Westc. | | 40 | Onc. sarcodes Ldl. | | 56 |
| Onc. isthmi Schltr. | | 56 | Onc. scandens Moir | | 84 |
| Onc. jimenezii | | 42 | Onc. sp. | | 40, 60, 133, 135 |
| Onc. jonesianum Rchb. f. | | 30 | Onc. sphacelatum Ldl. | | 38, 56 |
| Onc. kenscoffii Moir | | 84 | Onc. splendidum A. Reich. | | 36 |
| Onc. kramerianum Rchb. f. | | 38 | Onc. stenotis Rchb. f. | | 56 |
| Onc. lammeligerum Rchb. f. | | 55～57 | Onc. stipitatum Ldl. | | 36 |
| Onc. lanceanum Ldl. | | 28 | Onc. stramineum Batem. | | 28, 30 |
| Onc. leiboldii Reichb. f. album Hort. | | 42 | Onc. sylvestre Ldl. | | 84, 126 |
| Onc. lemonianum Ldl. | | 42 | Onc. teres Ames & Schweinf. | | 28 |
| Onc. leuchochilum Batem | | 56 | Onc. tetrapetalum | | 42 |
| Onc. lieboldii Rchb. f. | | 40 | Onc. tetraskelidon Krzl. | 28 | |
| Onc. loefgrenii Cogn. | 28 | 56 | Onc. tigrinum La Llave & Lex | | 56 |
| Onc. longifolium Ldl. | | 28 | Onc. trilobum (Schltr.) Garay & Stacy | | 56 |
| Onc. longicornu Mutel | | 56 | Onc. triquetrum R. Br. | | 42 |
| Onc. longipes Ldl. & Paxt. | 28 | 56 | Onc. urophyllum Lodd. | | 84 |

续表

| 种名 | $n$ | $2n$ | 种名 | $n$ | $2n$ |
|---|---|---|---|---|---|
| *Onc. loxense* Ldl. | | 56? | *Onc. varicosum* Ldl. | 28, 56 | 56, 112, 168 |
| *Onc. lucayanum* Nash | | 40 | *Onc. varicosum* var. rogersii | | 56 |
| *Onc. luridum* Ldl. | | 28, 30, 32 | *Onc. variegatum* Sw. | | 40, 42 |
| *Onc. maculatum* Beer | | 56 | *Onc. velutinum* Ldl. & Paxt. | | 63, 84 |
| *Onc. marshallianum* Rchb. f. | | 56 | *Onc. volvox* Rchb. f. | 28 | |
| *Onc. miami* Moir | | 84 | *Onc. warmingii* Rchb. f. | | 140 |
| *Onc. microchilum* Batem. | | 36 | *Onc. wentworthianum* Batem. | | 56 |
| *Onc. micropogon* Rchb. f. | | 56 | *Onc. Wilsonara* Tropic Breeze 'Everglades' | | 72, 76 |
| *Onc. morenoi* Dodson & Luer | | 30 | *Onc. wrophyllum* Ldl. | | 84 |

## 二、文心兰杂交后代染色体的数目

由于文心兰染色体数目差异很大，其杂交后代染色体数目也千差万别（表13-2）。一般情况下，两个可育的亲本杂交后，获得的 $F_1$ 的染色体数一般为这两个亲本单倍体染色体数相加。根据这个规律，我们可以推测文心兰杂交后代的染色体数，例如，*Onc. splendidium*（$2n = 36$）和 *Onc. lanceanum*（$2n = 28$）杂交后，杂交后代的染色体数为 18 + 14 = 32。然而并不是所有文心兰材料都遵循这个规律，其产生后代会出现假二倍体个体，即染色体数目为二倍数，但有某号染色体的增减。例如，*Onc. lanceanum*（$2n = 28$）和 *Onc. luridum*（$2n = 32$）杂交后，其杂交后代 *Onc. haematochilum* $2n = 28$，而不是32；*Onc. triquetrum*（$2n = 42$）与 *Onc. variegatum*（$2n = 40$）杂交染色体数为 40 和 42 两种杂交后代 *Onc. Helen Brown*，这是由于在减数分裂过程中，亲本染色体不是均等分配造成非整倍体配子。还有出现杂交种后代染色体数超过亲本的情况，即超倍体，例如，*Onc. pulchellum*（$2n = 42$）与 *Onc. variegatum*（$2n = 40$）杂交后代除了产生染色体数为 21 + 20 = 41 的个体，还有出现染色体增加到了 61 条，可能是由 *Onc. variegatum* 产生没有经减数分裂花粉（$n = 40$）与 *Onc. pulchellum* 配子（$n = 21$）结合产生染色体总数为 61 的超倍体后代。文心兰配子单个、几个或成倍增加或者减少，说明其可能不是简单的二倍体，也可能是多倍体植物。

文心兰还可与近缘属物种进行杂交，如 *Aspasia*、*Brassia*、*Miltonia*、*Rodriguezia* 和 *Trichocentyum*（表13-2）。除了产生正常倍性的配子之外，也有非整倍性配子出现。如 *Oncidiunm* 与 *Aspasia* 杂交，*Asp. princepisa*（$2n = 58$）× *Onc. sphacelatum*（$2n = 56$）获得染色体数为 56 的亚二倍体后代，即染色体数少于二倍体数，而不是57；*Oncidium* 与 *Brassia* 杂交，*Brs. Verrucosa*（$2n = 60$）× *Onc.altisssimum*（$2n = 56$）获得染色体数

为 60 的杂种后代。还有出现亚二倍体、超二倍体及四倍体后代个体，如 *Oncidium* 与 *Rodriguezia* 杂交，*Onc. pulchellum*（2n = 42）× *Rdza. venusta*（2n = 42）获得染色体数为 40、42、58、80 及 84 的杂种后代。

表 13–2　文心兰杂交种染色体数目（Sinoto, 1962; 杨光穗 等, 2013）

| 杂交后代 | 亲本组合（2n） | 2n |
| --- | --- | --- |
|  | *Oncidium* × *Oncidum* |  |
| *Onc. Dr. Schragen* | *Onc. splendidium*（36）× *Onc. lanceanum*（28） | 32 |
| *Onc. Memoria Pepita de Restorepa* | *Onc. luridum*（32）× *Onc. spendidium*（36） | 34 |
| *Onc. haematochilum* | *Onc. lanceanum*（28）× *Onc. luridum*（32） | 28 |
| *Onc. Delight* | *Onc. pulchelllum*（42）× *Onc. henekenii*（40） | 41 |
| *Onc. Helen Brown* | *Onc. triquetrum*（42）× *Onc. variegatum*（40） | 40, 42 |
|  | *Onc. triquetrum*（42）× *Onc. henekenii*（40） | 41 |
|  | *Onc. triquetrum*（42）× *Onc. barbatum*（56） | 50 |
| *Onc.* 'Gower Ramsey' 'Gold#3' | *Onc. Goldiana*（–）× *Onc. Guinea Gold*（–） | 106 |
| *Onc. Hispaniola* | *Onc. sylvestre*（84）× *Onc. flexuosum*（56） | 56 |
|  | *Onc. maculatum*（56）× *Onc. sarcodes*（56） | 56 |
|  | *Onc. obryzatum*（56）× *Onc. obryzatoides*（56） | 56 |
|  | *Onc. stipitatum*（–）× *Onc. sperucei*（–） | 58 |
|  | *Onc. pulchellum*（42）× *Onc. variegatum*（40） | 42, 61 |
| *Onc. Fantastic* | *Onc. henekenii*（40）× *Onc. varicosum*（112） | 76 |
|  | *Onc. Brasil*（–）× *Onc. montanum*（–） | 112 |
|  | *Oncidiunm* × *Aspasia* |  |
|  | *Asp. princepisa*（58）× *Onc. sphacelatum*（56） | 56 |
|  | *Asp. epidendroides*（–）× *Onc. wydleri*（–） | 58 |
|  | *Oncidium* × *Brassia* |  |
|  | *Onc. lanceanum*（28）× *Brs. caudata*（60） | 44 |
| *Brassidium Supreme* | *Onc. papilio*（38）× *Brs. maculata*（60） | 49 |
|  | *Brs. maculata*（60）× *Onc. crispum*（56） | 58 |

续表

| 杂交后代 | 亲本组合（2n） | 2n |
|---|---|---|
| Miltonidium Jack Pot | Brs. gireoudiana（60）× Onc. isthmi（56） | 58 |
| | Brs. verrucosa（60）× Onc. shpacelatum（56） | 58 |
| | Brs. verrucosa（60）× Onc.altisssimum（56） | 60 |
| | Oncidium × Miltonia | |
| | M. warscewiczii（56）× Onc. varicosum（112） | 84 |
| | Oncidium × Rodriguezia | |
| | Onc. pulchellum（42）× Rdza.venusta（42） | 40, 42, 58, 80, 84 |
| | Onc. harrisonianum（42）× Rdza. vensta（42） | 42 |
| | Onc. triquetrum（42）× Rdza.vensta（42） | 42 |
| | Onc. flexuosum（56）× Rdza. secunda（42） | 49 |
| | Rdza. secuda（42）× Onc. gardneri（–） | 49 |
| | Oncidium × Trichocentyum | |
| | Trctm. tigrinum（24）× Onc.splendidum（36） | 30 |

## 第二节　文心兰花发育研究进展

文心兰花型独特、花姿优美，其特化的花瓣引起研究人员极大关注，是研究花的形态建成及其遗传调控极佳的材料。

### 一、成花转变过程中的调控

植物开花是由复杂的网络联合调控的，包括了光周期途径、春化途径、赤霉素（gibberellin，GA）途径、年龄途径以及自主开花途径等（Amasino, 2010; Srikanth and Schmid, 2011）（图13-1）。在一年生模式植物拟南芥的研究中鉴定出了一系列调控开花时间的基因，这些基因的表达除了内部原因，如年龄条件与GA水平等相关之外，还与光、温、水、肥等外部环境因子紧密相关。

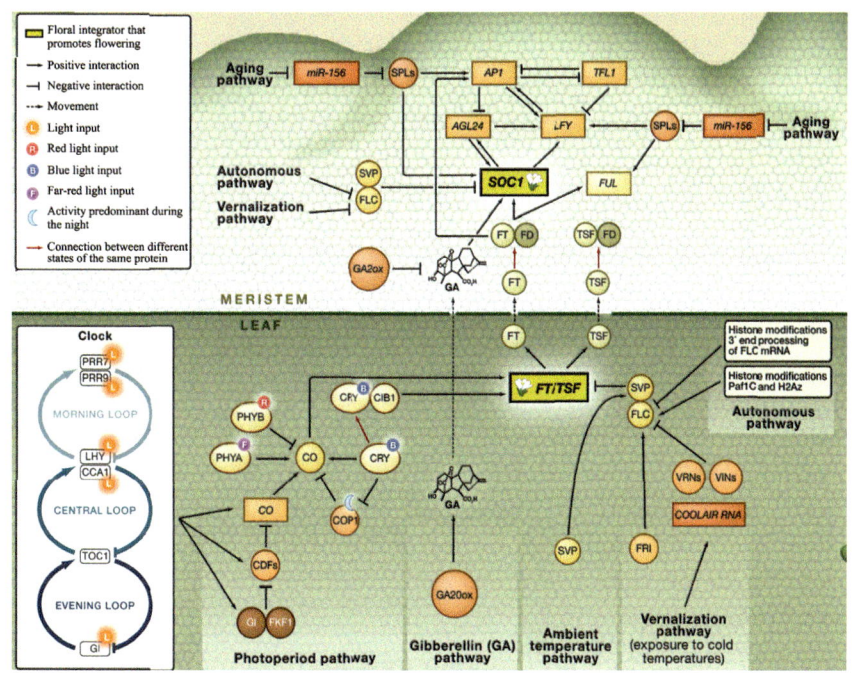

图 13-1 拟南芥开花调控通路（Fornara et al., 2010）

Chin 等（2014）发现在高温条件下抗坏血酸（ascorbate，AsA）氧化还原率是介导文心兰从营养阶段到生殖阶段的主开关。进一步研究发现，谷胱甘肽（glutathione，GSH）氧化还原态与 AsA 氧化还原率相关，GSH 代谢相关的下调表达基因影响了文心兰的开花（Chin et al., 2016）。

近年来，逐步有与文心兰开花调控相关的基因 OnGI、OnCOL、OnFT 和 OnTFL1 被克隆的报导。OnTFL1 的表达不受光照的影响，而 OnGI、OnCOL、OnFT 的表达受光周期的调控，在拟南芥植物中异位表达 OnGI 和 OnFT，均可使其开花提前（Chou and Yang，2009；方能炎等，2009；2020）。TM6-like 基因存在于单子叶植物中，可调控花器官形成和生长的功能，Hsu 和 Yang（2002）发现文心兰 B 类 MADS-box 基因 OMADS3 与 TM6-like 基因具有类似的功能。OMADS1 为 AGL6（AGAMOUS-like 6）同源基因，可调控文心兰开花，在拟南芥中异位表达 OMADS1，可激活 FT（FLOWERING LOCUS T）和 SOC1（SUPPRESSOR OF OVEREXPRESSION OF CO 1）进而影响拟南芥成花转变（Hsu et al.,2003）。

糖类如淀粉（starch）、蔗糖（source）、6-磷酸海藻糖（trehalose-6-phosphate，T6P）、葡萄糖等也都能影响植物如拟南芥等成花转变（Cho et al., 2017；Matsoukas, 2014；Ortiz-Marchena et al., 2014；Wahl et al., 2013）。Wang 等（2008）研究发现甘露聚糖（mannan）和果胶（pectin）在开花前的幼龄假鳞茎中优先积累，伴随花序的出现，甘露聚糖和果胶逐渐减少并转化为淀粉。淀粉在花序发育阶段合成，最终在花发育阶段降解。对花序发育前期假鳞茎消减 EST（expression sequence tag，表达序列标签）文库的系统研究发现有 5 组与蔗糖、甘露聚糖、果胶、淀粉及其他糖类化合物合成的相关基因，并获得了文心兰花期假鳞茎中多糖活动途径的功能谱以及它们相关基因的表达。脂肪酶在开花中的作用很少被研究，Lin 等（2011）研究发现文心兰 OSAG78（patalin-like 蛋白）是具有脂肪酶活性的类巴他丁膜蛋白，它可通过降低拟南芥中 GA 的生物合成造成其开花延迟。

## 二、文心兰花发育及其调控

Hsu 等（2011）通过结合 cDNA 芯片、BAC（bacterial artificial chromosome，细菌人工染色体）文库和基因枪技术等成功鉴定了文心兰多花基因及其启动子，其中 3 个推测为胰蛋白酶抑制剂（TI）基因（OnTI1、OnTI2 和 OnTI3）是 3 个拷贝基因，位于同一个 BAC 克隆中。Qian 等（2014）通过分析文心兰品种 Oncidium 'Milliongolds' cDNA-AFLP 转录谱发现蔗糖合成酶 1 基因（SUCROSE SYNTHASE 1，SUS1）通过改变花蕾中蔗糖含量来调节 LEAFY（LFY）的表达水平进而影响花的发育。

在植物中，MADS-box 基因属于转录因子，在花发育过程中起着关键作用，基于其功能可将其分为 A、B、C、D、E5 类（图 13-2）。在文心兰中，已鉴定出数量有限的 MADS-box 基因，包括 A 类基因 OMADS10（假定 paleoAP1 同源基因），B 类基因 OMADS3（TM6 同源基因）、OMADS5（AP3/DEF-like）、OMADS8（PISTILLATA，PI）和 OMADS9（AP3/DEF-like），C 类基因 OMADS4，D 类基因 OMADS2，以及 E 类基因 OMADS1（AGL6 同源基因）、OMADS6（SEP3 同源基因）、OMADS7（AGL6 同源基因）和 OMADS11（SEP1/2 同源基因）（表 13-3）。所有的基因都被证实参与调控花的转化和形成（Chang et al., 2009; Chang et al., 2010; Hsu et al., 2010; Hsu et al., 2003; Hsu and Yang, 2002; Mao et al., 2015）。

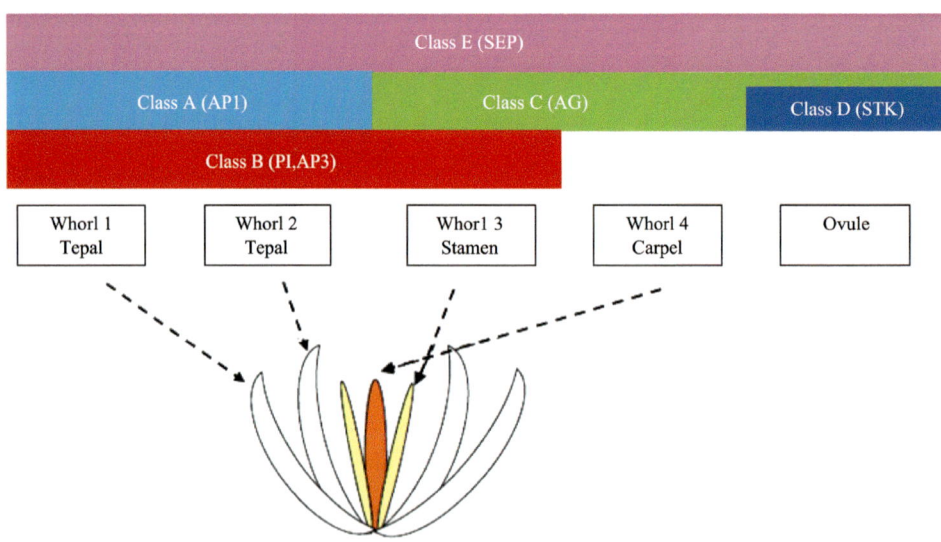

图 13-2　A、B、C、D、E5 类基因与花发育调控模式图（Aceto and Gaudio，2011）

表 13-3  文心兰中已鉴定到的 *MADS-box* 基因

| 基因 | 同源基因 | 分类 | Genbank 登录号 | 参考文献 |
|---|---|---|---|---|
| *OMADS*10 | *paleoAP*1 | A | HM140846 | Chang et al., 2009 |
| *AP*1-*like* | *AP*1 | A | KC426946 | 崔波等，2014 |
| *OMADS*3 | *TM*6 | B | AY196350 | Hsu et al., 2002; Hsu et al., 2003; Chang et al., 2010 |
| *OMADS*5 | *AP3/DEF-like* | B | HM140840 | Chang et al., 2010 |
| *OMADS*8 | *PI* | B | HM140842 | Chang et al., 2010 |
| *OMADS*9 | *AP3/DEF-like* | B | HM140841 | Chang et al., 2010 |
| *OAP*3 | *AP*3 | B | GU644447 | 徐小雁 等，2011 |
| *OMADS*4 | *PhalAG*1 | C | — | Hsu et al., 2010 |
| *OMADS*2 | *PhalAG*2 | D | — | Hsu et al., 2010 |
| *OMADS*1 | *AGL*6 | E | HM140846 | Chang et al., 2009 |
| *OMADS*6 | *SEP*3 | E | HM140844 | Chang et al., 2009 |
| *OMADS*7 | *AGL*6 | E | HM140845 | Chang et al., 2009 |
| *OMADS*11 | *SEP*1/2 | E | HM140847 | Chang et al., 2009 |

在 B 类基因中，*OMADS*8 可以与 *OMADS*5/*OMADS*9 相互作用，其 C 末端序列或 *PI* 基序缺失对进入细胞核效率的影响甚微；然而，由于 C 末端序列或 *PI* 基序的缺失，*OMADS*8/*OMADS*5 和 *OMADS*8/*OMADS*9 复合物的稳定性显著降低；进一步研究发现 *OMADS*8 的 *PI*（*PISTILLATA*）基序和 C 端是 *OMASD*8 与 AP3 同源蛋白互作形成异四聚体复合物来调节花瓣、雄蕊的形成，然而在与 AG（AGAMOUS）同源蛋白互作中 *OMADS*8 的 C 端序列和 *PI* 基序不是非必要的（Mao et al., 2015）。同为 B 类中的 *OMADS*3 可以与 *OMADS*8 形成异二聚体，与 *OMADS*5 形成同二聚体，还可以与 *OMADS*9 相互形成同二聚体和异二聚体；*OMADS*5 可以与 *OMADS*9 形成异二聚体。*OMADS*3 和 *OMADS*8 在 4 个花器官和营养叶片中均有表达，而 *OMADS*9 仅在花瓣和唇瓣中检测到，*OMADS*5 仅在萼片和花瓣中高表达，而在唇瓣中表达明显下调。文心兰萼片、花瓣、唇瓣的形成可能需要 *OMADS*3/8 和 / 或 *OMADS*9 的存在，而确定萼片、花瓣、唇瓣的最终器官特性可能取决于 *OMADS*5 的存在与否，因为 *OMADS*5 的存在促进侧萼片、花瓣的形成，当 *OMADS*5 缺失时，细胞可以增殖，可能形成大唇瓣和导致花瓣唇瓣化（Hsu et al., 2002; Chang et al., 2010）。

在 E 类基因中，*OMADS*1 在兰花顶端分生组织的早期被转录，在成熟花中也有表达，仅限于唇瓣和心皮。*OMADS*1 能够与 B 类中 *OMADS*3 形成异二聚体，而其异二聚化活性通过 D 类中 *OMADS*2 实现的（Hsu et al., 2010; Hsu et al., 2003）。*OMADS*1 可作为 *FT* 和 *SOC*1 的激活因子影响拟南芥花的形成和转化（Hsu et al., 2003）。将 *OMADS*1 在文心兰中过表达，结果表明过表达 *OMADS*1 不仅使文心兰表现出早花表型，而且还使文心兰花量及假鳞茎数量增多（Thiruvengadam et al., 2012）。E 类中的另外 3 个基因 *OMADS*6、*OMADS*7 和 *OMADS*11 表达模式基本一致，但与 *OMADS*1 不同，它们在萼片、花瓣、唇瓣和心皮中均有表达，在雄蕊中几乎没有表达或低表达。与 *OMADS*6 和 *OMADS*11 不同的是，它们的同源基因 *SEP*3 和 *SEP*1/2 在雄蕊中有表达（Chang et al., 2009）。

在 C 类基因中，*OMADS*4 仅在雄蕊和心皮中表达；*OMADS*2 为 D 类基因，其仅在柱头和子房中表达，*OMADS*2 和 *OMADS*4 均形成同二聚体和异二聚体。在过表达 *OMADS*2 和 *OMADS*4 转基因拟南芥只会产生早花表型，而引起没有花器官变化（Hsu et al., 2010）。

在 A 类基因中，*OMADS*10 只在营养叶片和成熟花朵的唇瓣和心皮中表达，过表达转基因拟南芥引起中早花表型，转基因拟南芥的花器官的没有发生转变（Chang et al., 2009）。

### 三、文心兰花色及其调控

文心兰花色具有多样性，有红色、黄色、粉色、白色和橙色等，但国内市场上仍以黄色为主，大部分文心兰花瓣、萼片和合蕊柱具深红色斑点或条纹，这是其一大特点。但也有少数纯色品种，如'月光''黄金天使'等。

#### （一）花色的组成成分

对文心兰品种'南茜'花色组成成分进行分析可知，该品种花中的黄色成分主要是类胡萝卜素（carotenoids），集中于近轴表皮；进一步的薄层色谱法（thin layer chromatography, TLC）分析表明，其主要的黄色素是等量的全反式和 9- 顺式异构体紫黄质（9-cis-violaxanthin isomer）组成的，其中酯化作用是 9- 顺式异构体特有的（Hieber et al., 2006）。Chiou 等（2010）利用分析了'南茜'（黄色）及其突变品种'Sunkist'（橙色）和'White Jade'（白色）类胡萝卜素的代谢产物，发现黄色的'南茜'花中富集紫黄质（violaxanthin）、9- 顺式紫黄素（9-cis-violaxanthin）和新黄质（neoxanthin），橙色的'Sunkist'花中富集 β- 胡萝卜素（β-carotene），白色的'White Jade'花中则缺少类胡萝卜素化合物。

文心兰红色成分主要是花青苷（anthocyanins），集中在近轴表皮，其红色部分由花青素及其甲基化衍生物牡丹素（peonidin）组成的（Hieber et al., 2006）。文心兰花朵红色部分是由锦葵色素 -3-*O*- 半乳糖苷（malvidin-3-*O*-galactoside）、芍药素 -3-*O*- 葡萄糖苷（peonidin-3-*O*-glucoside）、飞燕草素 -3-*O*- 葡萄糖苷（delphinidin-3-*O*-glucoside）及矢车菊素 -3-*O*- 葡萄糖苷（cyanidin-3-*O*-glucoside）化合物组成的，而这些物质在黄色的唇瓣中没有检测到（Chiou et al., 2008；Liu et al., 2012）。

#### （二）类胡萝卜素的合成及调控

Hieber 等（2006）从文心兰中分离到了 4 个关键类胡萝卜素合成相关基因，分别编码番茄红素合酶（phytoene synthase, PSY）、茄红素脱氢酶（phytoene desaturase）、类胡萝卜素异构酶（carotenoid isomerase）和下游的 9- 顺式环氧类胡萝卜素双加氧酶（9-cis-epoxycarotenoid dioxygenase）（图 13-3A）。Chiou 等（2008）从文心兰花中分离到一个特异的类胡萝卜素相关基因花中特殊表达基因 *OgCHRC*（*chromoplast-specific carotenoid-*

associated gene）及其启动子 Pchrc，由于 Pchrc 具特异性，OgCHRC 在花中有特异表达，其定位于花的近轴表皮的圆锥乳头细胞中，而在根和叶中均不表达，因而 Pchrc 可作为观赏植物生物技术改良花色的有效工具。Chiou 等（2010）发现 3 个文心兰品种在类胡萝卜素生物合成途径中表现出不同的表达模式和水平。其中，β-羟化酶（β-hydroxylase，OgHYB）和玉米黄质环氧酶（Zeaxanthin epoxidase，OgZEP）在黄色的'南茜'中呈高水平表达，OgHYB 和 OgZEP 在橙色的'Sunkist'中下调表达，导致 β-胡萝卜素和橙色色素在花组织中的积累。类胡萝卜素裂解双加氧酶 1（Carotenoid cleavage dioxygenase 1，OgCCD1）可以分解类胡萝卜素代谢产物，在白色的'White Jade'中 OgCCD1 上调表达导致类胡萝卜素代谢产物含量降低而呈现白色。在'南茜'中 OgCCD1 启动子区存在高水平的 DNA 甲基化。OgCCD1 在'南茜'黄色唇瓣组织中的瞬时表达后唇瓣中类胡萝卜素化合物分解，这说明了文心兰中类胡萝卜素相关基因的遗传变异是产生花着色的复杂性关键因素之一。

植物素合酶（PSY）是类胡萝卜素生物合成途径中的第一限速调节酶。为了通过降低类胡萝卜素的含量来改变花，Liu 等（2014）构建了一个 PSY-RNAi 载体并成功转化文心兰 PLBs。获得的过表达转基因植株中 PSY 表达下调，导致了类胡萝卜素、赤霉素、脱落酸、叶绿素等代谢途径酶基因表达的改变，导致了植物生长发育的主要缺陷，如半矮化。Liu 等（2019）利用特异启动子 Pchrc 构建了 PSY-RNAi 载体，并转化文心兰 PLBs，成功育成了一个白花品种。

β-环胡萝卜素羟化酶（β-ring carotene hydroxylase，BCH2）参与类胡萝卜素的生物合成，Wang 等（2016）从'南茜'中分离到了 BCH-A2、BCH-B2 和 BCH-C2 3 个 BCH2 基因，BCH2 主要在花中表达，在花发育过程中，BCH-B2 的表达保持不变，而 BCH-A2 的表达逐渐下降；BCH2 的表达调节了文心兰花中黄色素的积累，在 BCH2-RNAi 转基因植株中，BCH-A2 和 BCHB2 的下调使文心兰花色由亮黄色变为亮黄色和白黄色。

### （三）花青素的合成及调控

查尔酮合成酶（Chalcone synthase，CHS）、查尔酮异构酶（Chalcone isomerase，CHI）、二氢黄酮醇 4-还原酶（Dihydroflavonol4-reductase，DFR）和花青素合成酶（Anthocyanidin synthase，ANS）是花青素合成途径中 4 个关键基因（图 13-3B），Hieber（2006）、Chiou（2008）和樊荣辉等（2012）分别克隆到了以上这几个基因。CHI 和 DFR 基因在花发育过程中均有表达，但在黄色唇瓣组织中特异性下调；用特异启动子 Pchrc 启动这两个基因在黄色唇瓣中表达，可以导致黄色唇瓣中有花青素产生（Chiou and Yeh, 2008）。R2R3 MYB 转录因子 MYB1 的差异表达是决定文心兰花器官颜色的关键，该基因在花发育过程中表达活跃，但在黄色唇瓣组织中不表达；在黄色唇瓣瞬时表达 MYB1 可以激活文心兰 CHI 和 DFR 从而诱导红色色素的产生（Chiou and Yeh, 2008）。Liu 等（2012）对文心兰 CHS 基因进行了进一步研究，他们发现 OgCHS 在没有红色组织的'Honey Dollp'花中检测到表达，但在'南茜'花的唇峰处（Lip crests）表达活跃。OgCHS 的瞬时表达可以恢复花青素途径，并在'Honey Dollp'花的唇峰处产生了花青素化合物。调节花色素苷生物合成的转录因子 OgMYB1、OgbHLH 和 OgWD40 两个品种间的表达水平没有显著差异。进一步分析'南茜'中 OgCHS 的启动子没有出现甲基化，而

'Honey Dollp'中 *OgCHS* 的 *OgCHS* 5'上游启动子区存在正甲基化效应，正是这个原因致使'Honey Dollp'花组织中的花青素合成受阻（Liu et al., 2012）。

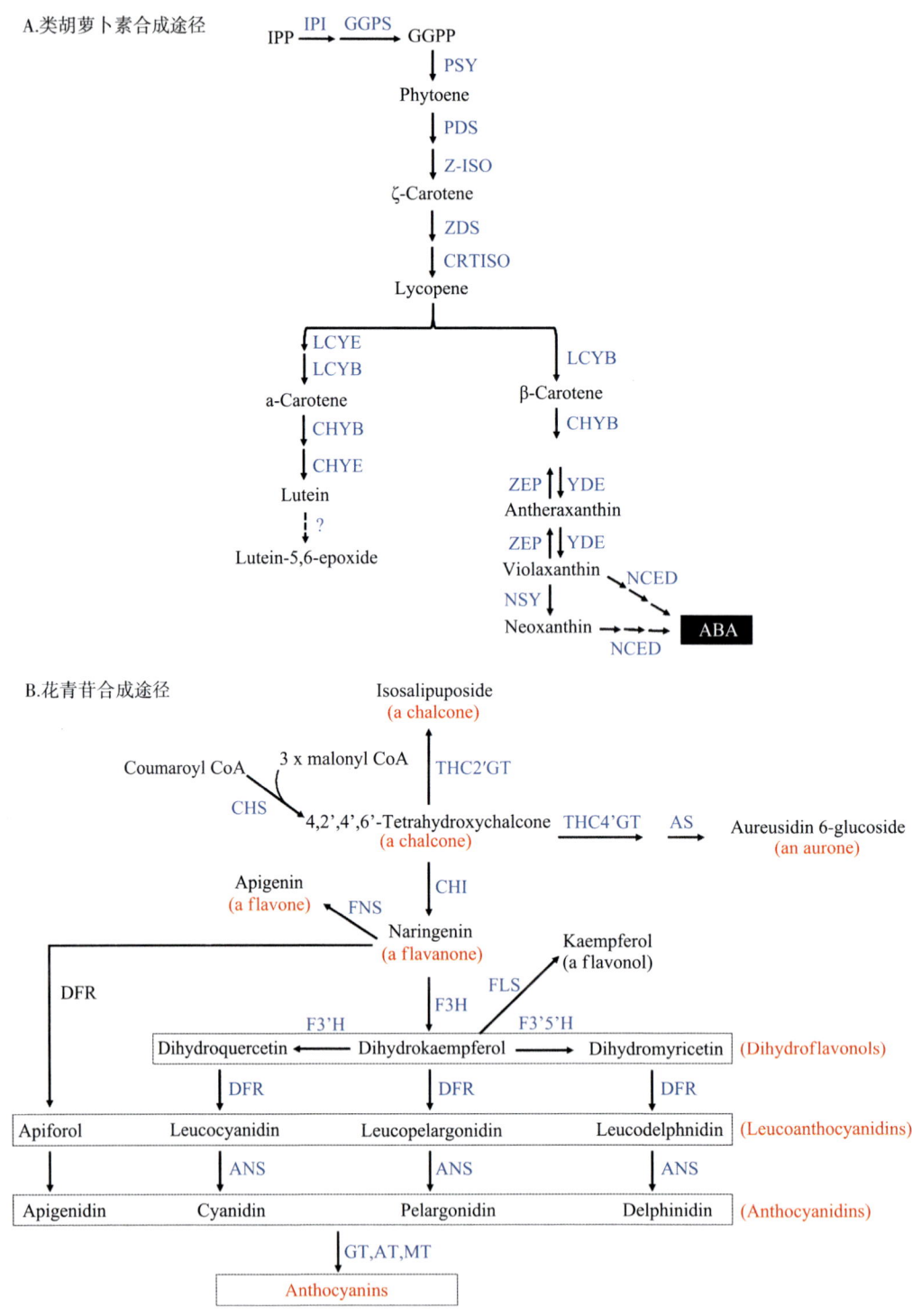

图 13-3　植物色素合成途径（Tanaka et al., 2008）

## （四）文心兰的花香

花香是文心兰花重要的观赏品质特征之一，可以提高观赏文心兰的审美价值、产品质量和经济效益。尽管目前市场主要流通的切花品种基本没有香味，但有些盆花品种具香味。有香味的文心兰品种更具吸引力，更受消费者青睐。关于文心兰花香的研究开展得比较晚，但文心兰花香将是未来文心兰研究及育种的重要方向。

文心兰花香成分主要以萜类为主，主要是单萜（Monoterpene）和倍半萜类（Sesquiterpene）的萜类化合物（Chiu et al.,2017;Ye et al.,2022;陈艺荃 等,2022）。不同品种，其花香主要成分存在差异。'Rosy Sunset'的花香以芳樟醇为主（Chiu etal.,2017），'香水文心兰'的香气以 β-罗勒烯（陈艺荃 等,2022）为主，'白梦香''黄梦香'的香气以芳樟醇为主（陈艺荃 等,2022）。不同部位，其香气也存在差异。如'Rosy Sunset'的香气主要从花瓣和萼片释放出来，以芳樟醇（Linalool）为主；唇瓣和合蕊柱释放的香气成分不一致，主要是苯甲醛（Benzaldehyde）、β-月桂烯（β-myrcene）和β-石竹烯（β-caryophyllene）（Chiu et al., 2017）。而'香水文心兰'则不同，其唇瓣是花香释放的主要部位（张莹 等,2011）。

在花朵的不同开放时期，随着花朵开放，香气成分含量随之增加，在花开两天后香气浓度达到顶峰并且能维持将近一周时间，随着花朵衰老而浓度降低（张莹 等,2011;Chiu etal.,2017; 陈艺荃 等,2022）。文心兰花香释放呈周期性变化，在白天 10:00—12:00，香气浓度最高，而在夜晚的香气浓度最低（Chiu et al.,2017;Yeh et al.,2022）。环境温度也是影响花香释放的因素之一，在 10℃、20℃和30℃条件下，香气成分数量和含量随着温度升高而增加（张莹 等,2015）。

挥发性萜类化合物的合成有两条途径，即细胞溶质中的甲羟戊酸（MVA）途径（Tholl,2006;Vranova et al.,2013）。陈艺荃等（2022）在文心兰中鉴定到了 5 个 *TPS* 基因，钟淮钦等（2022）从'红梦香'中克隆到了 *OnTPS* 基因，其主要在萼片和花瓣中表达，呈明显昼夜节律变化，在盛花期高表达，该基因的表达受生物钟基因 *CIRCADIAN CLOCK ASSOCIATED 1*（*CCA1*）调节（Yeh et al.,2022）。

## （五）文心兰切花衰老

瓶插寿命是切花文心兰重要的品质之一，在一般的环境条件下，文心兰切花瓶插寿命可维持 15 d 乃至更长，与玫瑰（*Rosa rugosa*）、百合（*Lilium brownii*）及洋桔梗（*Eustoma grandiflorum*）等切花相比较，文心兰切花寿命远远高于它们。目前，已有科研人员开展了文心兰切花衰老的研究，主要集中在乙烯相关的方面。

Chen 等（2011a）将文心兰中 *FOREVER YOUNG FLOWER*（*FYF*）的同源基因 *OnFYF* 转到拟南芥中可延迟拟南芥花的衰老和脱落，并认为 *FYF* 同源基因在调控花的衰老和脱落的功能在单子叶和双子叶中是高度保守的。Chen 等（2011b）发现乙烯信号途径转录因子 *OgEIL1* 和 *OgEIL2* 主要功能是调节文心兰切花的衰老，*OgEIL1* 和 *OgEIL2* 在文心兰的根、茎、叶和花芽中存在差异表达；在切后开放的花中，*OgEIL1* 和 *OgEIL2* 表达量逐渐增加，在第 5 天达到最大，第 7 天开始下降。Yang（2014）和 Shi（2016）等分别克隆了文心兰乙烯合成途径中限速酶 ACS（1-aminocyclopropane-1-carboxylate synthase）

基因 *OnACS*1 和 *OnACS*2。*OnACS*1 具有组织特异性，主要在合蕊柱中表达，1% 乙烯处理可使萼片和雌蕊中 *OnACS*1 的上调表达；而 *OnACS*2 在植株中呈组成型表达，在合蕊柱中表达最高。*OnACS*1/2 可能通过调节乙烯的合成进而影响花的衰老。还有另外一些与乙烯合成和调控相关的基因被克隆，例如 *OnACO*1（杨光华 等，2014）、*OnACO*2（田晓岩 等，2015）、*OnEIN*2（时欢 等，2018）等。

## 第三节　文心兰转基因研究进展

转基因（transgenic technology）又称基因修饰（genetically modified，GM），是指将特定的外源目的基因导入目的植物体中，使之产生可预期的、定向的遗传改变，以期改良农艺性状、提高抗性及营养品质等从而满足人类生产生活需求。经过基因修饰过的生物体被称为"遗传修饰过的生物体"（genetically modified organism，GMO）。Bevan（1983）、Fraley（1983）和 Herrera-Estrella（1983）分别利用农杆菌将外源基因导入植物体内获得成功，转基因植物从此诞生。在后来的几十年中，转基因技术快速发展，并在作物育种和生产中得到了广泛应用，如抗虫的 *Bt*（bacillus thuringiensis）棉花、*Bt* 大豆，HT（herbicide tolerance）大豆、HT 棉花及 HT 玉米等（Kamle et al.，2017），获得了巨大的经济效益和社会效益。

转基因技术也应用到了观赏植物中，据统计，共 50 多种观赏植物已存在转基因材料，包括菊花（*Chrysanthemum morifolium*）、矮牵牛（*Petunia hybrida*）、康乃馨（*Dianthus caryophyllus*）及月季（*Rosa hybrida*）等（Chandler and Sanchez，2012）。在生物技术／转基因作物数据库中，获得国际农业生物技术应用服务机构（the international Service for the Acquisition of Agri-biotech Applications，ISAAA）批准的只有矮牵牛、玫瑰和康乃馨这 3 种，大多数转基因观赏作物并未获得监管机构的上市许可，包括兰科植物（Boutigny et al.，2020）。这些转基因观赏作物在商业性状上如花型、花色、花香、寿命和植株形态等，以及生产性状如抗病、抗虫和抗逆境等具有巨大的潜在商业价值，一旦它们通过环境安全评价并获得上市许可，可能将带来巨大的经济效益和社会效益。

### 一、转基因方法

#### （一）基因枪法（particle bombardment）

基因枪法又称微弹轰击法，其原理是利用火药引爆、高压放电和高压气体（氦或氮）为驱动力，将附着于微小的金属颗粒（金粉或钨粉）表面的外源 DNA 分子打入受体细胞。基因枪可在广泛的细胞型中得到瞬时、稳定和高效率的转化作用，具有快速、简便、安全、高效的特点，但成本较高、转化频率较低。

## （二）农杆菌介导法（agrobacterium-mediated transformation）

农杆菌介导法是当前植物转基因最常用的方法，理论机理清楚，技术方法也最为成熟。其原理是将外源基因插入农杆菌的质粒上，由质粒将外源基因转移并整合到植物细胞基因组中。该方法具有费用低、重复性好、单拷贝数、基因沉默现象少、转育周期短及能转化较大片段等独特优点。

## （三）PEG 法（PEG-mediated）

PEG（聚乙二醇）是一种细胞融合剂，该方法主要利用 PEG 及高 pH 值条件诱导原生质体体外摄取外源 DNA。原生质体作为受体不受宿主范围限制，具有操作简便、DNA 分子易于进入、成本低等特点；但缺点是原生质体培养难度大、再生植物困难、转化效率低。

## （四）电击法(electrotransformation)

电击法也是以原生质体为受体，利用短暂的电场脉冲作用，使原生质体膜形成可逆的瞬间通道，使 DNA 进入细胞。该方法不受宿主限制、操作简便、转化效率高于 PEG 法，适用于瞬时表达，目前应用较少。

## （五）花粉管通道法（pollen-tube pathway）

植物授粉后一段时间内，从珠孔到珠心之间有一条花粉管通道，该方法利用此管道使外源基因进入胚囊，并转化尚不具备正常壁的卵、合子或早期胚胎细胞，进而借助于天然的种胚系统形成转基因种胚。该方法简单、快速、易被人接受，其最突出的优点是不依赖组织培养人工再生植株，不需要装备精良的实验室，但受到转化时间、转化时温度和湿度、转化载体的 DNA 浓度及受体植株花粉发育状态的影响，目前该方法的转化效率仍然较低，外源 DNA 片段与受体染色体组交换和重组的随机性决定了转基因后代变异性状也有很大的随机性和多向性。

## （六）花粉磁转染技术（pollen magnetofection）

花粉磁转染技术是一种新的转化技术，它的原理是将载有外源 DNA 的磁性纳米颗粒在磁场存在下被传递到花粉中。通过磁转染花粉授粉，转化的种子可以成功地产生转基因植物。外源 DNA 成功整合到基因组中，在后代中有效表达并稳定遗传。该方法简单、快速，并能够进行多基因转化（Zhao et al., 2017）。

## 二、文心兰转基因研究

### （一）文心兰遗传转化体系

得益于遗传转化技术的快速发展以及文心兰组培技术的成熟，转基因技术也逐步开始在文心兰研究中得到了应用。Liau 等（2003）首次建立起了农杆菌介导的文心兰遗传转化体系，此后，研究人员都是以农杆菌介导法为主不断改进文心兰的转基因技术体系，以提高遗传转化率。文心兰是以原球茎（protocorm like-body，PLBs）作为转化材料，用 G10 培养基用于培养转化 PLBs（Chan et al.，2006）。其遗传转化体系基本步骤如图 13-4 所示。

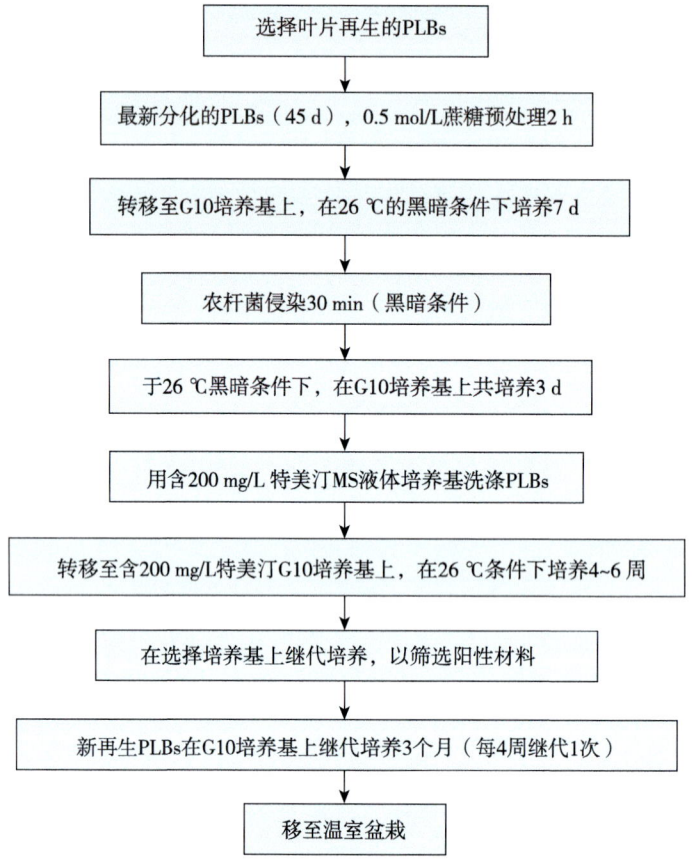

图 13-4　文心兰遗传转化体系基本步骤（Chan et al., 2006）

### （二）文心兰转基因研究主要方向

目前开展文心兰转基因的研究仍相对较少，主要有以下两个因素：一是参与文心兰相关研究的人员比较少；二是研究周期长，从遗传转化到获得可开花的成熟植株需 2～3 年，而且很难获得纯合个体，因此大部分研究只通过转化拟南芥进行相关的研究。尽管困难重重，仍有文心兰转基因相关的研究报道，其主要与商业性状相关，如花色、开花时间、鲜花寿命等（表 13-4）。

**1. 增强抗性**

甜椒中的类铁氧还蛋白（ferredoxin-like）被认为是一种天然的抗病基因，因此，Liau 等（2003）推测导入该基因也可使文心兰对软腐病菌（*Erwinia carotovora*）产生抗性。于是，他们将含有甜椒铁氧还蛋白 *pflp* 基因的载体通过农杆菌转化文心兰 PLBs，并成功获得了转基因植株。通过接种软腐病菌进行抗性鉴定，结果表明转基因株系表现出了更强的抗病性，验证了作者的假设。因而他们认为，*pflp* 可能是兰花基因改造工程中一个非常有用的基因，可为兰花提供软腐病抗性。

表 13-4　文心兰转基因情况

| 品种 | 启动子 | 基因 | 性状 | 参考文献 |
| --- | --- | --- | --- | --- |
| 'Sherry Baby' | *CaMV*35S | *pflp* | 抗病 | Liau et al., 2003 |
| 'Sweet Sugar' | *CaMV*35S | *etr*1-1 | 衰老 | Raffeiner et al., 2009 |
| '南茜' | *CaMV*35S | *OMADS*1 | 开花时间 | Thiruvengadam et al., 2012 |
| '南茜' | *CaMV*35S | *OgPSY* | 花色 | Liu et al., 2014 |
| '南茜' | *CaMV*35S | *BCH*2 | 花色 | Wang et al., 2016 |
| 'Honey Angel' | *Pchrc* | *PSY* | 花色 | Liu et al., 2019 |

### 2. 提早开花

MADS-box 是调控植物生长发育过程中一类重要转录因子。Thiruvengadam 等（2012）利用农杆菌将含有 *OMADS*1 的载体转化文心兰 PLBs，并获得转基因植株。他们对转基因植株的表型进行观察分析发现，过表达 *OMADS*1 使文心兰植株提早开花，而且比非转基因植株产生更多的花和假鳞茎，然而对文心兰花器官转化不明显。

### 3. 延缓衰老

鲜花寿命是观赏植物一个关键的特性，因为它影响着商品性、运输、贮藏等因素，必须在上市前存活数周。乙烯（ethylene）是一种植物激素，在植物的衰老过程中起着重要作用。抗乙烯或抑制乙烯生物合成基因可延长销售期（Noman et al., 2017）。因而为了抑制衰老，研究人员想通过抑制乙烯途径关键酶基因的表达减少自生乙烯的生成。Raffeiner 等（2009）将拟南芥中乙烯受体突变体基因 *etr*1-1 转化文心兰 'Sweet Sugar' 原球茎，转化效率为 1.3%～1.5%。

### 4. 花色修饰

花色是影响观赏植物商品价值的重要性状之一。通过分子技术改变花中色素合成途径中基因的表达或者引入新基因成为改良观赏植物花色的重要手段。目前已有几十例花色改良的新品种或新材料（Boutigny et al., 2020），包括著名月季品种'蓝色妖姬'（Katsumoto et al., 2007）。在文心兰中，花色研究最为深入，花色改良也最为成功。β-环胡萝卜素羟化酶（BCH2）参与类胡萝卜素的生物合成，Wang 等（2016a）从文心兰品种'南茜'中分离 3 个 *BCH*2 基因 *BCH-A*2、*BCH-B*2 和 *BCH-C*2，并分别构建 *BCH*2-RNAi 载体并转化文心兰 PLBs，研究发现 *BCH-A*2 和 *BCHB*2 下调使文心兰花色由黄色变为亮黄色和白黄色。植物素合酶（PSY）是类胡萝卜素生物合成途径中的第一限速调节酶。Liu 等（2014）构建了过表达 *PSY*-RNAi 载体并转化文心兰 PLBs，研究发现 *PSY* 表达下调，可导致类胡萝卜素、赤霉素、脱落酸、叶绿素等代谢途径酶基因表达发生改变，并影响植物生长发育。而后，Liu 等（2019）利用特异启动子 *Pchr* 构建了 *PSY*-RNAi 载体并转化文心兰PLBs，成功育成了一个白花新品种。

随着转基因技术发展，基因编辑技术获得巨大进展。规律成簇短间隔回文重复序列（clustered regularly interspaced short palindromic-repeat-Cas9，CRISPR-Cas9）基因组编辑技术是最新发展起来的一种技术，可以定向修改基因组中的特定DNA序列（Hsu et al., 2014）。该技术是基因功能研究及定向育种的重要手段，相较于传统的转基因技术，该技术可以将引入的载体序列去除，因而避免了转基因生物安全的问题。Zhang等（2016）改良了CRISPR-Cas9的基因组编辑系统，使其更适于在植物中应用，并具有更高的特异性，避免了脱靶问题。至于基因编辑是不是属于转基因，目前仍有争论。除了技术的进步，科学合理公正的安全性问题评价体系的建立或健全，将有助于转基因作物的发展。

# 参考文献

陈艺荃，方能炎，叶秀仙，等，2022. 基于转录组测序的文心兰花香形成分析［J］. 核农学报，36（3）:578–588.

崔波，武振江，刘佳，等，2014. 文心兰开花相关 *OnAP1-1ike* 基因的克隆及表达分析［J］. 园艺学报，41（2）: 357–364.

樊荣辉，黄敏玲，钟淮钦，等，2012. 香水文心兰花色相关基因的克隆及表达分析［J］. 福建农业学报，27（7）:4.

方能炎，樊荣辉，罗远华，等，2022. 文心兰 *OnGI* 在拟南芥中异源表达促进开花［J］. 园艺学报（4）.

方能炎，罗远华，林榕燕，等，2020. 文心兰 *COL* 基因的分离及其表达分析［J］. 西北植物学报，40（5）:8.

时欢，李蓉，高玉莹，等，2018. 文心兰乙烯不敏感基因 *EIN2* 的克隆及表达分析［J］. 西北植物学报，38（9）: 49–55.

徐小雁，田敏，王彩霞，等，2011. 文心兰花发育相关基因 *OAP3* 的克隆与表达分析［J］. 浙江农林大学学报，28（6）: 900–906.

杨光穗，黄素荣，黄少华，等，2013. 4种文心兰的核型分析［J］. 热带作物学报，34（1）: 14–17.

张莹，李辛雷，王雁，等，2011. 文心兰不同花期及花朵不同部位香气成分的变化［J］. 中国农业科学，44（1）:8.

张莹，田敏，王彩霞，等，2015. 不同温度条件下香水文心兰花香气的成分分析及感官评定［J］. 植物资源与环境学报，24（2）:112–114.

赵羿鸾，黄琴，贾贤，等，2013. 文心兰染色体的制片技术［J］. 热带生物学报，4（2）: 198–202.

钟淮钦，孔兰，樊荣辉，等，2022. 红梦香文心兰萜类合成酶基因 *OnTPS* 的克隆与表达分析

［J］. 核农学报, 36（2）:313-321.

ACETO S, GAUDIO L., 2011. The MADS and the Beauty: Genes Involved in the Development of Orchid Flowers ［J］. Current Genomics, 12(5): 342-356.

AMASINO R, 2010. Seasonal and developmental timing of flowering ［J］. Plant Journal, 61(6): 1001-13.

BEVAN M W, FLAVELL R B, CHILTON M D., 1983. A chimaeric antibiotic resistance gene as a selectable marker for plant cell transformation ［J］. Nature, 304(5922): 184-187.

BOUTIGNY A L, DOHIN N, PORNIN D, et al., 2020. Overview and detectability of the genetic modifications in ornamental plants ［J］. Horticulture Research, 7:11.

CHAN M, SANJAYA, TEIXEIRA DA SILVA J., 2006. *Oncidium* tissue culture, transgenics and Biotechnology ［M］. Floriculture, Ornamental and Plant Biotechnology: Advances and Topical Issues (Vol. II).

CHANDLER S F, SANCHEZ C., 2012. Genetic modification; the development of transgenic ornamental plant varieties ［J］. Plant Biotechnology Journal, 10(8): 891-903.

CHANG Y Y, CHIU Y F, Wu J W, et al., 2009. Four orchid (*Oncidium* 'Gower Ramsey') *AP1/AGL9-like* MADS box genes show novel expression patterns and cause different effects on floral transition and formation in *Arabidopsis thaliana* ［J］. Plant Cell Physiology, 50(8): 1425-1438.

CHANG Y Y, KAO N H, LI J Y, et al., 2010. Characterization of the possible roles for B class MADS box genes in regulation of perianth formation in orchid ［J］. Plant Physiology, 152(2): 837-853.

CHEN M K, LEE P F, YANG C H., 2011a. Delay of flower senescence and abscission in *Arabidopsis* transformed with an *FOREVER YOUNG FLOWER* homolog from *Oncidium* orchid ［J］. Plant Signaling & Behavior, 6(11): 1841-1843.

CHEN S Y, TSAI H C, RAGHU R, et al., 2011b. cDNA cloning and functional characterization of *ETHYLENE INSENSITIVE 3* orthologs from *Oncidium* 'Gower Ramsey' involved in flower cutting and pollinia cap dislodgement ［J］. Plant Physiol Biochem, 49(10): 1209-1219.

CHIN D C, HSIEH C C, LIN H Y, et al., 2016. A low glutathione redox state couples with a decreased ascorbate redox ratio to accelerate flowering in *Oncidium* orchid ［J］. Plant Cell Physiology, 57(2): 423-436.

CHIN D C, SHEN C H, SENTHILKUMAR R, et al., 2014. Prolonged exposure to elevated temperature induces floral transition via up-regulation of cytosolic ascorbate peroxidase 1 and subsequent reduction of the ascorbate redox ratio in *Oncidium* hybrid orchid ［J］. Plant Cell Physiology, 55(12): 2164-2176.

CHIOU C Y, YEH K W., 2008. Differential expression of *MYB* gene (*OgMYB*1) determines color patterning in floral tissue of *Oncidium* 'Gower Ramsey' ［J］. Plant Molecular Biology, 66(4): 379-388.

CHIOU C Y, PAN H A, CHUANG Y N, et al., 2010. Differential expression of carotenoid-related genes determines diversified carotenoid coloration in floral tissues of *Oncidium* cultivars [J]. Planta, 232(4): 937-948.

CHIOU C Y, WU K, YEH K W., 2008. Characterization and promoter activity of *chromoplast specific carotenoid* associated gene (*CHRC*) from *Oncidium* 'Gower Ramsey' [J]. Biotechnology Letters, 30(10): 1861-1866.

CHIU Y T, HSIN-CHUN C, CHEN C., 2017. The variation of *Oncidium* Rosy Sunset flower volatiles with daily rhythm, flowering period, and flower parts [J]. Molecules, 22(9):1468.

CHO L H, YOON J, AN G., 2017. The control of flowering time by environmental factors [J]. Plant Journal, 90(4): 708-719.

DEMATTEIS M, DAVI A J R., 1999. Chromosome studies on some orchids from South America [J]. Selbyana, 20(2): 235-238.

FÉLIX L P, GUERRA M., 2000. Cytogenetics and cytotaxonomy of some Brazilian species of *Cymbidioid* orchids [J]. Genetics & Molecular Biology, 23: 957-978.

FORNARA F, DE MONTAIGU A, AND COUPLAND G., 2010. SnapShot: Control of flowering in *Arabidopsis* [J]. Cell, 141(3): 550, 550.e1-2.

FRALEY R T, ROGERS S G, HORSCH R B, et al., 1983. Expression of bacterial genes in plant cells. [J]. Proceedings of the National Academy of Sciences, 80(15):4803-4807.

HERRERA-ESTRELLA L, DE BLOCK M, MESSENS E, et al., 1983. Chimeric genes as dominant selectable markers in plant cells [J]. The EMBO Journal, 2(6):987-995.

HIEBER A D, MUDALIGE-JAYAWICKRAMA R G, KUEHNLE A R., 2006. Color genes in the orchid *Oncidium* 'Gower Ramsey': identification, expression, and potential genetic instability in an interspecific cross [J]. Planta, 223(3): 521-531.

HOU C J, YANG C H., 2009. Functional analysis of FT and TFL1 orthologs from orchid (*Oncidium* Gower Ramsey) that regulate the vegetative to reproductive transition [J]. Plant Cell Physiol, 50(8):1544-1557.

HSING-FUN H, CHIH-HSIANG H, LU-TUNG C, et al., 2003. Ectopic expression of an orchid (*Oncidium* 'Gower Ramsey') *AGL6-like* gene promotes flowering by activating flowering time genes in *Arabidopsis thaliana* [J]. Plant & Cell Physiology, 44(8), 783-794.

HSING-FUN H, WEN-PING H, MING-KUN C, et al. C/D Class MADS Box Genes from Two Monocots, Orchid (*Oncidium* Gower Ramsey) and Lily (*Lilium* longiflorum), Exhibit Different Effects on Floral Transition and Formation in *Arabidopsis thaliana* [J]. Plant & Cell Physiology, 51(5): 1029-1045.

HSU C T, LIAO D C, WU F H, et al., 2011. Integration of molecular biology tools for identifying promoters and genes abundantly expressed in flowers of *Oncidium* 'Gower Ramsey' [J]. BMC *Plant Biology*, 11: 60.

HSU H F, AND YANG C H., 2002. An orchid (*Oncidium* 'Gower Ramsey') AP3-like MADS gene regulates floral formation and initiation［J］. Plant & Cell Physiology,43(10):1198-209.

HSU P D, LANDER E S, ZHANG F., 2014. Development and applications of CRISPR-Cas9 for genome engineering［J］. Cell, 157(6): 1262-1278.

KAMLE M, KUMAR P, PATRA J K, et al., 2017. Current perspectives on genetically modified crops and detection methods［J］. 3 Biotech, 7(3): 219.

KATSUMOTO Y, FUKUCHI-MIZUTANI M, FUKUI Y, et al., 2007. Engineering of the rose flavonoid biosynthetic pathway successfully generated blue-hued flowers accumulating delphinidin［J］. Plant & cell physiology, 48(11):1589-1600.

LIAU C H, YOU S J, PRASAD V, et al., 2003. Agrobacterium tumefaciens-mediated transformation of an *Oncidium* orchid［J］. Plant Cell Reports, 21(10): 993-998.

LIN C C, CHU C F, LIU P H, et al., 2011. Expression of an *Oncidium* gene encoding a patatin-like protein delays flowering in Arabidopsis by reducing gibberellin synthesis［J］. Plant & Cell Physiology, 52(2): 421-435.

LIU J X, CHIOU C Y, SHEN C H, et al., 2014. RNA interference-based gene silencing of phytoene synthase impairs growth, carotenoids, and plastid phenotype in *Oncidium* hybrid orchid［J］. SpringerPlus, 3(1): 478-478.

LIU X J, CHUANG Y N, CHIOU C Y, et al., 2012. Methylation effect on chalcone synthase gene expression determines anthocyanin pigmentation in floral tissues of two *Oncidium* orchid cultivars［J］. Planta, 236(2): 401-409.

LIU Y C, YEH C W, CHUNG J D, et al., 2019. Petal - specific RNAi - mediated silencing of the phytoene synthase gene reduces xanthophyll levels to generate new *Oncidium* orchid varieties with white - colour blooms［J］. Plant Biotechnology Journal, 17(11): 2035-2037.

MAO W T, HSU H F, HSU W H LI, et al., 2015. The C-Terminal sequence and PI motif of the orchid (*Oncidium* 'Gower Ramsey') PISTILLATA (PI) ortholog determine its ability to bind AP3 orthologs and enter the nucleus to regulate downstream genes controlling petal and stamen formation［J］. Plant and Cell Physiology, 56, 2079-2099.

MATSOUKAS I G., 2014. Interplay between sugar and hormone signaling pathways modulate floral signal transduction［J］. Frontiers in genetics, 5: 218-218.

NOMAN A, AQEEL M, DENG J, et al., 2017. Biotechnological advancements for improving floral attributes in ornamental plants［J］. Frontiers in plant science, 8: 530-530.

ORTIZ-MARCHENA M I, ALBI T, LUCAS-REINA E, et al., 2014. Photoperiodic control of carbon distribution during the floral transition in *Arabidopsis*［J］. Plant Cell, 26(2): 565-584.

QIAN X, GONG M J, WANG C X, et al., 2014. cDNA-AFLP transcriptional profiling reveals genes expressed during flower development in *Oncidium* 'Milliongolds'［J］. Genetics and Molecular Research, 13(3): 6303-6315.

RAFFEINER B, SEREK M, WINKELMANN T., 2009. Agrobacterium tumefaciens-mediated transformation of *Oncidium* and *Odontoglossum* orchid species with the ethylene receptor mutant gene *etr*1-1 [J]. Plant Cell Tissue & Organ Culture, 98:125-134.

SHI L S, LIU J P., 2016. Molecular cloning and expression analysis of an 1-*aminocyclopropane-1-carboxylate synthase* gene from *Oncidium* 'Gower Ramsey' [J]. Biochemical & Biophysical Research Communications, 469(2): 203-209.

SINOTO Y., 1962. Chromosome numbers in *Oncidium* alliance [J]. *Cytologia*, 27(3): 306-313.

SRIKANTH A, SCHMID M., 2011. Regulation of flowering time: all roads lead to Rome [J]. Cellular Molecular Life Sciences, 68(12), 2013-2037.

TANAKA Y, SASAKI N, OHMIYA A., 2008. Biosynthesis of plant pigments: anthocyanins, betalains and carotenoids [J]. The Plant journal, 54(4): 733-749.

THIRUVENGADAM M, CHUNG I, YANG C., 2012. Overexpression of *Oncidium* MADS box (*OMADS*1) gene promotes early flowering in transgenic orchid (*Oncidium* 'Gower Ramsey') [J]. Acta Physiologiae Plantarum, 34(4): 1295-1302.

THOLL D., 2006. Terpene synthases and the regulation, diversity and biological roles of terpene metabolism [J]. Current Opinion in Plant Biology, 9(3): 297-304.

VRANOVA E, COMAN D, GRUISSEM W., 2013. Network analysis of the MVA and MEP pathways for isoprenoid synthesis [J]. Annual Review of Plant Biology, 64: 665-700.

WAHL V, PONNU J, SCHLERETH A, et al., 2013. Regulation of flowering by trehalose-6-phosphate signaling in *Arabidopsis thaliana* [J]. Science, 339(6120): 704-707.

WANG C Y, CHIOU C Y, WANG H L, et al., 2008. Carbohydrate mobilization and gene regulatory profile in the pseudobulb of *Oncidium* orchid during the flowering process [J]. Planta, 227(5): 1063-1077.

WANG H M, TO K Y, LAI H M, et al., 2016. Modification of flower colour by suppressing beta-ring carotene hydroxylase genes in *Oncidium* [J]. Plant Biology, 18: 220-229.

YANG G H, AND LIU J P., 2014. Isolation of 1-*aminocyclopropane*-1-*carboxylate synthase* gene from *Oncidium* 'Gower Ramsey' [J]. Genetics and Molecular Research, 13(4): 8480-8488.

YEH C W, ZHONG H Q, HO Y F, et al., 2022. The diurnal emission of floral scent in *Oncidium* hybrid orchid is controlled by *CIRCADIAN CLOCK ASSOCIATED* 1 (*CCA*1) through the direct regulation on terpene synthase [J]. BMC Plant Biol., 4;22(1):472.

ZHANG Y, LIANG Z, ZONG Y, et al., 2016. Efficient and transgene-free genome editing in wheat through transient expression of CRISPR/Cas9 DNA or RNA [J]. Nature communications, 7: 12617-12617.

ZHAO X, MENG Z, WANG Y, et al.,2017. Pollen magnetofection for genetic modification with magnetic nanoparticles as gene carriers [J]. Nature Plants, 3(12): 956.